北京市高等教育精品教材立项项目

北京大学生命科学基础实验系列教材

# 基础分子生物学实验

主 编

郝福英　周先碗　朱玉贤

# 图书在版编目(CIP)数据

基础分子生物学实验/郝福英,周先碗,朱玉贤主编. —北京:北京大学出版社,2010.11
(北京大学生命科学基础实验系列教材)
ISBN 978-7-301-17993-2

Ⅰ.①基… Ⅱ.①郝…②周…③朱… Ⅲ.①分子生物学－实验－高等学校－教材 Ⅳ.①Q7-33

中国版本图书馆 CIP 数据核字(2010)第 210823 号

书　　　名：基础分子生物学实验
著作责任者：郝福英　周先碗　朱玉贤　主编
责 任 编 辑：黄　炜
封 面 设 计：张　虹
标 准 书 号：ISBN 978-7-301-17993-2/Q·0124
出 版 发 行：北京大学出版社
地　　　址：北京市海淀区成府路 205 号　100871
网　　　址：http://www.pup.cn　电子信箱：zpup@pup.pku.edu.cn
电　　　话：邮购部 62752015　发行部 62750672　编辑部 62752038　出版部 62754962
印　刷　者：三河市博文印刷有限公司
经　销　者：新华书店
　　　　　　787 毫米×1092 毫米　16 开本　16.5 印张　400 千字
　　　　　　2010 年 11 月第 1 版　2014 年 12 月第 2 次印刷
定　　　价：35.00 元

未经许可,不得以任何方式复制或抄袭本书之部分或全部内容。
**版权所有,侵权必究**
举报电话：(010)62752024　电子信箱：fd@pup.pku.edu.cn

# 《北京大学生命科学基础实验教材》
## 编 委 会

主　编：许崇任
副主编：郝福英
编　委：（按姓氏笔画为序）
　　　　王戎疆　苏都莫日根　佟向军
　　　　周先碗　钱存柔　　　黄仪秀

# 前　言

《基础分子生物学实验》精选了分子生物学基础实验和最新或者最近数年内发展起来的实验技术,这些实验技术是生物科学类的学生必须掌握的实验方法,其中有些实验是生命科学新的研究课题中的实验技术,在内容上保持科学技术的前瞻性。

这本教材涵盖了分子生物学实验 8 方面的内容,包括 DNA 基本实验技术,质粒 DNA 的分离纯化、鉴定及其转化和序列分析;RNA 基本实验技术,总 RNA、mRNA 分离纯化及其鉴定,cDNA 文库构建及筛选;PCR 基因扩增技术,基因片段的扩增和基因突变;蛋白质及蛋白质组学分析技术,蛋白质的克隆及其表达、亲和层析技术纯化表达蛋白和双向电泳技术分析表达蛋白;基因表达研究技术,原位杂交技术,Southern、Northern 杂交技术和定点突变技术;基因敲除技术,植物基因敲除技术;蛋白质及 RNA 相互作用,酵母双杂交系统研究蛋白质相互作用及 RNAi 技术研究;其他分子生物学实验技术,凝胶滞缓实验、噬菌体展示技术和蛋白质磷酸化分析等。

全书设计了 30 个实验,分为两部分:前 17 个实验为通用型基础实验,要求学生熟练掌握;后 13 个实验为提高型实验,教师可根据实际情况安排实验教学。全部完成这些实验教学大约需要 500 学时。可以分为两个学期,从基础到专业分层次进行。这种教学方式,经过一段时间的实践,在提高学生分析问题和解决问题的能力方面起到极大的促进作用,同时也为学习生命科学的学生打下坚实的、广泛的专业基础。

本书作为北京市高等教育精品立项教材,是北京大学多年实验教学改革的成果,更是教师们多年教学经验的结晶。它充分体现了实验内容的系统性和综合性,通过学习和训练,学生们在创新性思维和科研动手能力上都会得到很大提高,适合高等院校本科生和研究生使用。

北大生命科学学院一贯重视实验教学,重视培养学生掌握实验技术的能力,从国内和国外的很多毕业生反馈的信息来看,学生的动手能力普遍较强,受到用人单位的欢迎。由于本书的实验内容在原相关教材的基础上又迈上了新的台阶,学生们一定会受益匪浅,取得更大进步。

本书的出版得到北京大学生命科学学院以及生化与分子生物学专业领导的极大支持和关怀;本书实验内容中的实验材料得到中国预防医学科学院病毒学研究所张智清教授、北京大学生命科学学院苏晓东教授的全力支持,在此表示衷心感谢。此外,本书编写中还参考了已出版的分子生物学书籍,参考了生物工程公司的图表和软件,从而完善了全书内容,在此表示感谢。

本书的实验内容从实验设计、实验选材到实验操作,都经过多次实践和反复证明,有很多内容是本科学生和研究生们辛勤劳动所取得的可靠的科研和教学成果。因此,本书实际上是众多北大学子和老师们辛勤劳作的成果汇编,所有的褒奖都属于现在在海内外工作的老师和同学们。在此,请允许我们向他们表示由衷的谢意!

不足之处,敬请指教。

编　者
2009 年 3 月 7 日

# 目　录

## 基　础　篇

实验 1　质粒 DNA 的分离纯化 …………………………………………………………（1）
实验 2　质粒 DNA 的限制性内切酶酶切及琼脂糖凝胶电泳分离和鉴定 ………………（8）
实验 3　E. coli 感受态细胞的制备及质粒 DNA 分子导入原核细胞 ……………………（15）
实验 4　阿拉伯糖诱导的 DNA 分子快速导入原核细胞 …………………………………（23）
实验 5　植物基因转化 ……………………………………………………………………（25）
实验 6　绿色荧光蛋白基因重组与鉴定 …………………………………………………（31）
实验 7　利用 PCR 技术扩增 GFP 基因 …………………………………………………（44）
实验 8　GFP 基因在原核生物中的表达 …………………………………………………（54）
实验 9　利用 SDS-PAGE 和蛋白质转移电泳鉴定重组蛋白 ……………………………（61）
实验 10　蛋白质转移检测生物大分子 …………………………………………………（70）
实验 11　基因定点突变技术 ……………………………………………………………（80）
实验 12　绿色荧光蛋白的基因突变及其在 E. coli 中的表达 …………………………（90）
实验 13　DNA 核苷酸序列分析 …………………………………………………………（100）
实验 14　绿色荧光蛋白的分离、纯化及鉴定 …………………………………………（105）
实验 15　绿色荧光蛋白-谷胱甘肽转硫酶基因融合及其表达 …………………………（118）
实验 16　携带温度敏感型基因表达载体的构建及其鉴定 ……………………………（132）
实验 17　Pfu DNA 聚合酶基因的克隆与表达及其分离纯化 …………………………（144）

## 提　高　篇

实验 18　cDNA 文库的构建 ……………………………………………………………（158）
实验 19　cDNA 文库的筛选 ……………………………………………………………（167）
实验 20　在酵母中表达高等真核生物基因 ……………………………………………（171）
实验 21　植物基因敲除 …………………………………………………………………（175）
实验 22　RNAi 技术研究 ………………………………………………………………（184）
实验 23　质粒 DNA 的分子杂交 ………………………………………………………（188）
实验 24　RNA 分子杂交 …………………………………………………………………（194）
实验 25　组织原位杂交技术 ……………………………………………………………（204）

实验 26　凝胶滞缓实验 …………………………………………………………………（211）
实验 27　蛋白质磷酸化分析 ………………………………………………………（215）
实验 28　酵母双杂交系统研究蛋白质相互作用 …………………………………（219）
实验 29　聚丙烯酰胺凝胶双向电泳 ………………………………………………（225）
实验 30　亲和层析法分离胰蛋白酶 ………………………………………………（233）

# 附　录　篇

附录 1　实验室常用试剂配制 ………………………………………………………（242）
附录 2　实验室常用缓冲溶液的配制方法 …………………………………………（250）

# 基 础 篇

# 实验1  质粒DNA的分离纯化

在基因操作过程中使用载体有两个目的：一是作为运载工具，将目的基因转移到宿主细胞中去；二是利用它在宿主细胞内对目的基因进行大量的复制（称为克隆）。

实验中将 E. coli 在 LB 固体培养基或者液体培养基中培养，用碱性十二烷基硫酸钠（SDS）快速法从 E. coli 细胞中分离、提取质粒 DNA。得到的质粒 DNA 在后续的实验中经限制性核酸内切酶酶切后，进行琼脂糖凝胶电泳分离，经溴化乙锭或者荧光染料染色，在紫外监测仪下检测其质量。

【实验目的】

通过本实验，了解载体的基本结构特性等知识；掌握提取纯化质粒 DNA 的试剂的配制方法，学会各种离心设备的使用；学会微生物（细菌）的培养方法，全面掌握质粒 DNA 的提取纯化技术。

【实验原理】

载体（vector）是将一个外源基因，通过基因工程手段，送进细胞中并使其在细胞中进行繁殖和表达的运载工具。载体的设计和应用是 DNA 体外重组的重要条件。

作为基因工程的载体必须具备下列条件：① 是一个复制子，载体有复制点才能使与它结合的外源基因得以复制繁殖；② 载体在受体细胞中能大量增殖，只有高复制率才能使外源基因在受体细胞中大量扩增；③ 载体 DNA 链上有一到几个限制性核酸内切酶的单一识别与切割位点，便于外源基因的插入；④ 载体具有选择性的遗传标记，如有抗氨苄青霉素（ampicillin，Amp）基因（$Amp^r$），抗四环素（tetracycline，Tc）基因（$Tc^r$），抗卡那霉素（kanamycin，Kan）基因（$Kan^r$），抗链霉素（streptomycin，Sm）基因（$Sm^r$），抗氯霉素（chloramphenicol，Cm）基因（$Cm^r$）以及抗新霉素基因（$Ne^r$）等，利用这些抗性基因的标记可以判断载体是否进入受体细胞，并有利于将受体细胞从其他细胞中分离筛选出来。实验中常用抗生素见表1-1。

表1-1  载体中常用的抗生素

| 抗生素 | 贮存浓度/(mg·mL$^{-1}$) | 工作浓度/(μg·mL$^{-1}$) | | 保存条件/℃ |
| --- | --- | --- | --- | --- |
| | | 严紧型质粒 | 松弛型质粒 | |
| 氨苄青霉素 | 50(溶于水) | 20 | 60 | −20 |
| 氯霉素 | 34(溶于乙醇) | 25 | 170 | −20 |
| 卡那霉素 | 10(溶于水) | 10 | 50 | −20 |
| 链霉素 | 10(溶于水) | 10 | 50 | −20 |
| 四环素 | 5(溶于乙醇) | 10 | 50 | −20 |

质粒(plasmid)是一种染色体外的稳定遗传因子，大小在1~200 kb之间，具有双链闭合环状结构的DNA分子，主要发现于细菌、放线菌和真菌细胞中。目前，已发现有质粒的细菌有几百种，已知的绝大多数的细菌质粒都是闭合环状DNA分子(简称cccDNA)。细菌质粒的相对分子质量一般较小，约为细菌染色体的0.5%~3%。根据相对分子质量的大小，大致可将质粒分成两类：较大一类的相对分子质量大于$4.0×10^7$；较小一类的则小于$1.0×10^7$(少数质粒介于两者之间)。

质粒具有自主复制和转录能力，能使子代细胞保持它恒定的拷贝数，可表达它携带的遗传信息。它既可独立游离在细胞质内，也可以整合到细菌染色体中，但离开宿主的细胞就不能存活，而它控制的许多生物学功能也是对宿主细胞的补偿。质粒在细胞内的复制，一般分为两种类型：严密控制型(stringent control)和松弛控制型(relaxd control)。前者只在细胞周期的一定阶段进行，染色体不复制时，它也不复制。每个细胞内只含有1个或几个质粒分子；后者的质粒在整个细胞周期中随时可以复制，在细胞里，它有许多拷贝，一般在20个以上。通常大的质粒如F因子等，拷贝数较少，复制受到严格控制。小的质粒，如ColE1质粒(含有产生大肠杆菌素E1基因)，拷贝数较多，复制不受严格控制。在使用蛋白质合成抑制剂——氯霉素时，染色体DNA复制受阻，而松弛型ColE1质粒继续复制12~16 h，由原来的20多个拷贝可扩增至1000~3000个拷贝，此时质粒DNA占总DNA的含量由原来的2%增加到40%~50%。每个细胞中的质粒数主要决定于质粒本身的复制特性。一般相对分子质量较大的质粒属严紧型，较小的质粒属松弛型。质粒的复制有时还和它们的宿主细胞有关，如某些质粒在 E. coli 内的复制属严紧型，而在变形杆菌内则属松弛型。本实验分离纯化的质粒pBR322就是由ColE1衍生的质粒。

质粒通常按用途分为六大类：① 克隆质粒。该质粒主要用于克隆和扩增外源基因。② 测序质粒。该质粒含多酶切口的接头片段，在接头片段两端邻近区域，设有两个不同的引物序列，用于高拷贝复制，便于DNA片段克隆和扩增以及测序。③ 整合质粒。该质粒含有整合酶编码基因和特异性整合位点序列，克隆在整合质粒上的外源基因进入受体细胞后，准确重组整合在染色体的特定位置上。④ 穿梭质粒。该质粒分子上含有两个亲缘关系不同的复制子结构及相应选择标记基因，因此能在两种不同种属的受体中复制并检测。例如，E. coli—链霉素穿梭质粒，E. coli—酵母菌穿梭质粒，克隆在穿梭质粒上的外源基因不用更换载体即可直接从一个受体菌转移至另一个受体菌中复制并遗传。⑤ 探针质粒。该质粒装有定量检测表达程度的报告基因(抗生素的抗性基因)，缺少启动子和终止子，载体本身不能表达报告基因。当含有启动子、终止子的DNA片段插入合适的位点，报告基因才能表达。设计该质粒是用于筛选克隆基因的表达调控元件，如启动子、终止子等。⑥ 表达质粒。在多克隆位点的上游和下游分别装有两套转录效率较高的启动子、合适的核糖体结合位点(SD序列)和终止子结构，使得克隆在合适位点上的任何外源基因都可在受体细胞中高效表达。实验室常用 E. coli 载体很多，表1-2列举几个常用质粒：

表1-2 实验室常用 E. coli 载体

| 质　粒 | 分子大小/kb | 选择标记 | 克隆位点 | 功　能 |
|---|---|---|---|---|
| pBR322 | 4.36 | Amp, Tc | BamH I, Pst I, EcoR I | 克隆载体 |
| pUC18/19 | 2.69 | Amp, lacz | EcoR I, Hind III, Kpn I, BamH I | 测序载体 |
| pGEX | 4.9 | Amp, lac | Pst I, Mlu I, EcoR V, Nar V | 次级克隆载体 |

续表

| 质　粒 | 分子大小/kb | 选择标记 | 克隆位点 | 功能 |
|---|---|---|---|---|
| pKK233-2 | 4.6 | Amp,Tc | Sal I, BamH I, Pst I, Nco I, EcoR I | 表达型 Nco I 位点提供翻译启始密码子 |
| pSPORT1 | 4.11 | Amp | EcoR I, Sal I, Pst I, BamH I, Hind III | 表达型携有双向 $T_7$, Sp6 启动子 |

pUC18/19 质粒图谱见图 1-1,本次实验使用的 pUC19 质粒是由 ColE1 衍生的、带有氨苄青霉素抗性基因的质粒。

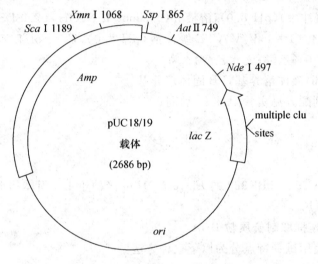

**图 1-1　pUC18/19 质粒图谱**

所有分离质粒 DNA 的方法都包括 3 个基本步骤：① 培养细菌,使质粒扩增；② 收集和裂解细菌；③ 分离和纯化质粒 DNA。采用溶菌酶可破坏菌体细胞壁,阴离子表面活性剂十二烷基硫酸钠(SDS)可使细胞壁裂解,经溶菌酶和 SDS 处理后,细菌染色体 DNA 缠绕附着在细胞壁碎片上,离心时易被沉淀下来,在合适的 pH 条件下,质粒 DNA 则留在上清液中。用乙醇沉淀、洗涤,可得到质粒 DNA。

质粒 DNA 的相对分子质量一般在 $10^6 \sim 10^7$ 范围内,如质粒 pBR322 的相对分子质量为 $2.8 \times 10^6$,质粒 pUC19 的相对分子质量为 $1.7 \times 10^6$。在细胞内,共价闭合环状 DNA(covalently losed circular DNA,简称 cccDNA)常以超螺旋形式存在。如果两条链中有一条链发生一处或多处断裂,分子就能旋转而消除链的张力,这种松弛型的分子叫做开环 DNA(open circular DNA,简称 ocDNA)。在电泳时,同一质粒如以 cccDNA 形式存在,它比其开环(缺刻)和线状 DNA 的泳动速度快。一般情况下质粒的泳动速度为 cccDNA>lDNA>ocDNA,因此在本实验中,自制质粒 DNA 在电泳凝胶中将呈现 3 条区带,参见示意图 1-2。

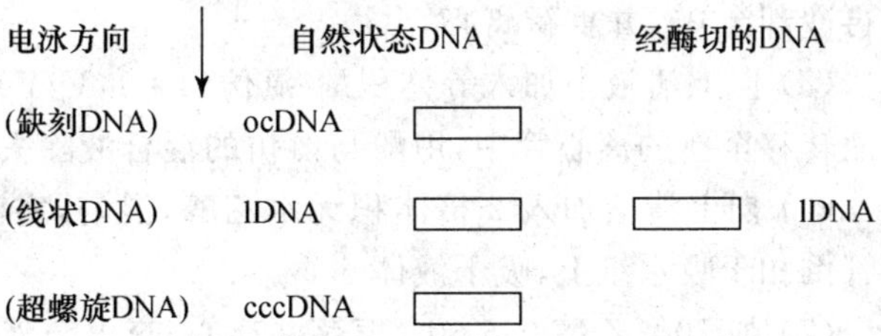

**图 1-2　质粒 DNA 酶切示意图**

## 【器材与试剂】

### 1. 实验仪器

1.5 mL 塑料离心管(又称 Eppendorf 管)10 只,0.5 mL Eppendorf 管 7 只,塑料离心管架(30 孔)1 个,20、200、1000 μL 微量加样器各 1 支,常用玻璃仪器及滴管等,台式高速离心机,紫外分光光度计。

### 2. 实验材料

E. coli DH5α(含有 pUC19 质粒)。

### 3. 实验试剂

溶液Ⅰ(GET 缓冲液)(pH 8.0),溶液Ⅱ(0.2 mol/L NaOH,1% SDS),溶液Ⅲ(乙酸钾溶液)(pH 4.8),酚-氯仿(1∶1,V/V),TE 缓冲液(pH 8.0),7.5 mol/L 乙酸铵($NH_4Ac$)(pH 7.5~8.0);异丙醇;70%乙醇;无水乙醇。

LB(Luria-Bertni)液体培养基,LB 固体培养基。

实验中所用试剂配方见实验附录Ⅰ,后同。

## 【实验步骤】

### 1. 培养细菌

将带有质粒 pUC19 或 pBR322 的 E. coli DH5α 接种于 LB 固体培养基上或液体培养基中,37℃培养 12~18 h。

### 2. 从菌落中快速提取制备质粒 DNA

根据提取中所使用试剂特点分为以下三种方法。

**方法Ⅰ 酚-氯仿法**

(1) 取 1.5 mL 菌液(经 LB 培养基培养 16 h 的含有 pUC19 质粒的 E. coli DH5α),置于 Eppendorf 管中,10 000 r/min 离心 1 min,去掉上清液,然后将 Eppendorf 管倒扣在吸水纸上,使上清液尽量去除干净,在沉淀物中加入溶液Ⅰ 150 μL。充分混匀,在室温下放置 10 min。

**注意:** 溶菌酶在碱性条件下不稳定,必须在使用时新配制溶液。使用 EDTA 是为了去除细胞壁上的 $Ca^{2+}$,使溶菌酶更易与细胞壁接触。

(2) 加入新配制的溶液Ⅱ 200 μL。加盖,颠倒 4~5 次,使之混匀。冰上放置 5 min。SDS 能使细胞膜裂解,并使蛋白质变性。

(3) 加入冰冷的溶液Ⅲ 150 μL,加盖后颠倒数次使其混匀,冰上放置 15 min。

(4) 10 000 r/min 离心 10 min,上清液倒入另一干净的离心管中,乙酸钾能沉淀 SDS 与蛋白质的复合物,在冰上放置 15 min 是为了使沉淀完全。如果上清液经离心后仍混浊,应混匀后再冷却至 0℃并重新离心。

(5) 向上清液中加入等体积酚-氯仿(1∶1,V/V)振荡混匀,10 000 r/min 离心 10 min,将上清液转移至新的离心管中,用酚与氯仿的混合液除去蛋白,效果较单独使用酚或氯仿更好。

(6) 向上清液加入 2 倍体积无水乙醇,混匀,室温放置 2 min;离心 5 min,弃上清液,把离心管倒扣于吸水纸上,吸干液体。

(7) 加 70%乙醇 0.5 mL,振荡并离心,弃上清液,真空抽干或室温自然干燥,待用(可以在 -20℃保存)。

(8) 加入含有 20 μg/mL RNase A 的无菌蒸馏水 20 μL 溶解提取物,室温放置 30 min 以上,使 DNA 充分溶解待用。

(9) 将自提的 pUC19 DNA 4 μL 稀释到 400 μL,用紫外检测仪检测质粒 DNA 的浓度,使自提 pUC19 DNA 终浓度为 0.1 μg/μL,备用。

此方法的优点在于酚-氯仿去除蛋白效果较好,提取物可获得较高的纯度。

**方法Ⅱ 乙酸胺法**

(1) 用 LB 固体培养基培养单个菌落。挑取单个菌落在 LB 固体培养基上划线,过夜培养。用牙签挑取此菌落 3~5 次,加入 150 μL GET 缓冲液中,充分混匀,室温下放置 10 min。

(2) 加入新配制的 0.2 mol/L NaOH(内含 1% SDS) 200 μL。加盖,颠倒 4~5 次,使之混匀。冰上放置 5 min。

(3) 加入冰冷的乙酸钾溶液(pH 4.8) 150 μL,加盖后颠倒数次,使之混匀,冰上放置 15 min。

(4) 10 000 r/min 离心 5 min,上清液倒入另一干净的离心管中。如果上清液经离心后仍混浊,应混匀后再冷却至 0℃ 并重新离心。

(5) 在上清液中加入等体积异丙醇,混匀,室温放置 5 min,12 000 r/min 离心 5 min,弃上清液。

(6) 加入无菌蒸馏水 200 μL 溶解沉淀,加入 1/2 体积 7.5 mol/L $NH_4Ac$,混匀后冰浴 3~5 min,12 000 r/min 离心 5 min。

(7) 转移上清液至新管中,并加入 2 倍体积无水乙醇,室温放置 5 min,12 000 r/min 离心 30 min,弃上清液。

(8) 沉淀用 70% 乙醇 500 μL 洗涤一次,12 000 r/min 离心 5 min,小管倒置于吸水纸上,除尽乙醇,室温自然干燥。

(9) 加入含有 20 μg/mL RNase A 的无菌蒸馏水 20 μL 溶解提取物,室温放置 30 min 以上,DNA 充分溶解待用。

(10) 将自提 pUC19 DNA 4 μL,稀释到 400 μL,用紫外检测仪检测质粒 DNA 的浓度,使自提 pUC19 DNA 终浓度为 0.1 μg/μL,备用。

此方法的优点在于提取产物不受酚试剂的干扰,有利于发挥内切酶的活性。

**方法Ⅲ 沸水法**

(1) 用牙签挑取生长在固体培养基上的菌体 3~5 次,置于 1.5 mL Eppendorf 离心管中。

(2) 悬浮于 500 μL 含 1 mmol/L EDTA,Triton X-100 的溶菌酶缓冲液中。

(3) 沸水浴中煮沸 30~40 s。

(4) 10 000 r/min 离心 5 min,去沉淀物。

(5) 上清液加入 2 倍体积无水乙醇,室温放置 5 min 后以 12 000 r/min 离心 30 min,弃上清液。

(6) 加入含有 20 μg/mL RNase A 的无菌蒸馏水 10 μL 溶解 DNA 提取物,使 DNA 充分溶解待用。

此方法的优点在于快速提取 DNA,有利于 DNA 的大量筛选。

【实验讨论】

**1. 质粒纯化中试剂的作用**

(1) 加入溶菌酶是为了更好地破坏细胞壁。

(2) 溶液Ⅰ：pH 8 有利于溶菌酶发挥作用，使用 EDTA 是为了除去细胞壁的 $Ca^{2+}$，使溶菌酶更易与细胞壁结合而使之破碎。

(3) 溶液Ⅱ：NaOH-SDS (pH 12.0) 有利于细胞裂解，释放细胞内染色体及质粒 DNA。使蛋白质、染色体 DNA、线性及缺刻 DNA 变性，而共价闭环 DNA 不受影响（但不超过 pH=12.5）。

(4) 溶液Ⅲ：高浓度乙酸钾 (pH 4.8) 用于降低溶液 pH，复性染色体及线性 DNA，使蛋白质凝集成不溶网络状聚合物（蛋白质-SDS 复合物）并形成 RNA 分子沉淀，有利于杂质的离心去除，而共价闭环 DNA 以天然状态保留在水溶液中。

(5) 酚-氯仿用于灭活核酸酶，去除蛋白质。注意，提取质粒 DNA 过程中去除蛋白是非常重要的。

(6) 70% 乙醇沉淀水相质粒。

(7) 用 RNase 降解溶液中的 RNA。

**2. pUC 系列质粒的特点**

pUC 系列质粒是由 J. Messing 等构建的质粒系列，包括 pUC8，pUC9，pUC18，pUC19，是一类非常重要的质粒。它们具有 M13 载体的特点；含有一个 $Amp^r$ 和 $lacI$，$lacZ$；含有多个限制性内切酶的单一识别位点。其优点如下：

(1) 基因组小，拷贝数高，DNA 产量高。

(2) 有 $LacZ$ 筛选标记，由于 $lacZ$ 基因插入失活，因此，可用蓝白菌落筛选阳性重组子。

(3) 有 13 个以上的单一限制性内切酶作用位点可用于外源基因克隆。

**3. 注意事项**

(1) 实验中每一步加溶液时都应使其充分混匀且动作不要剧烈，以保持环状 DNA 超螺旋形式构象。

(2) 含 1% SDS 的 0.2 mol/L NaOH 必须在使用前配制，因为溶菌酶在碱性条件下不稳定，SDS 溶液要充分溶解。

(3) 采用酚-氯仿去除蛋白效果较单独用酚或氯仿好，要将蛋白尽量除干净需多次抽提，取上清液时勿触碰蛋白层。

(4) 方法Ⅰ，Ⅱ提取质粒的优点是得到的质粒纯净，而缺点是会存在一定比例的开环结构。

(5) 方法Ⅲ沸水法优点是速度快，每天可以纯化 200 个克隆，其缺点是质粒的纯度不高。

【问题分析及思考】

(1) 为什么能在细菌破碎后的细菌抽提液（复杂成分）中分离到质粒 DNA？

(2) 质粒 DNA 的三种形式是什么？为什么有三种形式？

(3) 实验中介绍的三种方法各有什么特点？各有哪些优缺点？

## 参 考 文 献

1. Sambrook J, Fritsch EP, Maniatis T. Molecular cloning: a laboratory manual. New York: Cold Spring Harbor Laboratory Press, 1989.
2. 戴维斯 L 等. 分子生物学实验技术. 姚志建等译. 北京: 科学出版社, 1990, 34—36.
3. 蔡良婉. 核酸研究技术. 下册. 北京: 科学出版社, 1990, 16—27, 125—126.
4. 贺竹梅, 刘秋云. 一种提取质粒 DNA 的改良方法. 生物技术, 1996, 6(1): 37—38.
5. 王重庆等. 高级生物化学实验教程. 北京: 北京大学出版社, 1994, 95—107.
6. 郝福英, 朱玉贤等. 分子生物学实验技术. 北京: 北京大学出版社, 1—12.

# 实验 2　质粒 DNA 的限制性内切酶酶切及琼脂糖凝胶电泳分离和鉴定

本实验以商品 pUC19 DNA 为标准,以自己提取的 pUC19 质粒 DNA 为样品,用限制性内切酶酶切质粒 DNA,再经琼脂糖凝胶电泳分离酶切片段,以自制 pUC19 DNA 进行鉴定。

【实验目的】

训练学生正确使用移液器,了解限制性内切酶及酶切的条件,学会分析质粒 DNA 的酶切图谱,系统掌握琼脂糖凝胶电泳的基本技术。

【实验原理】

限制性核酸内切酶(简称限制性内切酶)是在研究细菌对噬菌体的限制和修饰现象中发现的。细菌细胞内同时存在一对酶,分别为限制性内切酶(限制作用)和 DNA 甲基化酶(修饰作用)。它们对 DNA 底物有相同的识别顺序,但生物功能却相反。由于细胞内存在 DNA 甲基化酶,它能对自身 DNA 上的若干碱基进行甲基化,从而避免了限制性内切酶对其自身 DNA 的切割破坏,而感染的外来噬菌体 DNA,因无甲基化而被切割。

目前已发现的限制性内切酶有数百种。$EcoR\ I$ 和 $Hind\ III$ 都属于 II 型限制性内切酶,这类酶的特点是具有能够识别双链 DNA 分子上的特异核苷酸顺序的能力,能在这个特异性核苷酸序列内,切断 DNA 的双链,形成一定长度和顺序的 DNA 片段。$EcoR\ I$ 和 $Hind\ III$ 识别的核苷酸序列和切口(↓表示酶切口)是:

$$EcoR\ I: G\downarrow AATTC$$
$$Hind\ III: A\downarrow AGCTT$$

限制性内切酶对环状质粒 DNA 有多少个切口,就能产生多少个酶解片段,因此通过鉴定酶切后的片段在电泳凝胶中的区带数,就可以推断质粒 DNA 上酶切口的数目,从片段的迁移率可以大致判断酶切片段大小的差别。用已知相对分子质量的线状 DNA 为对照,通过电泳迁移率的比较,可以粗略地测出分子形状相同的未知 DNA 的相对分子质量。我们采用 $EcoR\ I$ 和 $Hind\ III$ 分别酶切 λDNA,其酶切片段作为样品酶切片段大小的相对分子质量标准,参看表 2-1,表 2-2。

表 2-1　λDNA-$EcoR\ I$ 酶解片段

| 片 段 | 碱基对数目/kb | 相对分子质量 | 片 段 | 碱基对数目/kb | 相对分子质量 |
|---|---|---|---|---|---|
| 1 | 21.226 | $13.7\times 10^3$ | 4 | 5.643 | $3.48\times 10^6$ |
| 2 | 7.421 | $4.74\times 10^6$ | 5 | 4.878 | $3.02\times 10^6$ |
| 3 | 5.804 | $3.73\times 10^6$ | 6 | 3.530 | $2.13\times 10^6$ |

实验2  质粒 DNA 的限制性内切酶酶切及琼脂糖凝胶电泳分离和鉴定

表 2-2  λDNA-*Hind*Ⅲ 酶解片断

| 片 段 | 碱基对数目/kb | 相对分子质量 | 片 段 | 碱基对数目/kb | 相对分子质量 |
|---|---|---|---|---|---|
| 1 | 23.130 | $15.0 \times 10^6$ | 5 | 2.322 | $1.51 \times 10^6$ |
| 2 | 9.419 | $6.12 \times 10^6$ | 6 | 2.028 | $1.32 \times 10^6$ |
| 3 | 6.557 | $4.26 \times 10^6$ | 7 | 0.564 | $0.37 \times 10^6$ |
| 4 | 4.371 | $2.84 \times 10^6$ | 8 | 0.125 | $0.08 \times 10^6$ |

质粒的加工需要工具酶，限制性内切酶是重要的工具酶之一。将质粒和外源基因用限制性内切酶酶切，再经过退火和 DNA 连接酶封闭切口，便可获得携带外源基因的重组质粒。

重组质粒可以转移到另一个生物细胞中去（细胞转化或转染），进而复制、转录和表达外源基因产物。这样通过基因工程可获得所需各种蛋白质产物。

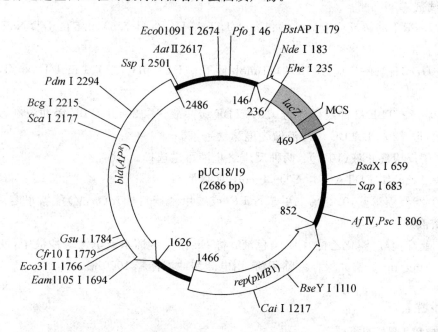

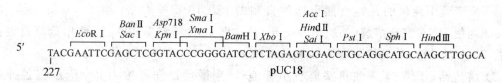

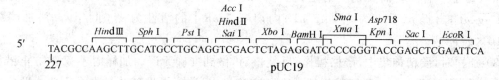

图 2-1  pUC19 质粒酶切图谱及其多克隆酶切位点

## 【器材和试剂】

### 1. 实验仪器

1.5 mL Eppendorf 离心管 10 只,0.5 mL Eppendorf 离心管 7 只,塑料离心管架(30 孔)1 个,20、200、1000 μL 微量移液器各 1 支,锥形瓶(50 或 100 mL),白搪瓷盘(小号),玻璃纸,一次性塑料手套,橡皮膏,常用玻璃仪器及滴管等,电泳仪,电泳槽,样品槽横板(梳子),有机玻璃内槽,水平仪,台式高速离心机,台式高速冷冻离心机,微型瞬间离心机,凝胶自动成像仪。

### 2. 实验材料

自提的 pUC19 质粒和市场购买的 pUC19 质粒,EcoR I 内切酶,λDNA+Hind III 酶切的分子大小标准,琼脂糖(进口)。

### 3. 试剂

(1) EcoR I 酶解反应液(10×):1 mol/L Tris-HCl(pH 7.5),0.5 mol/L NaCl,0.1 mol/L $MgCl_2$。

(2) Hind III 酶解反应液(10×):1 mol/L Tris-HCl(pH 7.4),1 mol/L NaCl,0.07 mol/L $MgCl_2$。

(3) 将 5×TBE 缓冲液稀释为 0.5×TBE 缓冲液。取 20 mL TBE 缓冲液制做电泳用的琼脂糖凝胶,取 220 mL TBE 缓冲液做为电泳缓冲液。

(4) 酶反应终止液(10×):两种反应终止液可供选择。

① 0.1 mol/L EDTA-$Na_2$,20% Ficoll,适量橙 G。

② 0.25% 溴酚蓝,0.25% 二甲苯青 FF(或二甲苯蓝),40%(m/V)蔗糖水溶液(或用 30% 蔗糖水溶液)

(5) 菲啶溴红(溴化乙锭,EB)染色液:将 EB 溶于蒸馏水或电泳缓冲液中,使最终浓度达到 0.5～1 mg/mL。避光保存。临用前,用电泳缓冲液稀释 1000 倍。

## 【实验步骤】

### 1. 质粒 DNA 的酶解

(1) 将实验中纯化的并经自然干燥的自制的 pUC19 质粒 DNA 加 20 μL 无菌水(内含 RNase A),使 DNA 完全溶解(一般用 30 min)。取出 4 μL 稀释至 400 μL,使用紫外检测仪检测质粒 DNA 的浓度,使其终浓度为 0.1 μg/μL。

(2) 将清洁、干燥、无菌的具塞离心小管编号,用微量加样器按表 2-3 所示将各种试剂分别加入每个小管内。需要说明的是,在各种试剂中 λDNA+Hind III 为 0.1 μL;市售质粒为 0.1 μg/μL;自提 pUC19 为 0.1 μg/μL;内切酶 EcoR I 的活性为 4.0 U/μL。所加酶缓冲液为 10× 缓冲液。

(3) 加样时,要精神集中,严格操作,反复核对,做到准确无误。加样时不仅要防止错加或漏加的现象,而且还要保持公用试剂的纯净。应该指出,该项操作环节是整个实验成败的关键之一。

## 实验 2 质粒 DNA 的限制性内切酶酶切及琼脂糖凝胶电泳分离和鉴定

表 2-3 质粒 DNA 酶解的反应成分及加样量

| | 1 | 2 | 3 | 4 | 5 | 6 | 7 |
|---|---|---|---|---|---|---|---|
| 市售 pUC19 (0.1 μg/μL)/μL | | | | 3 | 3 | | |
| 自提 pUC19 (0.1 μg/μL)/μL | 6 | 6 | | | | 6 | 6 |
| λDNA＋HindⅢ (0.1 μg/μL)/μL | | | | 4 | | | |
| EcoRⅠ (4.0 U/μL)/μL | | 2 | | | 2 | | 2 |
| 缓冲液(5×)/μL | 2 | 2 | 2 | 2 | 2 | 2 | 2 |
| $H_2O$/μL | | | 2 | 4 | 3 | 5 | 2 |
| 总体积/μL | 10 | 10 | 10 | 10 | 10 | 10 | 10 |

（4）加样后，小心混匀，置于 37℃水浴中，酶解 2～3 h(有时可以过夜)。

（5）如果使用 EB 染色 DNA，向每个小管中分别加入 1/10 体积的酶反应终止液；如果使用荧光染料染色 DNA，则向每个小管加入荧光染料 3 μL 染色，反应 5 min 后，混匀以停止酶解反应。各酶解样品于冰箱中贮存备用。

**2. 琼脂糖凝胶板的制备**

（1）琼脂糖凝胶的制备：称取琼脂糖 0.14 g，置于耐高温高压的蓝盖试剂瓶中，加入 TBE (0.5×TBE)缓冲液 20 mL 后，置于高压锅内，加热至 $1.21×10^5$ Pa 维持 10 min，琼脂糖即可全部融化在缓冲液中，取出摇匀，则为 0.7%琼脂糖凝胶液。除此之外，也可微波加热 1～2 min 直至琼脂糖溶解，由于琼脂糖颗粒难溶，用微波炉加热时要注意反复观察溶液中的琼脂糖颗粒是否完全溶解，并且防止溶液溢出。

（2）胶板的制备：将制胶模板置于一水平位置，取有机玻璃内槽，洗净、晾干放入制胶模板中(图 2-2)。

（3）将有机玻璃内槽放好制备样品加样孔的合适梳子(图 2-3)。

图 2-2 将有机玻璃内槽置于制胶模板中

图 2-3 有机玻璃内槽和放置好的梳子

（4）将冷却至 65℃左右的琼脂糖凝胶液充分摇匀，小心地倒在有机玻璃内槽上，控制灌胶速度，使胶液缓慢地展开，直至整个有机玻璃板表面形成均匀的胶层(图 2-4)。室温下静置约 30 min，凝胶时间不充分将直接影响 DNA 的分离效果。

（5）待凝固完全后大约 30 min，将铺胶的有机玻璃内槽放在电泳槽中备用。将电泳槽内注满 TBE 稀释液。

11

**注意**：使 TBE 稀释液刚没过胶即可（图 2-5）。

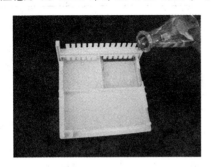

图 2-4　灌胶过程

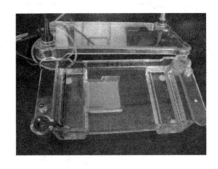

图 2-5　将凝胶置于电泳槽中，并注入 TBE 稀释液

（6）轻轻拔出样品槽模板（梳子），在胶板上即形成相互隔开的样品槽。

### 3．加样

（1）预先染色 DNA：分别将样品管内加入 3 μL 荧光染料（含酶反应终止液）与样品充分混匀，放置 5 min，准备加样。有些实验室电泳之后采用 EB 染色 DNA，方法参见实验步骤 6。

（2）用微量加样器将上述样品分别加入胶板的样品小槽内，加样时，将微量加样器的吸头垂直于样品槽上方，轻轻插入 TBE 缓冲液中，但不能碰到样品槽的凝胶面，将样品加入样品槽内，要十分注意完成好此步操作，否则会影响电泳效果（图 2-6）。

（3）每次加完一个样品，要用蒸馏水反复洗净微量加样器，以防止样品之间的污染。加样时，应防止碰坏样品槽周围的凝胶面（影响电泳效果），每个样品槽的加样量不宜过多，一般约 15～20 μL。

### 4．电泳

（1）正确连接电泳槽与电泳仪的正负极，DNA 在此条件下带有负电（加样孔处负极），在电流作用下向正极运动。

图 2-6　将样品加入凝胶内的小槽

（2）加完样品后立即通电，进行电泳。但要注意控制电流强度，样品进胶前，应使电流控制在 20 mA，样品进胶后电流为 30 mA。当橙 G 或溴酚蓝染料移动到距离胶板下沿约 1～2 cm 处，停止电泳。

在低电压条件下，线形 DNA 片段的迁移速度与电压成比例关系，但是，电场强度增加时，不同相对分子质量的 DNA 片段泳动度的增加是有差别的。因此，随着电压的增加，琼脂糖凝胶的有效分离范围随之减小。为了获得电泳分离 DNA 片段的最大的分辨率，电场强度不应高于 5 V/cm。

电泳温度视需要而定，对大分子的分离，以低温较好，也可在室温下进行。在琼脂糖凝胶浓度低于 0.5% 时，由于胶太稀，最好在 4℃ 进行电泳以增加凝胶硬度。

### 5．拍照观察

将电泳结束后的凝胶放置 480 nm 波长的荧光激发器上，用凝胶自动成像仪处理凝胶，拍摄照片，分析结果见图 2-6。

### 6. 染色

如果实验不使用荧光染料染色 DNA,可将电泳后的凝胶浸入 EB 染色液中 10～15 min,进行染色,然后在紫外光下观察在琼脂糖凝胶中 DNA 带型。

**注意**:EB 是 DNA 诱变剂,使用时要特别注意防护皮肤不要沾染试剂,而且保护环境不被污染。

## 【实验结果】

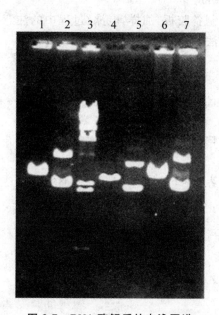

**图 2-7 DNA 酶解后的电泳图谱**

1. 自提质粒 DNA(经酶解);2. 自提质粒 DNA(未酶解);3. λDNA+*Hind*Ⅲ 酶解;4. 市售质粒 DNA(经酶解);5. 市售质粒 DNA(未酶解);6. 自提质粒 DNA(经酶解);7. 自提质粒 DNA(未酶解)

由图 2-7 可以看到:

3 号泳道从上至下为 λDNA+*Hind*Ⅲ 酶解后产生的 6 条带;其他的 2 个条带,即 $0.37\times10^6$ 和 $0.37\times10^6$ 的 2 个片断过小,并不清晰。

4 号泳道为标准的 pUC19 质粒经过酶解后产生的单一条带。

5 号泳道从上至下为标准的 pUC19 质粒的共价闭环 DNA,直线 DNA,开环的双链环状 DNA。其中直线 DNA 的条带并不清晰(与 7 对照)。

6,7 号泳道为自提质粒的实验结果,由于浓度原因,较市售样品的亮度要低一些。

## 【实验讨论】

(1) 质粒 DNA 电泳速度为:共价闭环 DNA>直线 DNA>开环的双链环状 DNA,酶切后只剩下单一的直线 DNA 条带。根据 DNA 相对分子质量标准走出的条带,其大小约为 2.5～3 kb 间。

(2) 灌胶时,可以先灌胶后加梳子,这样可以防止胶在梳孔周围形成气泡。电泳加样前,先把凝胶置于 TBE 中浸泡片刻,再拔出梳子。加样时另一只手扶住加样器的下部,避免由于手的晃动将样品槽戳坏。加样时动作要快,否则 DNA 会扩散。

电泳结果(6、7 条带)表明质粒提取效果较好,酶切比较完全。

**【问题分析及思考】**

(1) 为什么 DNA 电泳速度为共价闭环 DNA＞直线 DNA＞开环的双链环状 DNA,酶切后只剩下单一的直线 DNA 条带?

(2) 在琼脂糖凝胶电泳(制备胶板,加样,电泳)过程中的注意事项是什么?

(3) DNA 染色有几种方法? 使用时要注意哪些事项?

## 参 考 文 献

1. Sambrook J, Fritsch EP, Maniatis T. Molecular cloning: a laboratory manual. New York: Cold Spring Harbor Laboratory Press, 1989.
2. 萨姆布鲁克 J,费里奇 EF,曼尼阿蒂斯 T 著.分子克隆实验指南.2 版.金冬雁,黎孟枫译.北京:科学出版社,1993,304—316.
3. 郝福英,朱玉贤等.分子生物学实验技术.北京:北京大学出版社,1998,1—11.

# 实验 3  E. coli 感受态细胞的制备及质粒 DNA 分子导入原核细胞

本实验以氯化钙法制备 E. coli(DH5α)感受态细胞,将 pUC19 质粒转化到感受态细胞中并用含抗生素的平板培养基筛选转化体。

【实验目的】

通过本实验,了解细胞转化的概念及其在分子生物学研究中的意义;学习氯化钙法制备 E. coli 感受态细胞和外源质粒 DNA 转入受体菌细胞并筛选转化体的方法。

【实验原理】

转化(transformation)是将异源 DNA 分子引入另一细胞品系,使受体细胞获得新的遗传性状的一种手段。它是微生物遗传、分子遗传、基因工程等研究领域的基本实验技术。转化本身也是一个自然存在的过程。细菌处于容易吸收外源 DNA 的状态,即为感受态。用理化方法诱导细胞进入感受态的操作称为致敏过程。

DNA 转化细菌技术始于 Mandel 和 Higa 1970 年的观察,他们发现细菌经过冰冷的 $CaCl_2$ 溶液处理及短暂热休克后,容易被噬菌体 DNA 感染。随后,Cohn 于 1972 年进一步证明,用同样的方法也能使质粒 DNA 进入细菌。这项技术的关键就是通过化学方法人工诱导细菌细胞,使其进入敏感的感受态,以便外源 DNA 进入菌体内。其原理为在 0℃,$CaCl_2$ 低渗溶液中,细菌细胞膨胀成球形,转化混合物中的 DNA 形成抗 DNase 的羟基-磷酸钙复合物黏附于细胞表面;42℃短时间热冲击处理,促进细胞吸收 DNA 复合物;当热冲击处理的菌液在丰富培养基上培养数小时后,球状细胞复原并分裂增殖。在被转化的细菌中,转化子的基因得到表达,利用选择性培养基平板即可筛选出所需的转化子。

转化过程所用的受体细胞一般是限制-修饰系统缺陷的变异株,即不含限制性内切酶和甲基化酶的突变株,常用 $R^-$、$M^-$ 符号表示。

本实验以 E. coli DH5α 菌株为受体细胞,用 $CaCl_2$ 处理受体菌使其处于感受态,然后与 pUC19 质粒共保温,实现转化。有些质粒,如 pBR322 携带有抗氨苄青霉素和抗四环素的基因,因而使接受了该质粒的受体菌具有抗氨苄青霉素($Amp^r$)和抗四环素($Tc^r$)的特性。将经过转化的全部受体细胞进行适当稀释,在含氨苄青霉素和四环素的平板培养基上培养,只有转化体才能存活,而未受转化的受体细胞则因无抵抗氨苄青霉素和四环素的能力而死亡。本实验选择的 pUC19 质粒,只具有抗氨苄青霉素的特性。

DNA 基因重组是分子生物学实验重要内容之一,可利用选择标记的插入失活筛选转化子和重组子(图 3-1)。

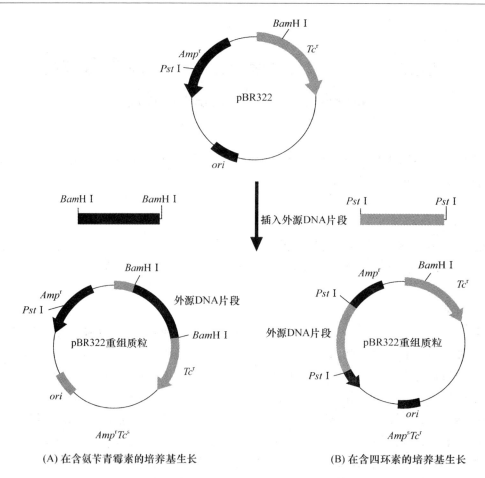

图 3-1 选择标记的插入失活筛选转化子和重组子示意图

蓝白斑显色模型筛选法同样是重要的筛选转化子和重组子的方法。

有些质粒上含有 lacZ(β-半乳糖苷酶基因),质粒载体编码 β-半乳糖苷酶 N 端前 146 个氨基酸序列(称 α-受体)。E. coli 宿主菌含有 β-半乳糖苷酶 C 端部分编码序列(称 α-供体)。受体和供体一旦结合,可恢复 β-半乳糖苷酶的活性,即 α-互补。α-互补作用形成 β-半乳糖苷酶全酶,酶将 5-溴-4-氯-3-吲哚-β-D-半乳糖苷(X-gal)降解,生成蓝色产物(淡蓝色噬菌斑,或蓝色菌落)。当载体无外源基因插入时,此酶不被破坏,噬菌斑或菌落为淡蓝色。IPTG(异丙基-β-D-硫代半乳糖苷)可诱导 β-半乳糖苷酶的合成。当外源基因插入载体破坏 lacZ,重组体不能形成全酶,X-gal 不能被降解,重组噬菌体形成无色噬菌斑。因此,利用蓝白斑显色模型筛选法可筛选转化子。

转化体经过进一步纯化扩增后,可再将转入的质粒 DNA 分离提取出来,进行重复转化、电泳、电镜观察,并做限制性内切酶图谱、分子杂交或 DNA 测序等实验鉴定。

## 【器材与试剂】

### 1. 实验仪器

恒温摇床,电热恒温培养箱,无菌超净工作台,电热恒温水浴,分光光度计,台式高速离心机,台式高速冷冻离心机,微型瞬间离心机,移液器,Eppendorf 管等。

**2. 实验材料**

E. coli DH5α 受体菌:$R^-$,$M^-$,氨苄青霉素($Amp^s$)和四环素($Tc^s$)。pBR322(或 pUC19)质粒 DNA;购买商品和实验室分离提纯所得样品。

**3. 实验试剂**

25 mg/mL 氨苄青霉素溶液,0.1 mol/L $CaCl_2$ 溶液。

LB 液体培养基,LB 固体培养基。不同体积 LB 固体培养基的配制见表 3-1。

表 3-1　不同体积的 LB 固体培养基的配方

| 成分 | 配制不同体积 LB 时需称取溶质质量/g | | | |
|---|---|---|---|---|
| | 1000 mL | 150 mL | 100 mL | 80 mL |
| 胰蛋白胨 | 10 | 1.5 | 1 | 0.8 |
| NaCl | 10 | 1.5 | 1 | 0.8 |
| 酵母提取物 | 5 | 0.75 | 0.5 | 0.4 |
| 琼脂粉 | 15 | 2.25 | 1.5 | 1.2 |

含抗生素的 LB 平板培养基。

【实验步骤】

**1. 实验准备工作**

(1) 包装好 7 块培养皿(每两人),包装各种大小吸头、Eppendorf 管,高压蒸汽灭菌待用。

(2) 配 LB 固体培养基 80 mL 置于蓝盖瓶中,瓶盖微拧,不拧紧,高压蒸汽灭菌。

(3) 将灭菌后培养基摇匀,先倒一块不含氨苄青霉素平板(编号 7)约 11 mL。

余下培养基冷至 60 ℃左右时加入 68 μL 氨苄青霉素,使终浓度为 50 μg/mL,摇匀后倒入剩余 6 块平板中,编号为 1、2、3、4、5、6。

**2. E. coli 感受态细胞的制备(每位学生做 1 份)**

(1) 从新活化的 E. coli DH5α 平板上挑取一单菌落,接种于 3~5 mL LB 液体培养基中,37 ℃振荡培养至对数生长期约 12 h。将该菌悬液以 1:100~1:50 转接于 100 ml LB 液体培养基中,37 ℃振荡扩大培养,当培养液开始出现混浊后,每隔 20~30 min 测一次 $A_{600}$,至 $A_{600}$ 约为 0.7 时,停止培养。

(2) 培养液在冰上冷却片刻后,转入离心管中,以 4000 r/min 离心 2 min。

(3) 弃上清培养液,用冰冷的 0.1 mol/L $CaCl_2$ 溶液 600 μL 轻轻悬浮细胞,冰上放置 15~30 min。

(4) 置离心机中,4000 r/min 离心 2 min。

(5) 弃上清液,加入冰冷的 0.1 mol/L $CaCl_2$ 溶液 300 μL,小心悬浮细胞,冰上放置片刻后,即制成感受态细胞悬液,以每管 100 μL 分装备用。

(6) 制备好的感受态细胞悬液可在冰上放置,24 h 内直接用于转化实验,也可加入总体积 15% 的无菌甘油,混匀后分装于 Eppendorf 管中,−70 ℃可保存半年至 1 年。

17

## 3. 细胞转化

(1) 制作转化体系表(表 3-2)。

每组(2 人)学生各取 3 管感受态细胞悬液(每管 100 μL),按表 3-2 来分配制备好的感受态细胞。如为冷冻保存液,则需化冻后马上进行下面的操作。

表 3-2　细胞转化溶液配制表

| 样品 \ 编号 | 实验管 1 | 实验管 2 | 实验管 3 | 实验管 4 | 实验管 5 |
| --- | --- | --- | --- | --- | --- |
| 自制质粒 pUC19(甲生)/μL | 2 | | | | |
| 自制质粒 pUC19(乙生)/μL | | 2 | | | |
| 市售质粒 pUC19/μL | | | 2 | | |
| 0.1 mol/L CaCl$_2$/μL | | | | 2 | 2 |
| 感受态细胞/μL | 100 | 100 | 100 | 100 | 100 |

注意:加入 pBR322(或 pUC19)质粒 DNA(含量不超过 50 ng,体积不超过 2 μL)的为转化实验组,其他为对照组。

(2) 将以上各样品轻轻摇匀,冰上放置 30 min 后,于 42℃水浴中保温 2 min,然后迅速在冰上冷却 3~5 min。

(3) 上述各管中分别加入 LB 液体培养基 100 μL,使总体积约为 0.2 mL,该溶液称为转化反应原液,摇匀后于 37℃温浴 15 min 以上(欲获得更高的转化率,则此步也可振荡培养),使受体菌恢复正常生长状态,并使转化体产生抗药性(Amp$^r$,Tc$^r$)。

(4) 按图 3-2 分配样品,以下各步操作均需在无菌超净工作台中进行,以防止污染。**注意**:取样品时要充分混匀,否则测得菌体数与真实值不符。

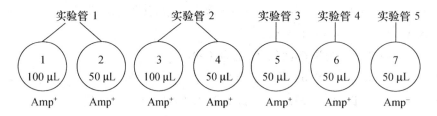

图 3-2　反应样品与涂平板用的培养皿之间对应关系

① 实验管 1(甲生)(自制质粒 DNA 组):各取溶液 100 μL,50 μL(含自制 pUC19 质粒 DNA),分别涂布于含抗生素的 LB 平板培养基上(平板编号 1,2),观察菌体生长状况。

② 实验管 2(乙生)(自制质粒 DNA 组):各取溶液 100 μL,50 μL(含自制 pUC19 质粒 DNA)溶液。涂布于含抗生素的 LB 平板培养基上(平板编号 3,4),观察菌体生长状况。

③ 实验管 3(市售质粒 DNA 组):取溶液 50 μL(含市售 pUC19 质粒 DNA)。涂布于含抗生素的 LB 平板培养基上(平板编号 5),观察菌体生长状况。

④ 实验管 4(受体菌对照组):取感受态细胞溶液 100 μL(含无菌重蒸水),涂布于含抗生素的 LB 平板培养基上(平板编号 6),观察菌体生长状况。

⑤ 实验管5(受体菌对照组)：取感受态细胞溶液 100 μL，涂匀于不含抗生素的 LB 平板培养基上(平板编号7)，观察菌体生长状况。

(5) 涂平板：

① 将上述各管菌液混匀，分别取菌液 100 μL 滴入对应的含有 LB 培养基的培养皿中(图 3-3)。**注意**：样品与所需平皿要对应，不可混淆。

② 将玻璃刮刀在 70% 酒精中浸泡片刻，置酒精灯上灼烧，当玻璃刮刀上酒精燃尽后，将其置于培养皿内盖处晾至室温，以避免高温烫死菌体，影响实验结果，具体操作见图 3-4，图 3-5，图 3-6。

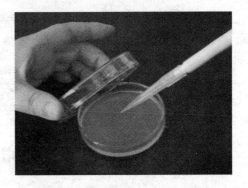

图 3-3　菌液滴入对应的培养基中

图 3-4　将玻璃刮刀在 70% 酒精中浸泡片刻

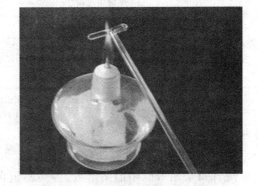

图 3-5　将玻璃刮刀放酒精灯上灼烧

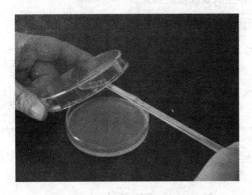

图 3-6　将玻璃刮刀在培养皿内盖处晾至室温

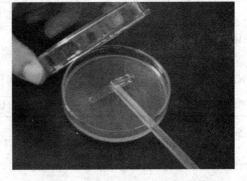

图 3-7　用玻璃刮刀将样品溶液中轻轻地均匀涂布在 LB 固体培养基上

③ 用晾至室温的刮刀轻轻地把样品均匀涂布在 LB 固体培养基上，防止破坏固体培养基。当样品溶液即将被涂干时即可，具体操作见图 3-7。

④ 操作其他样品前重复②的操作，将玻璃刮刀在酒精灯上灼烧灭菌，以避免交叉污染。

⑤ 菌液完全被培养基吸收后，倒置培养皿，于 37℃ 恒温培养箱内培养 24 h，待菌落生长良好时停止培养。

(6) 反应原液梯度稀释以保证培养基上长出数量适当的单菌落。

① 将上述经培养的转化反应原液摇匀后进行梯度稀释,具体操作见表3-3。

表 3-3　细胞转化后溶液梯度稀释表

| 试管号 | 样品培养液/mL | | 稀释液/mL | 稀释度 | 稀释倍数 |
| --- | --- | --- | --- | --- | --- |
| 1 | 原液 | 0.1 | 0.9 | $10^{-1}$ | $10^{1}$ |
| 2 | 稀释液1 | 0.1 | 0.9 | $10^{-2}$ | $10^{2}$ |
| 3 | 稀释液2 | 0.1 | 0.9 | $10^{-3}$ | $10^{3}$ |
| 4 | 稀释液3 | 0.1 | 0.9 | $10^{-4}$ | $10^{4}$ |
| 5 | 稀释液4 | 0.1 | 0.9 | $10^{-5}$ | $10^{5}$ |
| 6 | 稀释液5 | 0.1 | 0.9 | $10^{-6}$ | $10^{6}$ |
| 7 | 稀释液6 | 0.1 | 0.9 | $10^{-7}$ | $10^{7}$ |
| 8 | 稀释液7 | 0.1 | 0.9 | $10^{-8}$ | $10^{8}$ |
| 9 | 稀释液8 | 0.1 | 0.9 | $10^{-9}$ | $10^{9}$ |
| 10 | 稀释液9 | 0.1 | 0.9 | $10^{-10}$ | $10^{10}$ |

② 取适当稀释度的各样品培养液0.1 mL,分别涂于含抗生素和不含抗生素的LB平板培养基上,一定要涂匀。

**4. 检出转化体和计算转化率**

统计每个培养皿中的菌落数,各实验组在培养皿内菌落生长状况应如表3-4所示。

表 3-4　各实验组在培养皿内菌落生长状况及结果分析

| | 不含抗生素培养基 | 含抗生素培养基 | 结果分析 |
| --- | --- | --- | --- |
| 受体菌对照组 | 有大量菌落长出(平板7号) | 无菌落长出(平板6号) | 本实验未产生抗药性突变株 |
| DNA对照组 | | 有大量菌落长出(平板5号) | 质粒DNA进入受体细胞产生抗药性 |
| 转化实验组 | | 有菌落长出(平板1,2,3,4号) | 质粒DNA进入受体细胞产生抗药性 |

由表3-4可知,转化实验组含抗生素培养基平皿中长出的菌落即为转化体,根据此皿中的菌落数则可计算出转化体总数和转化频率,计算公式如下:

$$\text{转化体总数} = \text{菌落数} \times \text{稀释倍数} \times \frac{\text{转化反应原液总体积}}{\text{涂平板用菌液体积}}$$

$$\text{转化频率} = \text{转化体总数}/\text{加入质粒DNA的质量}$$

根据受体菌对照组不含抗生素平皿中检出的菌落数,则可求出转化反应液内受体菌总数,进一步计算出本实验条件下,由多少受体菌可获得一个转化体。

【实验结果】

实验结果见图3-8。

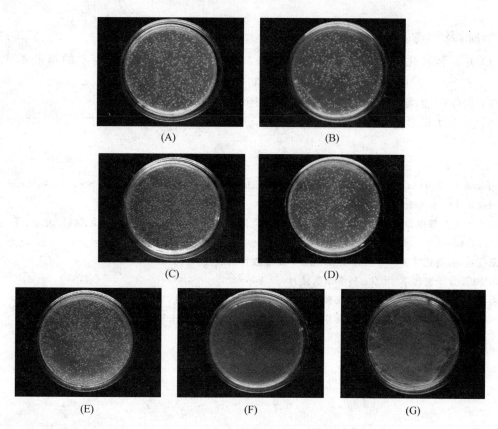

**图 3-8 转化实验后菌落生长状况**

(A)~(G)分别对应平板(1)~(7),其中,(A)、(C)用 100 μL 菌液涂布平板,其余的分别用 50 μL 菌液。(A)~(F)为含抗生素平板;(G)为不含抗生素平板。(A)~(D)为转化组;(E)为 DNA 对照;(F)、(G)为受体菌对照。

## 【实验讨论】

(1) 制作感受态细胞时,细胞处于对数生长期,不要过于老化。

(2) 转化过程中添加试剂及混匀时吹吸动作要轻,避免伤害细胞。

(3) 平板涂布过程中吸取细胞时一定注意随时将反应管中的细胞混匀,再分配到各培养皿中。

(4) 实验中凡涉及溶液的移取、分装等需敞开实验器皿的操作,均应在无菌超净工作台中进行,以防污染。

(5) 实验中设计对照组,在含抗生素的对照组中,不该长出菌落的平皿中长出了一些菌落,首先确认抗生素是否已失效(加抗生素时温度过高或抗生素贮存时间过长),其次确认实验是否有污染。

(6) 根据所需质粒 DNA 的特性,选择相应的选择性培养基进行筛选,有的可能还需进行多步筛选。

【问题分析及思考】

(1) 此细胞转化实验的筛选标记是什么？为什么细菌在含有抗生素的培养基中能够生长？

(2) 据你所知，细胞转化实验的筛选标记还有哪些？

(3) 细胞转化实验中有哪些注意事项？

## 参考文献

1. Sambrook J, Fritsch EP, Maniatis T. Molecular cloning: a laboratory manual. New York: Cold Spring Harbor Laboratory Press, 1989.
2. 萨姆布鲁克 J, 费里奇 EF, 曼尼阿蒂斯 T 著. 分子克隆实验指南. 2 版. 金冬雁, 黎孟枫译. 北京: 科学出版社, 1993, 49—55.
3. 张龙翔等. 生物化学实验方法和技术. 北京: 高等教育出版社, 1981, 229—238.
4. 王尔中编. 分子遗传学. 北京: 科学出版社, 1982, 206—208.
5. 郝福英, 朱玉贤等编. 分子生物学实验技术. 北京: 北京大学出版社, 1998, 12—15.
6. 郝福英等编. 生命科学实验技术. 北京: 北京大学出版社, 2004, 84—88.

# 实验 4　阿拉伯糖诱导的 DNA 分子快速导入原核细胞

本实验以氯化钙法制备 E. coli HB101,使其成为感受态细胞,将 pGLO 质粒转化到感受态细胞中并用含抗生素及阿拉伯糖的平板培养基筛选转化体。

## 【实验目的】

通过本实验,了解细胞转化的概念及其在分子生物学研究中的意义;学习氯化钙法制备 E. coli 感受态细胞和外源质粒 DNA 转入受体菌细胞并筛选转化体的方法。

## 【实验原理】

本实验以 E. coli HB101 为受体菌,用 $CaCl_2$ 处理使其处于感受态,然后与 pGLO 质粒共保温,实现转化。pGLO 质粒(5400 bp)携带有抗氨苄青霉素和绿色荧光蛋白 GFP 的基因,因而使接受了该质粒的受体菌具有抗氨苄青霉素的特性,同时可被诱导产生绿色荧光蛋白。图 4-1 为 pGLO 质粒图谱。

将转化后的全部受体细胞经过适当稀释,涂布在含氨苄青霉素的平板培养基上培养,只有转化体才能存活,而未转化的受体细胞则因无抵抗氨苄青霉素的能力而死亡。将经过转化的受体细胞在同时含氨苄青霉素和诱导物阿拉伯糖的平板培养基上培养,存活下来的转化体细胞能够表达绿色荧光蛋白,因而转化菌落在紫外灯下显出绿色荧光,使得筛选工作容易且直观。

图 4-1　pGLO 质粒图谱

## 【器材与试剂】

### 1. 实验仪器

恒温摇床,电热恒温培养箱,无菌超净工作台,电热恒温水浴,分光光度计,台式高速离心机,台式高速冷冻离心机,微型瞬间离心机,移液器,Eppendorf 管等。

### 2. 实验材料

E. coli HB101 受体菌;氨苄青霉素(Amp),阿拉伯糖;pGLO 质粒 DNA。

### 3. 实验试剂

LB 液体培养基,LB 固体培养基,含抗生素的 LB 平板培养基。25 mg/mL 氨苄青霉素,0.1 mol/L $CaCl_2$ 溶液,阿拉伯糖 250 mg/mL。

## 【实验步骤】

### 1. 制备转化用 LB 平板培养基

配制 40 mL LB 固体培养基并灭菌,当温度降到 60℃时倒出 10 mL 制成一块 LB 平板(标记为 LB),迅速在剩余部分中加入氨苄青霉素 20 μL 制成三块含有氨苄青霉素的 LB 平板(标记为 LB/amp),并在其中一块平板表面均匀涂布阿拉伯糖 100 μL(标记为 LB/amp/ara)。

**2. *E. coli* 感受态细胞的制备及转化**

(1) 取两个灭菌的 Eppendorf 管,分别标记 pGLO+和 pGLO-,放置管架上。

(2) 管内加入 100 μL 转化溶液(0.1 mol/L $CaCl_2$ 溶液),并置于冰上。

(3) 用接种环挑取生长良好的 *E. coli* HB101 单菌落接于管中,摇动使得菌落进入溶液后重新将其置于冰上(标记 pGLO+和 pGLO-的管子操作相同)。

(4) 将质粒 pGLO 10 μL 加入到标记 pGLO+的管内,摇动混匀后重置于冰上;标记 pGLO-的管不加质粒,但是与标记 pGLO+的管平行操作。

(5) 冰浴 10 min,注意管子底部必须接触到冰。

(6) 热击:将两个管子放入 42℃ 水浴内 50 s 进行热击,之后重置于冰上 2 min。

(7) 管子从冰上取出,每个管内加入 LB 液体培养基 100 μL,室温放置 10 min。

(8) 吸取转化产物 50 μL 涂布到相应的平板上。标记 pGLO+的转化产物分别涂在标记为 LB/amp 及 LB/amp/ara 的平板上;标记 pGLO-的转化产物分别涂在标记为 LB/amp 及 LB 的平板上。

(9) 待菌液完全被培养基吸收后,在 37℃ 恒温培养箱内倒置培养 16 s 以上观察结果。

以上各步操作均需在无菌超净工作台中进行。

**【实验结果】**

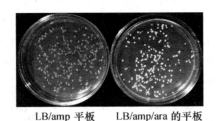

图 4-2  pGLO 转化菌在固体培养基上生长情况

**【问题分析及思考】**

(1) 转化体细胞为什么能够产生绿色荧光菌落?

(2) 实验 3 与实验 4 筛选转化细胞各有何不同?原理是什么?

# 参 考 文 献

1. 萨姆布鲁克 J,费里奇 EF,曼尼阿蒂斯 T 著.分子克隆实验指南.2 版.金冬雁,黎孟枫译.北京:科学出版社,1993,49—55.
2. 张龙翔等.生物化学实验方法和技术.北京:高等教育出版社,1981,229—238.
3. 王尔中编.分子遗传学.北京:科学出版社,1982,206—208.
4. 郝福英,朱玉贤等编.分子生物学实验技术.北京:北京大学出版社,1998,12—15.
5. 郝福英等编.生命科学实验技术.北京:北京大学出版社,2004,84—88.
6. Biotechnology explorer educational products. Bio-Rad Laboratories,Inc, 2003,350—351.

# 实验 5　植物基因转化

利用土壤农杆菌转化系统,将外源基因通过中间载体导入土壤农杆菌中,再通过叶盘法,将外源基因整合到植物染色体上并在植物中稳定遗传。

## 【实验目的】

通过实验使学生掌握外源基因导入植物体内的土壤农杆菌转化方法的原理及其操作过程。比较土壤农杆菌浸染法进行植物基因转化与原核生物($E.\ coli$)转化的特点。拓展分子生物学有关细胞转化方面的知识。

## 【实验原理】

植物基因转化就是将外源基因转移到植物体内稳定表达的过程。将外源基因导入植物体内的方法很多,现在常用的方法是土壤农杆菌浸染法、电击法、基因枪法等。其中土壤农杆菌法主要转化双子叶植物、少数单子叶植物和某些裸子植物,是最常用并且也最为简单的方法,因此下面主要介绍土壤农杆菌法的基本原理。

土壤农杆菌($Agrobacterium\ tumefaciens$)是一种革兰氏阴性菌,能够感染植物的受伤部位,使之产生冠瘿瘤。由于冠瘿瘤在生长过程中能合成多种植物激素,因此,它可以在植物体外不添加任何外源激素的情况下持续生长。此外,冠瘿瘤合成正常植物体内所没有的冠瘿碱(opine)。冠瘿碱主要包括章鱼碱(octopine),胭脂碱(nopaline),还有农瘿碱(agropine),农杆碱(agrocinopine)等。这些生物碱为土壤农杆菌的生长提供碳源和氮源。

由于冠瘿碱的合成是冠瘿瘤带有的正常植物组织所不具备的基因所致,因此人们猜测土壤农杆菌能将它的基因整合到植物染色体上。以后的研究表明土壤农杆菌内存在 Ti 质粒,质粒上的 T-DNA 区序列能够转移并整合到植物染色体上。

Ti 质粒大小约为 150~200 kb,目前研究较为清楚是章鱼碱型质粒和胭脂碱型质粒。其结构如图 5-1。其中最重要的两个区域为 T-DNA 区和毒性区。T-DNA 是 Ti 质粒上唯一能

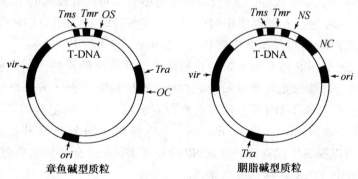

图 5-1　两种 Ti 质粒图谱

*ori*：复制起始点；*vir*：毒性区；*Tms*：控制茎分化；*Tmr*：控制根分化；
*OS*：章鱼碱合成酶；*OC*：章鱼碱代谢；*NS*：胭脂碱合成酶；*NC*：胭脂碱代谢

够整合到植物染色体上的序列,而毒性区上一系列基因则帮助 T-DNA 区整合到植物的染色体上。毒性区的作用包括顺式(in cis)和反式(in trans)两种。顺式作用是指毒性区诱导同一 Ti 质粒上的 T-DNA 区整合到植物染色体上。

T-DNA 区大小约为 20 kb,主要包含有控制茎、根分化的基因,冠瘿碱合成酶基因等。此外,T-DNA 区两端各有一段长约 25 bp 的末端重复序列;分别为右端序列(RB)和左端序列(LB),实验证明右端序列对 T-DNA 区整合到植物染色体上至关重要。

由于 T-DNA 区上有控制茎、根分化的基因,当这些基因随着 T-DNA 区一起整合到植物染色体上时,常常破坏植物体内正常的激素平衡。对植物体内这些致癌基因实行改造,改造后的 Ti 质粒称为非致癌性(disarmed)质粒。只有非致癌性质粒能被应用到转基因植物系统中。

在外源基因的上游和下游分别连接合适的启动子(如 CaMV-35 S 启动子)和终止子,然后,将连接好的序列插入到非致癌性 Ti 质粒的 T-DNA 区上,使 T-DNA 末端重复序列保持完整,这样外源基因就会随着 T-DNA 区一起整合到植物染色体上。由于 Ti 质粒约为 200 kb,将外源基因直接插入到 Ti 质粒 T-DNA 区上的操作有较大的困难,因此,有必要采用较易操作的中间载体,在 E. coli 中将外源基因克隆到中间载体上,将连上外源基因的中间载体转移到土壤农杆菌中去,再通过中间载体与非致癌性 Ti 质粒相互作用,从而将外源基因转化到植物组织中。采用这种方法的载体系统有两类:共整合载体系统(cointegrate vector system)和双元载体系统(binary vector system)。

共整合载体 Ti 质粒上的 T-DNA 区编码致癌基因序列一般为 pBR322 质粒 DNA 所取代,仅保留两末端重复序列。带有外源基因的 pBR322 衍生中间载体由 E. coli 进入土壤农杆菌中,二者相同的 pBR322 序列发生同源重组,外源基因就可以整合到非致癌性 Ti 质粒的 T-DNA 上。下面简单介绍几种共整合载体质粒系统。

(1) pGV3850 系统:这是第一个非致癌的 Ti 质粒衍生载体,来自胭脂碱型 pTiC58 Trac,包括 25 bp 末端序列和胭脂碱合成酶基因,T-DNA 上的其他基因则为 pBR322 序列所取代。

(2) pGV2260 系统:来自章鱼碱型 Ti 质粒 pTiB6 S3,整个 T-DNA 序列连同两个 25 bp 末端均被一段 pBR322 序列所取代。

(3) pMON220 系统:非致癌性 Ti 质粒也来自编码章鱼碱合成酶的 pTiB6 S3,保留了 T-DNA 的部分片段,其中包括左侧同源序列(LIH)。共整合时,这段 LIH 序列与中间载体相应的同源序列进行交换重组,将外源基因转移到非致癌性 Ti 质粒上。

双元载体系统避免了共整合的步骤。它用两个彼此分离的质粒——穿梭质粒和 Ti 衍生质粒。穿梭质粒属多功能的克隆载体质粒,它在 E.coli 和土壤农杆菌中都能够复制,该质粒具备以下特点:① 在它的 T-DNA 中含有克隆位点和植物选择标记基因,② T-DNA 区以外含有细菌选择标记基因,③ 可以从 E. coli 中迁移到土壤农杆菌中。Ti 衍生质粒,如 pGv2260,该质粒可以提供反式毒性功能区,以帮助 T-DNA 整合到植物染色体上。双元载体系统可以将大于 40 kb DNA 转移到植物体内。

无论是共整合系统,还是双元载体系统,都需要把中间载体质粒由 E. coli 转移到土壤农杆菌中去。完成这个过程有两种方法,其中一种是三亲交配法。现以 pMON220 系统为例,简单说明：三亲交配法需要一个含 pMON220 中间质粒的 E. coli，一个含迁移质粒 pRK2013 的 E. coli 和一个含非致癌性 Ti 质粒 pTiB6S3SE 的土壤农杆菌。首先将 pRK2013 质粒迁移到含 DMON220 质粒的 E. coli 体内，编码 RK2 转移蛋白和一种可以结合 pMON220 质粒的移动蛋白，帮助 pMON220 质粒进入土壤农杆菌中，通过 LIH 序列同源重组整合到 pTiB6S3SE 质粒上。另一种方法是利用 $RbCl_2$（$CaCl_2$）制备感受态，改变土壤农杆菌细胞膜通透性，并用冻融法将中间载体转化到土壤农杆菌中。

土壤农杆菌转化植物方法有多种，目前最广泛应用的技术是所谓叶盘法（leaf discmethod），以植物叶片作为具有遗传一致性的受体细胞，通过组织培养再生完整植株。具体操作是：将切成小片的无菌叶片与筛选出的土壤农杆菌共培养 24～36 h，然后转移到含有抗生素的选择培养基上生长。在这种培养基上，未经转化的细胞被抗生素杀死，转化细胞则会长成完整的植株。

## 【器材与试剂】

**1. 实验仪器**

光照培养箱，液氮罐，恒温摇床，小离心机，恒温水浴，超净工作台，接种器械（镊子，剪刀），电泳仪等。

**2. 实验材料**

农杆菌 LBA4404 菌株；烟草：在 MS 培养基上生长 60 天左右的无菌烟草。

**3. 实验试剂**

(1) 50 mmol/L $CaCl_2$。

(2) 链霉素（streptomycin, Sm）母液：100 mg/mL 溶于水，无菌滤膜过滤灭菌，$-20℃$ 保存，终浓度为 300 μg/mL。

(3) 卡那霉素（kanamycin, Kan）母液：100 mg/mL 溶于水，无菌滤膜过滤灭菌，$-20℃$ 保存，使其终浓度为 100 μg/mL。

(4) 羧苄青霉素（carbenicillin, Cb）母液：50 mg/mL，溶于水，过滤灭菌，$-20℃$ 保存，使其终浓度为 50 μg/mL。

(5) 6-苄氨基嘌呤（6-BA）母液（1 mg/mL）：用 1 mol/L HCl 溶解，用水定容，$-20℃$ 保存。

(6) α-萘乙酸（NAA）母液（1 mg/mL）：95% 乙醇溶解，再用水溶解定容至所需体积，存于室温。

(7) 培养基：

① MS 培养基：

无机成分（mg/L）：

大量元素：

| | | | |
|---|---|---|---|
| | | $KH_2PO_4$ | 170 |
| $NH_4NO_3$ | 1650 | $CaCl_2 \cdot 2H_2O$ | 440 |
| $KNO_3$ | 1900 | $FeSO_4 \cdot 7H_2O$ | 28 |
| $MgSO_4 \cdot 7H_2O$ | 370 | $Na_2$-EDTA | 37 |

| 微量元素: | | 有机成分(mg/L): | |
|---|---|---|---|
| $MnSO_4 \cdot 4H_2O$ | 22.3 | 烟酸 | 0.5 |
| $ZnSO_4 \cdot 7H_2O$ | 8.6 | 盐酸吡哆醇($VB_6$) | 0.5 |
| $CoCl_2 \cdot 6H_2O$ | 0.025 | 甘氨酸 | 2 |
| $CuSO_4 \cdot 5H_2O$ | 0.025 | 盐酸硫胺素($VB_1$) | 0.1 |
| $NaMoO_4 \cdot 2H_2O$ | 0.25 | 肌醇 | 100 |
| $H_3BO_3$ | 6.2 | 其他 | |
| | | 蔗糖 | 30 000 |

② T1 培养基：MS 固体培养基 + 6-BA(1.0 mg/mL) + NAA(0.1 mg/mL)。

③ T2 培养基：T1 培养基 + Cb(500 mg/mL)。

④ T3 培养基：T1 培养基 + Kan(100 mg/mL) + Cb(500 mg/mL)。

⑤ T4 培养基：MS 固体培养基 + Kan(100 mg/mL) + Cb(500 mg/mL)。

【实验步骤】

**1. 构建含外源基因的中间载体**

以 CMV 外壳蛋白为例，如图 5-2 所示，CMV 外壳蛋白基因重组质粒 pHC210 用 *Cla* I 和 *Eco*R I 双酶切，从电泳凝胶纯化出大小约为 1.0 kb 的片段，该片段含有完整 CMV 外壳蛋白基因，载体 pCO24 用 *Cla* I 和 *Eco*R I 消化后，与目的基因片段连接，转化感受态细胞；筛选出含有 CMV 外壳蛋白基因的 pHCM39 作为三亲交配或转化的中间载体质粒。

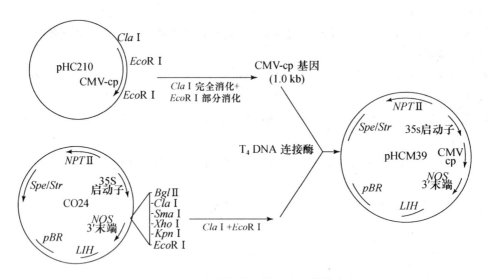

**图 5-2　CMV 外壳蛋白基因转入中间载体流程图**

**2. 土壤农杆菌感受态细胞制备和转化**

(1) 农杆菌 LBA4404 菌株感受态细胞制备：从 LB 平板($Sm^+$)上挑取 LBA4404 单菌落，接种于含有 3 mL LB 液体培养基($Sm^+$)的试管中，28℃振荡培养 24 h，从试管中取出菌液 400 μL 接种于含 40 mL LB 培养基($Sm^+$)的三角瓶，培养 4～6 h 至对数生长期。然后取菌液

1.5 mL 置于无菌离心管中,室温下以 3000 r/min 离心 5 min,弃上清液。沉淀用 50 mmol/L CaCl$_2$ 100 μL 重新悬浮,室温下以 3000 r/min 离心 5 min,弃上清液。沉淀用 150 mmol/L CaCl$_2$ 800 μL 重新悬浮(至少做两份)。

(2) 冻融法转化农杆菌 LBA4404:向每管感受态细胞中混入 20 ng 中间载体 DNA,冰上放置 30 min,放置液氮中冷却 2 min,立即取出置于 37℃水浴中 2 min,向管中加入 LB 培养基 800 μL,28℃恒温摇床缓慢振荡 1~2 h,取 200 μL 涂布于 LB 筛选平板(Sm$^+$,Kan$^+$)上,28℃放置 2 天后可见菌落长出。

为了验证是否污染,可以用无菌水代替 DNA 做一负对照,其操作步骤与以上相同。

**3. 土壤农杆菌转化株的鉴定**

鉴定土壤农杆菌转化株的方法很多,一般采用 PCR 法和菌落杂交法,我们实验室采用酶切鉴定法,这种方法简单且可靠,下面重点介绍一下这种方法。

从双抗(Sm$^+$,Kan$^+$)平板上挑取一农杆菌单菌落,接种于 3 mL LB 培养基中,28℃恒温摇床缓慢振荡(250 r/min)培养 36 h,采用小量碱法制备 pHCM39 质粒 DNA;将提取的质粒溶于 20 μL TE 缓冲液中,用 *Cla* 和 *Eco*R I 双酶切 10 μL 质粒 DNA,用 0.8% 琼脂糖凝胶电泳检测酶切产物,切出外源基因(1.0 kb)的克隆就是已转入中间载体的农杆菌。

**4. 叶盘法转化烟草**

用无菌牙签取一个已鉴定出的农杆菌单菌落,接种于 4 mL LB 液体培养基(Sm$^+$,Kan$^+$)中,28℃,250 r/min 振荡培养 30 h,使菌落处于对数生长期,室温下 3000 r/min 离心 5 min,弃上清液;菌体用 1/2 MS 液体培养基稀释到 $A_{600}$ 约为 0.5。

(1) 实验组:取培养约 60 天的新鲜烟草无菌苗的叶片,剪成 1 cm$^2$ 大小,浸入制备好的农杆菌菌液中 2~5 min,取出后在已灭过菌的滤纸上吸干,接着将其放入铺有无菌滤纸的 T1 培养基上,用黑纸包住培养皿,在黑暗中培养 48 h,然后将叶片转入 T2 培养基上,28℃继续培养,每 15 天换一次 T3 培养基。待芽长到 2~3 cm 后,转移到 T4 培养基上生长,一个月左右生根,待根系发达,将其转移到土壤中培养。

(2) 对照组 1:直接将剪好的叶片放在 T1 培养基上培养,待长出根后,转移到 MS 培养基上。

(3) 对照组 2:与实验组相比,除了叶片不经农杆菌感染外,其他与实验组一致。

**【问题分析及思考】**

(1) 现在常用的将外源基因导入植物体内的方法是什么?如何操作?

(2) 土壤农杆菌浸染法进行植物基因转化与原核生物(*E. coli*)转化有什么不同?

(3) 什么是 Ti 质粒?Ti 质粒在植物基因转化中的作用是什么?

## 参 考 文 献

1. 顾红雅等. 植物基因与分子操作. 北京:北京大学出版社,1995,191—239.
2. De Framond AJ, Back EW, Chilton WS, et al. Two unlinked T-DNAs can transform the same tobacco plant cell and segregate in the F1 generation. Mol Gen Genet, 1986, 202:125—131.
3. Horsch RB, Fraley RT, Rogers SG, et al. Inheritance of functional foreign genes in plants. Science, 1984,

223: 496—498.
4. Horsch RB, Fry JE, Hoffmann N, et al. A simple and general method for transferring genes into plants. Science, 1985, 227: 1229—1231.
5. Van der Krol AR, Lenting PE, Veenstra J, et al. An anti-sense chalcone synthase gene in transgenic plants inhibits flower pigmentation. Nature, 1988, 333: 866—869.
6. Mark Stitt, Uwe Sonnewald. Regulation of metalolism in transgenic plants. Annu Rev Physiol Plant Mol Biol, 1995, 46: 341—368.

# 实验6　绿色荧光蛋白基因重组与鉴定

绿色荧光蛋白(green fluorescent protein，GFP)基因是一种重要的报告基因。将其和欲研究的蛋白融合在一起，可以检验融合蛋白的表达情况，同时，也可用于研究启动子强弱。在本实验中，我们使用 *Bam*H I 和 *Not* I 从 pEGFP-N3 质粒上得到 *EGFP* 基因，再把它重组到 pET-28a 表达载体上，将重组载体转化入 DH5a 菌种中进行扩增，采取酶切鉴定的方法对转化的重组子酶切进行鉴定。

【实验目的】
　　GFP 蛋白作为报告信号目前在生物学各领域得到了广泛应用。将其与某个特异蛋白融合即可观测此蛋白在不同时期不同空间中的表达情况。通过分子克隆的过程和检测 GFP 这一重要基因的练习，对于掌握分子生物学的多项基本操作、熟悉分子生物学的基本流程均有重要意义。

【实验原理】
　　**1. DNA 重组技术**
　　DNA 重组技术是指把外源目的基因装配到载体上的过程，即 DNA 的重新组合。重新组合后的 DNA 叫做重组体，是由两种不同来源的 DNA 组合而成。目的基因片段只有与载体片段共价连接形成重组体后，才能进入合适的宿主细胞内进行复制和扩增。
　　DNA 重组是对分离和富集单一 DNA 分子，并对 DNA 的功能进行进一步分析的重要手段，重组 DNA 的最主要的方法是运用限制性核酸内切酶和 DNA 连接酶对 DNA 进行体外切割和连接，由于单酶切反应有很大概率产生自连接(单个片段的自连接)，并且可能出现反向连接，因此，有较大的局限性；双酶切反应可以有效地避免其中一部分的自连接(单个片段的自连接)，并且可避免连入方向发生错误，但是不能有效防止对于两个片段的自连接，即连接成原有的载体质粒，减少这一反应的方法是适当多加入连入片段的数目，使连入片段的量与目标载体的量之比为 3:1~7:1，这样就可以在一定程度上减少自连接。由于以上的原因，双酶切成为本次实验中 DNA 重组的主要方法。
　　DNA 重组本质上是一个酶促生物化学反应过程，DNA 连接酶在其中发挥重要作用。$T_4$ 噬菌体 DNA 连接酶是一种重要的 DNA 连接酶，它催化的 DNA 连接反应分为三步：首先，ATP 与连接酶通过 ATP 的磷酸与连接酶中赖氨酸的氨基形成磷酸-氨基键，产生酶-ATP 复合物；然后，酶-ATP 复合物活化 5′端的磷酸基团，形成磷酸-磷酸键；最后，DNA 链 3′-OH 活化并取代 ATP，与 5′-磷酸根形成磷酸二酯键，并释放出 AMP，完成 DNA 之间的连接。
　　载体在 DNA 克隆中是必不可少的，目的基因片段只有与载体片断共价连接形成重组体后，才能进入合适的宿主细胞内进行复制和扩增。在本实验中，外源目的基因是指 *EGFP* 基因，它来源于 pEGFP-N3 质粒；载体是 pET-28a 质粒。pET-28a 质粒作为载体，使外源基因能够转入受体细胞,并在受体细胞中复制、扩增和表达。

具有相同黏性末端的DNA分子比较容易连接在一起,因为相同的黏性末端容易通过碱基配对形成一个相对稳定的结构,连接酶利用这个相对稳定的结构,行使间断修复的功能,就可以使两个DNA片段连在一起。

**2. DNA片段和载体的连接**

(1) 黏性末端连接:

每一种限制性核酸内切酶作用于DNA分子上的特定的识别顺序,有的酶作用的结果是产生具有黏性末端的两个DNA片段。例如,来自 E. coli 的限制性核酸内切酶 EcoRⅠ作用于识别顺序 $\cdots G\downarrow AATTC\cdots \atop \cdots CTTAA\downarrow C\cdots$ (↑指示切点),产生具有黏性末端的片段 $\cdots G \atop \cdots C\ TTAA$ 和 $AATTC\cdots \atop C\cdots$。

把所要克隆的DNA和载体DNA用同一种限制性内切酶或同尾酶处理可带有相同的黏性末端,然后将二者混合,经DNA连接酶处理,就可把它们连接起来。

由于质粒载体和外源片段都有相同黏性末端,因此除了正常的连接反应外,外源片段和质粒载体DNA均可能发生自身环化或几个分子串连形成寡聚物。这时,可将载体DNA的 $5'$-磷酸用碱性磷酸酯酶(CIP)去掉,以最大限度地抑制质粒DNA的自身环化。带 $5'$-磷酸的外源DNA片段可以有效地与去磷酸化的载体相连,产生一个带有两个缺口的开环分子,在转入 E. coli 受体菌后的扩增过程中缺口可自动修复。

若DNA插入片段与适当的载体存在同源黏性末端,这将是最方便的克隆途径。同源黏性末端包括同一种内切酶产生的黏性末端和不同的内切酶产生的互补黏性末端。黏端连接法得到的重组质粒能够保留接合处的限制性内切酶的酶切位点,因此,可以使用原切割酶,可将插入片段从重组体上完整地重新切割下来(图6-1)。

(2) 平末端连接:

某些限制性内切酶作用的结果产生不含黏性末端的平末端。例如,来自副流感嗜血杆菌(Hemophilus parainfluenzae)的限制酶 HpaⅠ作用于识别顺序 $\cdots GTT\downarrow AAC\cdots \atop \cdots CAA\uparrow TTG\cdots$,产生平末端的DNA片段 $\cdots GTT \atop \cdots CAA$ 和 $AAC\cdots \atop TTG\cdots$。用机械剪切方法取得的DNA片段的末端也是平整的。在某些连接酶(例如感染 $T_4$ 噬菌体后的 E. coli 所产生的DNA连接酶)的作用下,同样可以把两个这样的DNA片段连接起来。

通常,DNA片段所带有平末端是由产生平末端的限制性内切酶或核酸外切酶消化产生的,或由DNA聚合酶补平所致。由于平端的连接效率比黏性末端要低得多,故在其连接反应中,$T_4$ DNA连接酶的浓度和外源DNA及载体DNA浓度均要高得多。通常反应中还需加入低浓度的聚乙二醇(PEG 8000),其目的在于促进DNA分子凝聚以提高转化效率。特殊情况下,外源DNA分子的末端与所用的载体末端无法相互匹配,这时,可在线状质粒载体末端或外源DNA片段末端接上合适的接头(linker)或衔接头(adapter)使其匹配,也可以有控制地使用 E. coli DNA聚合酶Ⅰ的Klenow大片段,部分填平 $3'$ 凹端,使不相匹配的末端转变为互补末端或转为平末端,然后再进行连接反应。

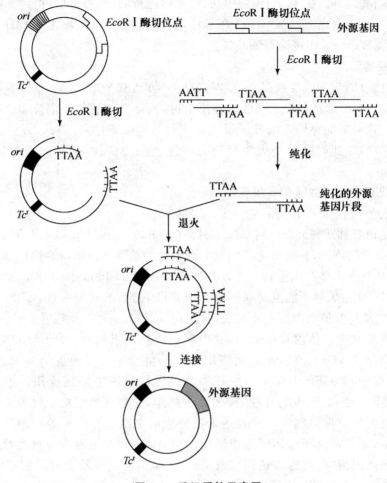

图 6-1 重组质粒示意图

## 3. 绿色荧光蛋白基因重组步骤(图 6-2)

本实验拟通过限制性内切酶双酶切的方法将 EGFP 片段从该质粒中克隆出来,并转入另

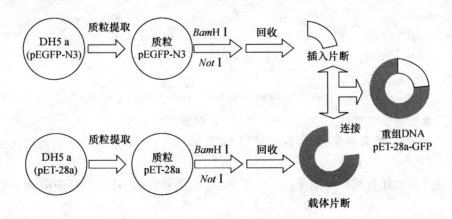

图 6-2 实验设计流程示意图

一常用表达载体 pET28a。在 PCR、质粒酶切(必要时进行测序)验证后,得到含有 EGFP 的阳性克隆,并将 EGFP 蛋白在 E. coli BL21 菌株中进行表达,最后,所表达的 EGFP 蛋白可以通过 SDS-PAGE 和 Western 印迹法得到验证。

**4. 连接反应的温度**

一般通过增加 DNA 的浓度或提高 $T_4$ 噬菌体 DNA 连接酶浓度的办法提高平末端的连接效率。连接反应的一项重要参数是温度。理论上讲,连接反应的最佳温度是 37℃,此时连接酶的活性最高。但 37℃时黏性末端分子形成的配对结构极不稳定,因此,人们找到了一个最适温度,即 12~16℃,此时既可最大限度地发挥连接酶的活性,又有助于短暂配对结构的稳定。

**5. 绿色荧光蛋白及其载体的背景资料**

(1) 绿色荧光蛋白(GFP)简介:

GFP 最早是由普林斯顿大学的科学家下村脩(Osamu Shimomura)等人于 1962 年在水母 *Aequoreavictoria* 中发现的,它是由 238 个氨基酸组成的单体蛋白质,相对分子质量约 27 000,只有完整的 GFP 分子才会产生生物荧光。1994 年,Chalfie,Inouye,Tsuji 分别在 *E. coli* 及线虫等异源细胞中成功表达了能发射绿色荧光的 GFP,随后的研究发现,GFP 在各种异源细胞,如细菌、昆虫、动物及植物细胞中皆有表现,因此,可作为一种新型报告基因。

GFP 是一种能在生物体内自行催化,发出绿色荧光的蛋白质。Prasher DC 从水母中克隆到 GFP 的 cDNA 后,GFP 便迅速地被应用于分子生物学研究的各个领域。作为一种新型、方便的活性标记物,GFP 正在多种原核和真核生物研究中得到应用。近来研究表明,GFP 具有稳定、灵敏度高、无生物毒性、易于构建载体,可进行活细胞定时及定位观察,其荧光反应不需要任何外源反应底物以及表达无物种或细胞组织专一性等理想特性,适合用作普遍的报告标记,尤其适合于活体细胞或组织。同时,GFP 在细胞中呈自主性表达,因而作为报告蛋白在转基因研究、基因表达调控效果研究、蛋白质定位和蛋白质相互作用研究以及活体细胞分离和纯化等方面得到了广泛的应用。例如,GFP 作为一种活体报告蛋白,在植物方面可用于基因转移研究;在细胞方面,可以进行活细胞观察;并对细胞骨架、细胞器动力学、大分子运输(病毒,mRNA)、植物荷尔蒙信息传导及转基因植物的生物安全性评估等进行研究。近年来 GFP 蛋白工程和 GFP 基因工程的迅速发展,GFP 将在理论研究和实际应用中产生更大的价值。

本实验采用的 EGFP(enhanced green fluorescent protein)是野生型 GFP 的突变体(Phe-64→Leu;Ser-65→Thr):867—872;突变(His-231→Leu):1369

该突变体的优点有:

① 在 *E. coli* 中表达的 GFP 荧光强度比在细菌中表达的野生型 GFP 高约 100 倍;

② 最大激发波长红移约 100 nm,在 488 nm 处有最有效激发;

③ 当在 488 nm 波长激发时,考虑到可溶 GFP 的总量,该突变体的荧光强度比野生型高 10~35 倍;

④ 该突变体在任何采用标准 FITC 激发-发射滤光装置的 GFP 研究中应该可有广泛的应用。

(2) pEGFP-N3 载体(BD Biosciences Clontech),见图 6-4。

pEGFP-N3 质粒是一个用于在哺乳动物细胞系中表达 EGFP 融合蛋白的质粒,它编码了

EGFP 蛋白,是野生型绿色荧光蛋白(wtGFP)经克隆技术改造而成的遗传突变体。

pEGFP-N3 质粒编码野生型 GFP 的红移(荧光波长较大)变异体蛋白,具有更强的荧光(在 485 nm 激发比野生型强 35 倍),在哺乳动物细胞中有较好的表达。激发峰在 488 nm,发射峰在 507 nm。质粒含有卡那霉素抗性基因。本实验中表达的 EGFP 蛋白就来自于该质粒,"E"表示比野生型更强的荧光。

pEGFP 系列质粒主要用于在目的细胞系中表达 EGFP 蛋白。为保证读码框的正确性和 EGFP 融合位置的可控性,Clontech 公司在该系列中发展出 C1-C3、N1-N3 等 6 种不同的质粒。pEGFP-N3 就是其中之一。

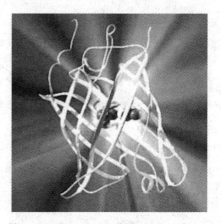

图 6-3　EGFP 的结构图

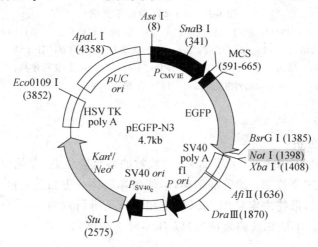

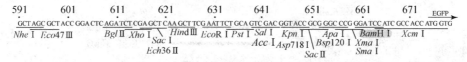

图 6-4　pEGFP-N3 图谱和多克隆位点

增强型绿色荧光蛋白基因:Kozak 共有序列起始位点:668—678;启始密码(ATG):675—677;终止密码:1392—1394;在位置 2 插入 Val:678—680;GFP 发色团突变(Phe-64→Leu;Ser-65→Thr):867—872;His-231→Leu 突变:1369

(3) pET-28a 表达载体,见图 6-5。

pET-28a 质粒载体具有卡那霉素(Kan)抗性,可通过在含 Kan 的平板上培养筛选到重组菌;其多克隆位点(MCS)内有 *Bam*H I、*Eco*R I、*Xho* I 等限制性内切酶识别位点,为插入外源基因提供了便利;还有受 IPTG 诱导的 *lac* I 启动子,加入 IPTG 后,外源基因可以大量表达。

基因片段的获得:pET-28a 上的 $T_7$ 启动子后的基因由菌株表达的 $T_7$ RNA 聚合酶转录并进行翻译,而 $T_7$ RNA 聚合酶的产生,受到 IPTG 的诱导。当存在 IPTG 的时候,其与 *lac* I 结合,形成复合体阻止 *lac* I 与 *lac*UV5 启动子结合,从而使 $T_7$ RNA 聚合酶表达。

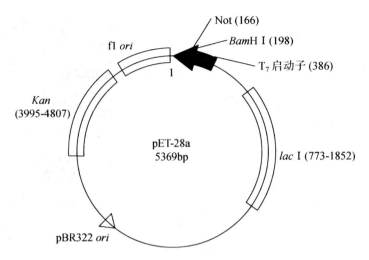

**图 6-5 pET-28a 载体示意图**

pET-28a（＋）序列标志：T₇ 启动子：370—386；T₇ 转寻起始位点：369；His·Tag 编码序列：270—287；T₇·Tag 编码序列：207—239。多克隆位点：(BamH Ⅰ-Xho Ⅰ)158—203；His·Tag 编码序列：140—157；T₇ 终止子：26—72；lacⅠ 编码序列：773—1852；pBR322 起始：3286；Kan 编码序列：3995—4807；f1 起始：4903—5358

### 5．酶切位点分析

（1）读码框情况分析：

通过分析 pEGFP-N3 质粒和 pET-28a（＋）质粒的多克隆位点（参见图 6-5 和图 6-6），根据选择重组酶切位点的三个原则：读码框正确；不能破坏载体或者目的片断；两个酶缓冲条件相似，从而可以同时酶切，最终决定使用 BamH Ⅰ 和 Not Ⅰ 进行双酶切。

① 酶切得到末端，不破坏读码框情况（以 BamH Ⅰ 为例），见图 6-6。

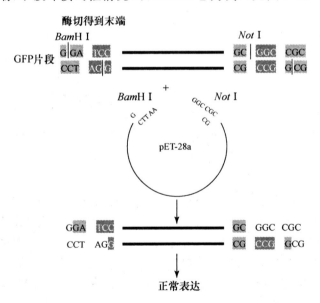

**图 6-6 正确读码框情况**

② 酶切得到末端,破坏读码框情况(以 EcoR I 为例),见图 6-7。

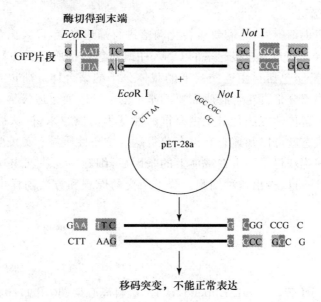

**图 6-7  错误读码框情况**

(2) 酶切位点的确定(双酶切),见图 6-8 和图 6-9:

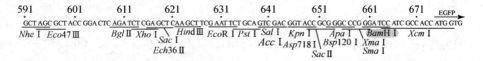

**图 6-8  pEGFP-N3 上游酶切位点**

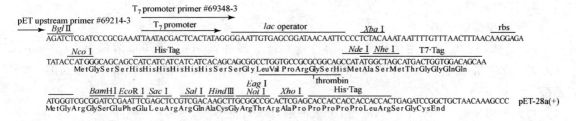

**图 6-9  pET-28a 的酶切位点**

由上可知,Hind Ⅲ、BamH I、Not I 这三个酶切位点是可行的,另外还需要进一步考虑两种酶是否可以在同一缓冲液中、同一温度下发挥最大酶活,并考虑酶的价格等,在综合考虑这些因素的基础上,我们最终选择的体系是:K 缓冲液、BamH I 和 Not I。

(3) 酶切产物的鉴定和回收:

pEGFP-N3 在酶切之后应该获得 EGFP 片段,长约 700 bp,因此对酶切产物进行琼脂糖凝胶电泳,根据是否存在 700 bp 条带即可鉴定所提取质粒是否正确。切胶后用 DNA 产物凝胶回收纯化试剂盒纯化。

pET-28a 载体切开后呈线状,电泳条带应滞后于完整质粒的条带,因此也可以通过琼脂糖凝胶电泳得到鉴定。直接用 DNA 产物凝胶纯化回收试剂盒纯化。

### 6. 重组子阳性筛选

重组质粒转化宿主细胞后,还需要对转化菌落进行筛选鉴定,以挑出含有正确插入外源基因的重组体。用任何一种方法连接起来的 DNA 中既可能包括所需要的 DNA 片段,也可能包括并不需要的片段,甚至包括互相连接起来的载体分子的聚合体。所以接受这些 DNA 的宿主细胞中间只有一小部分是真正含有所需要的基因的。一般通过遗传学抗药性筛选和分子杂交方法筛选重组子。遗传学方法是对于带有抗药性基因的质粒来讲,从被转化细菌是否由敏感状态变为抗药的状态就可以知道它有没有获得这一抗药性质粒。免疫学方法和分子杂交方法则是当一个宿主细胞获得了携带在载体上的基因后,细胞中往往就出现这一基因所编码的蛋白质,用免疫学方法可以检出这种细胞。分子杂交的原理和方法同样可以用来检测这一基因的存在。

## 【器材与试剂】

### 1. 实验仪器

1.5 mL Eppendorf 管,0.5 mL Eppendorf 管,塑料离心架(30 孔),20、200、1000 μL 微量移液器各一支,20、50、100 mL 三角瓶,小平皿,大培养皿,台式高速离心机,电泳仪,电泳槽,台式冷冻离心机。

### 2. 实验材料

$E.\ coli$ DH5α(以下简称 DH5α)包括含有 pEGFP 质粒的 DH5α 菌株,含有 pET-28a(+)质粒的 DH5α 菌株和空载的 DH5α 以及 $E.\ coli$ BL21(DE3)菌株。用 3~4 mL 含 Kan 的 LB 液体培养基培养含有 pEGFP 质粒的 DH5α 菌和含有 pET-28a(+)质粒的 DH5α 菌。

$Bam$H I 和 $Not$ I,$T_4$ 噬菌体 DNA 连接酶,限制性内切酶 K 缓冲液。

### 3. 实验试剂

(1) 质粒提取试剂:

LB 液体培养基,LB 固体培养基,溶液 I(GET 缓冲液)(pH 8.0),溶液 II(0.2 mol/L NaOH,SDS),溶液 III(乙酸钾溶液)(pH 4.8),酚-氯仿,TE 缓冲液,异丙醇,70%乙醇,无水乙醇。

(2) 酶切试剂:$Bam$ I 和 $Not$ I;K 缓冲液,BSA,重蒸水。

(3) 酶切产物纯化:琼脂糖凝胶 DNA 回收试剂盒。

(4) DNA 电泳试剂:

① 50×TAE 缓冲液:0.5 mol/L EDTA 100 mL,Tris 碱 242 g,冰乙酸 57.1 mL,加水至 1000 mL。

② 上样缓冲液(loading buffer),用时加入荧光染料,荧光染料包裹的 DNA 在紫外激发下显示 DNA 条带。

(5) 感受态细胞制备与转化:0.1 mol/L $CaCl_2$ 溶液(灭菌),含 Kan 的 LB 液体培养基,含 Kan 的 LB 固体培养基。

卡那霉素(Kan):用无菌水配制。储存液浓度为 50 mg/mL,工作浓度为 50 μg/mL。避光,4℃保存。

## 实验6 绿色荧光蛋白基因重组与鉴定

【实验步骤】

**1. 菌株培养**

将含有 pEGFP 质粒的 DH5α 菌株、含有 pET-28a(+)质粒的 DH5α 菌株、空载的 DH5α,分别用 3~4 mL 含有 Kan 的 LB 液体培养基 37℃摇床培养过夜。

**2. 质粒提取**

(1) 分别取已经培养好的含有 pEGFP 质粒和含有 pET-28a(+)质粒的 E. coli DH5α 1.5 mL 置于 Eppendorf 管中,以 12 000 r/min 离心 1 min,弃上清液;重复一次。然后将小管倒扣在吸水纸上,尽量除去培养基。加入溶液 I 150 μL,室温下放置 10 min。

(2) 加入溶液 II 200 μL,缓慢轻柔地颠倒 4~5 次,混匀后,冰上放置 5 min。

(3) 加入预冷的溶液 III 150 μL,缓慢轻柔地颠倒数次,之后冰上放置 15 min。

(4) 12 000 r/min 离心 5 min,取上清液至一新的 Eppendorf 管中,加入等体积的异丙醇,混匀,室温放置 5 min,以 12 000 r/min 离心 5 min,弃上清液。

(5) 加入重蒸水 200 μL 溶解沉淀,加入乙酸铵 100 μL,混匀后冰置 5 min。

(6) 以 12 000 r/min 离心 5 min,取上清液至一新的 Eppendorf 管中,加入 2 倍体积的无水乙醇,室温放置 5 min 后,以 12 000 r/min 冷冻离心 15 min,弃上清液。

(7) 沉淀用 70% 乙醇 500 μL 洗涤一次,以 12 000 r/min 离心 5 min,弃上清液。除尽乙醇后,冷冻干燥 5~10 min。

(8) 加入含有 RNase A 的重蒸水(或 TE 缓冲液) 20 μL,充分溶解提取物。

**3. DNA 琼脂糖电泳鉴定质粒**

称琼脂糖 0.4 g 置于 100 mL 瓶中,加入 TAE 缓冲液 40 mL,用微波炉将琼脂糖熔化。待温度降至约 60℃时倒入置于水平桌面的有机玻璃胶槽中,插入梳子,待胶凝固完全。然后拔出梳子,将胶放到事先装有 TAE 缓冲液的电泳槽中。取 2 μL 质粒样品并稀释到 6 μL,并加入 5× 上样缓冲液 2 μL,混匀后上样,用 100 V 稳压电泳,当溴酚蓝染料运动到胶的中间部位时停止电泳,照相。

**4. 将 pEGFP 质粒,pET-28a 质粒进行双酶切**

用限制性内切酶 BamH I 和 Not I 切下 EGFP 片段,同时酶切 pET-28a 载体。体系如表 6-1 所示:

表 6-1 BamH I 和 Not I 酶切体系

| 试 剂 | pEGFP 质粒 | pET-28a(+)质粒 |
|---|---|---|
| DNA/μL | 20 | 20 |
| K 缓冲液/μL | 3 | 3 |
| BamH I /μL | 2 | 2 |
| Not I /μL | 2 | 2 |
| BSA/μL | 3 | 3 |
| 总体积/μL | 30 | 30 |

37℃酶切 3 h。

**5. DNA 琼脂糖电泳和切胶回收所需酶切产物片段**

(1) DNA 琼脂糖电泳:

① 配 1% 进口琼脂糖凝胶 25 mL,对酶切产物进行电泳分离。

② 将酶切产物 25 μL 加入加样孔中,120 V 电泳。
③ 电泳结束后观察结果,并且拍照。

(2) 切胶回收所需酶切产物片段(Tiangen 回收试剂盒):

① 在长波紫外灯下,用干净的刀片从凝胶上切下目的片段(EGFP 片段约为 720 bp,切开的 pET-28a 约为 5300 bp),尽量切除不含 DNA 的凝胶,称取管子的质量及加入凝胶的质量。

② 胶块中加入 3 倍体积的溶胶液 PN,56℃放置 10 min;期间不断温和地上下翻动离心管至胶完全融解。

③ 将上一步所得溶液加入到吸附柱中(吸附柱放入收集管中)室温放置 2 min,10 000 g 离心 30~60 s,弃废液,将吸附柱重新放入收集管中。

④ 向吸附柱中加入漂洗液 PW 800 μL,10 000 g 离心 60 s,弃废液,将吸附柱重新放入收集管中。

⑤ 向吸附柱中加入漂洗液 PW 500 μL,10 000 g 离心 60 s,弃废液。

⑥ 将离心吸附柱放回收集管中,再用 10 000 g 离心 2 min,尽量除去漂洗液。

⑦ 取出吸附柱,放入一个干净的离心管中,在吸附膜的中间位置加入适量洗脱缓冲液,洗脱缓冲液先在 65℃水浴预热,室温放置 2 min;13 000 r/min 离心 2 min;然后将离心的溶液重新加入离心吸附柱中,13 000 r/min 离心 2 min;收集 DNA 溶液。

(3) 冻融法回收:

① 在紫外灯下仔细切下含待回收 DNA 的胶条,将切下的胶条(小于 0.6 g)捣碎,置于 1.5 mL 离心管中。

② 加入等体积的 Tris-HCl 饱和酚(pH 7.6),振荡混匀。

③ $-20$℃,放置 5~10 min。

④ 4℃,10 000 g 离心,5 min,上层液转移至另一离心管中。

⑤ 加入 1/4 体积 $H_2O$ 于含胶的离心管中,振荡混匀。

⑥ $-20$℃,放置 5~10 min。

⑦ 4℃,10 000 g 离心,5 min,合并上清液。

⑧ 用等体积氯仿抽提,取上清液,置于新的 Eppendorf 管中。

⑨ 加入 1/10 体积 3 mol/L NaAc(pH 5.2)、2.5 倍体积预冷的无水乙醇,混匀。

⑩ $-20$℃,静置 30 min。

⑪ 4℃,13 000 g 离心 10 min,弃上清液,75%乙醇洗沉淀 1~2 次,晾干。

⑫ 加适量 $H_2O$ 溶解沉淀。

**6. 连接反应**

将酶切后的片段用 $T_4$ DNA 连接酶相连,反应体系见表 6-2。16℃连接,过夜。

表 6-2 连接反应的体系

| | |
|---|---|
| EGFP 酶切产物/μL | 10 |
| pET-28a(+)质粒酶切产物/μL | 6 |
| $T_4$-DNA 连接酶/μL | 2 |
| $T_4$-DNA 连接缓冲液/μL | 2 |
| 总体积/μL | 20 |

## 实验6 绿色荧光蛋白基因重组与鉴定

**7. 宿主菌培养及感受态细胞制备**

用不含抗生素的 LB 培养基 3～5 mL 培养空载的 DH5α 菌株,37℃摇床培养过夜。将前一天已摇床培养 16 h 的菌,以 1:75 转接至试管,继续摇床培养约 3 h 至 $A_{600}$ 约为 0.7。取 1.5 mL 菌液加入 Eppendorf 管,4000 r/min 离心 5 min,弃上清液。重复一次。加入 1.2 mL 预冷的 $CaCl_2$ 溶液轻轻悬浮细胞,4000 r/min 离心 5 min,弃上清液。再加入 600 μL 预冷的 $CaCl_2$ 溶液,小心悬浮细胞,冰上放置 30 min,即制成感受态细胞悬液。

**8. 转化**

取 15 μL 连接产物,加入到新制备的 DH5α 感受态细胞中,摇匀,冰上放置 30 min,42℃水浴热击 90 s,然后迅速在冰上放置 5 min。继续加入 LB 液体培养基 100 μL,37℃温育 45 min 以活化菌体细胞。最后取菌液涂平板,于 37℃培养 12 h,然后,将平板放入 4℃培养。

**9.** 将含有 pEGFP-pET-28a 重组子的阳性克隆接入 3～4 mL 含有 Kan 的 LB 液体培养基中,37℃摇床培养过夜。

**10. 重组质粒提取**

(1) 取菌液 1.5 mL,置于离心管中,以 13 000 r/min 离心 30 s,弃上清液,再重复一次。

(2) 每管加入溶液Ⅰ150 μL,吹打混匀,室温放置 10 min。

(3) 每管加入溶液Ⅱ200 μL,轻轻快速颠倒 5 次,冰上静置 5 min。

(4) 加入溶液Ⅲ150 μL,快速颠倒 3 次,置于冰上静置 3～5 min。

(5) 13 000 r/min 离心 5 min,将上清液转移至新的离心管中。

(6) 按等体积加入酚-氯仿($V/V$,1:1)500 μL,振荡混匀,13 000 r/min 离心 10 min。

(7) 吸取最上层溶液于新管中,加入 2 倍体积的 100% 乙醇,混匀,室温放置 3 min; 13 000 r/min 离心 5 min。

(8) 弃上清乙醇溶液,把离心管倒扣在吸水纸上,吸干液体。

(9) 加入 70% 乙醇 500 μL,振荡并离心,弃去上清液,真空抽干。

(10) 加入含有 20 μg/mL RNase A 的无菌蒸馏水 20 μL 溶解提取物,室温放置以使 DNA 充分溶解待用。

**11. 重组质粒酶切鉴定**

(1) 用 $Bam$HⅠ和 $Not$Ⅰ(为节约 $Not$Ⅰ,鉴定重组质粒可以用 $Bam$HⅠ,$Xho$Ⅰ酶切)对提取的质粒进行酶切,反应体系见表 6-3:

表 6-3 重组质粒酶切鉴定反应体系

| 试 剂 | 体积/μL |
| --- | --- |
| DNA | 5 |
| K 缓冲液 | 1.5 |
| $Bam$HⅠ | 0.75 |
| $Not$Ⅰ($Xho$Ⅰ) | 0.75 |
| BSA | 1.5 |
| 重蒸水 | 5.5 |
| 总体积 | 15 |

(2) 取酶切溶液 3 μL 留用,向其余的 7 μL 酶切溶液中加入 2 μL 上样缓冲液,混匀后进行琼脂糖凝胶电泳,Marker 取 5 μL。

(3) 用荧光激发器观察结果,对酶切产物条带进行分析,确定正确连入外源 EGFP 片段的 pET-28a 融合质粒。

## 【实验结果】

(1) pEGFP-N3 和 pET-28a 质粒的提取,结果见图 6-10:

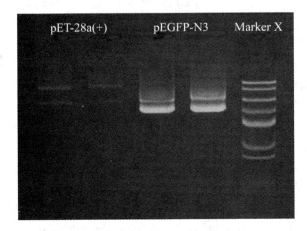

**图 6-10  pEGFP-N3 和 pET-28a 质粒的提取电泳图谱**

(2) 双酶切 pEGFP-N3 和 pET-28a 质粒,分别回收两个片段,见图 6-11:

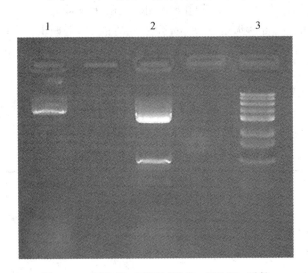

**图 6-11  双酶切 pEGFP-N3 和 pET-28a 质粒**

1. pET-28a+BamH Ⅰ/Not Ⅰ;2. pEGFP-N3+BamH Ⅰ/Not Ⅰ;
3. DNA Marker

(3) 双酶切鉴定重组质粒,结果见图 6-12:

图 6-12 样品显示重组质粒经双酶切后出现 700 bp 大小片段,证明 pEGFP-N3-pET-28a

## 实验6 绿色荧光蛋白基因重组与鉴定

重组的正确性。

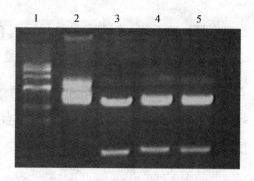

**图 6-12 双酶切鉴定重组质粒**
1. DNA Marker；2. pEGFP-N3-pET-28a 重组质粒；
3,4,5. pEGFP-N3-pET-28a＋*Bam*HⅠ，*Xho*Ⅰ酶切

【问题分析及思考】

(1) 绿色荧光蛋白基因作为分子克隆有何优点？
(2) 本实验如何正确选择限制性内切酶而不破坏读码框？
(3) 重组体和非重组体如何鉴定？

## 参 考 文 献

1. 萨姆布鲁克 J,费里奇 EF,曼尼阿蒂斯 T 著.分子克隆实验指南.2版,金冬雁,黎孟枫译.北京：科学出版社,1993,304—316.
2. 卢圣栋.现代分子生物学实验技术.北京：高等教育出版社,1993.
3. 郝福英,周先碗等.生命科学实验技术.北京：北京大学出版社,2004.
4. Tsien RY. The green fluorescent protein. Ann Rev Biochem, 1998,67：509—544.
5. Chalfie M, Tu Y, Euskirchen G, et al. Green fluorescent protein as a marker for gene expression. Science, 1994, 263：802—805.
6. Prasher DC, Eckenrode VK, Ward WW, et al. Primary structure of the *Aequorea victoria* green-fluorescent protein. Gene, 1992, 111：229—233.

# 实验 7　利用 PCR 技术扩增 GFP 基因

GFP 作为一种细胞生物学常用的亚细胞定位用的报告基因,构建含有 GFP 基因的重组载体显得非常重要。实验采取了 PCR 方法从 pEGFP-N3 质粒中获得 GFP 基因,并把这个基因连接到表达载体 pET-28a 上,通过鉴定证明构建 GFP-pET-28a 的重组质粒成功。

【实验目的】

通过本实验使学生了解用 PCR 进行基因扩增的原理、影响因素及注意事项,为学生在今后的科研中运用 PCR 方法扩增目的基因打下良好基础。

【实验原理】

DNA 的半保留复制是生物进化和传代的重要途径。双链 DNA 在多种酶的作用下可以变性解链成单链,在 DNA 聚合酶与启动子的参与下,根据碱基互补配对原则复制成同样的两分子拷贝。在实验中发现,DNA 在高温时也可以发生变性解链,当温度降低后又可以复性成为双链。因此,通过温度变化控制 DNA 的变性和复性,并设计引物做启动子,加入 DNA 聚合酶、dNTP 就可以完成特定基因的体外复制。

1985 年美国 PE-Cetus 公司人类遗传研究室的 Mullis 等发明了具有划时代意义的聚合酶链反应(polymerase chain reaction,PCR)。其原理类似于 DNA 的体内复制,只是在试管中为 DNA 的体外合成提供已知的一种合适的条件——模板 DNA,寡核苷酸引物,dNTP,DNA 聚合酶,合适的缓冲体系,DNA 变性、复性及延伸的温度与时间。这就是著名的 PCR 基因体外扩增技术。该技术主要由高温变性、低温退火和适温延伸三个步骤反复地热循环构成:即在高温(95℃)下,待扩增的靶 DNA 双链受热变性成为两条单链 DNA 模板;而后在低温(37～55℃)情况下,两条人工合成的寡核苷酸引物分别与互补的单链 DNA 模板结合,形成部分双链;在 Taq 酶的最适温度(72℃)下,以引物 3′端为合成的起点,以单核苷酸为原料,沿模板以 5′→3′方向延伸,合成 DNA 新链。这样,每一双链的 DNA 模板,经过一次解链、退火、延伸三个步骤的热循环后就成了两条双链 DNA 分子。DNA 经历一次变性、退火和延伸,称为一个循环。如此反复进行,每一次循环所产生的 DNA 均能成为下一次循环的模板,每一次循环都使两条人工合成的引物间的 DNA 特异区拷贝数扩增 1 倍,PCR 产物得以 $2^n$ 的指数形式迅速扩增。若干次循环后,DNA 扩增倍数可达 $2^n$ 倍,可用公式表示为:

$$Y = (1 + X)^n$$

式中:$Y$ 为 DNA 扩增倍数,$X$ 为扩增效率,$n$ 为循环数。如果 $X=100\%$ 时,$n=20$,那么 DNA 扩增为 $Y=1\,048\,576$ 倍。DNA 经变性、退火和延伸过程如图 7-1,7-2,7-3 所示。

经过 25～30 次循环后,理论上可使基因扩增 $10^9$ 倍以上,实际上一般可达 $10^6$～$10^7$ 倍。

## 实验7 利用PCR技术扩增GFP基因

**1. DNA变性、退火和延伸过程**

(1) DNA的变性过程：

加热使模板DNA在高温下(95℃)变性，热变性使DNA双链打开。

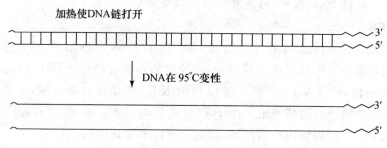

图7-1 DNA的变性过程

(2) DNA的退火过程：

降低溶液温度(58℃)，使合成引物在低温下与模板DNA互补退火形成部分双链，引物结合到模板上，$Taq$酶识别双链。

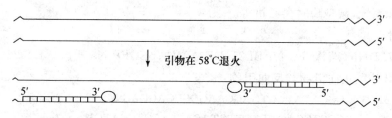

图7-2 DNA的退火过程

(3) DNA的延伸过程：

溶液反应温度升至中温(72℃)，在$Taq$酶作用下，以dNTP为原料，引物为复制起点，DNA链得以延伸，模板DNA的一条双链在解链和退火之后延伸为两条双链。

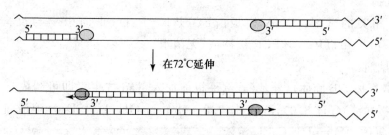

图7-3 DNA的延伸过程

**2. 常规PCR反应**

(1) 在微量离心管中加入适量缓冲液，加微量模板DNA，4种脱氧单核苷酸(dNTP)，和耐热$Taq$酶及两种合成的DNA引物，并有$Mg^{2+}$存在。

(2) 加热使模板DNA在高温下(93℃)变性，双链解链。

45

(3) 降低溶液温度,使合成引物在低温(50℃)与模板 DNA 互补,退火形成部分双链。

(4) 溶液反应温度升至中温(72℃),在 Taq 酶作用下,以 dNTP 为原料,引物为复制起点,模板 DNA 的一条双链在解链和退火之后延伸为两条双链。

如此重复,一般经 30 次循环,可使基因放大数百万倍。

### 3. 菌落 PCR

这是一种方便快捷的检测重组子的方法,和一般的 PCR 原理相同,就是直接挑选单菌落作为模板,在微量离心管中加入适量缓冲液,4 种脱氧单核苷酸(dNTP),和耐热 Taq 酶及两种合成的 DNA 引物,并有 $Mg^{2+}$ 存在。进行 PCR 反应,扩增出目的片段,并由此得到阳性菌落,阳性菌落可以继续进行酶切鉴定。由于 PCR 的影响因素太多,所以通过菌落 PCR 只能进行初次筛选,之后必须用酶切进行最终鉴定,这样可以节省许多酶。

## 【器材与试剂】

### 1. 实验仪器

PCR 扩增仪,PCR 反应小管,离心管架,玻璃平皿,微量移液器(10、200、1000 μL),台式高速离心机,瞬时离心机,琼脂糖平板电泳装置及电泳仪,恒温水浴锅,电热恒温培养箱,无菌工作台,凝胶成像系统,微型瞬时离心机等。

### 2. 实验材料

(1) *E. coli* DH5a 菌株;*E. coli* BL21(DE3)菌株;pEGFP-N3 质粒,pET-28a(+)质粒。

(2) EGFP 片段正向引物与反向引物:

   p1 5′ GGGCATATGGTGAGCAAGGGCGAGGAG 3′

   p2 5′ GGGCTCGAGTTACTTGTACAGCTCGTCCATG 3′;

(3) pET-28a 鉴定引物($T_7$ 引物):

  5′ TTAATACGACTCACTATAGGG 3′

  5′ CGTAGTTATTGCTCAGCGG 3′;

(4) 限制性核酸内切酶(*Xho* Ⅰ,*Nde* Ⅰ,*Bam*H Ⅰ),$T_4$ DNA 连接酶及相应缓冲液。

### 3. 实验试剂

(1) PCR 相关的试剂:DNA 模板;pEGFP-N3 质粒;正向引物与反向引物;Taq 酶(TaKaRa,5 U/μL);dNTP;10×PCR 缓冲液;无菌水。

(2) 常用试剂:

LB 液体培养基,LB 固体培养基(若倒平板前加入 Kan 抗生素即可制成具 Kan 的平板),溶液Ⅰ(GET 缓冲液)(pH 8.0),溶液Ⅱ(0.2 mol/L NaOH,1% SDS),溶液Ⅲ(乙酸钾溶液)(pH 4.8),酚-氯仿,0.1 mol/L $CaCl_2$ 溶液。

50×TAE(1 L):242 g Tris、57.1 mL 冰乙酸、100 mL 0.5 mol/L EDTA,pH 8.0。

## 【实验步骤】

### 1. 实验方案设计

见图 7-4。

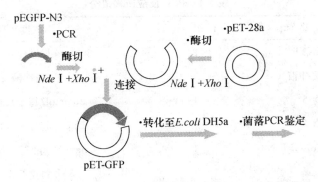

**图 7-4　PCR 方法获得基因片段的实验设计**

（1）利用前述引物及条件进行 PCR，对产物进行切胶回收。

（2）用 *Xho* I 和 *Nde* I 双切酶得到 GFP 基因片段，并双酶切载体。为了保证酶切完全，作用时间适当延长，一般过夜。

（3）利用 $T_4$ DNA 连接酶连接，16℃过夜。为了保证连接效率，片段与载体的比例保持 ≥30∶1。

（4）将所有连接产物转化到 *E. coli* DH5α 中，振荡培养。

（5）挑选阳性克隆，提取质粒，酶切法鉴定重组体 GFP-pET-28a。

**2. 基因片段的获得**

（1）提取 pEGFP-N3 和 pET-28a 质粒：

① 分别将带有 pEGFP-N3 及 pET-28a 的 *E. coli* DH5a 接种在 LB 液体培养基（5 mL，Kan 抗性）中，37℃培养 12～18 h；

② 取菌液（DH5α）1.5 mL 置于 Eppendorf 管中，以 12 000 r/min 离心 1 min，弃上清液；重复一次。将小管倒扣在吸水纸上，尽量除去培养基。

③ 加入溶液 I 150 μL，室温下放置 10 min。

④ 加入溶液 II 200 μL，颠倒 4～5 次混匀后，冰上放置 5 min。

⑤ 加入预冷的溶液 III 150 μL，颠倒数次后冰上放置 15 min。

⑥ 以 12 000 r/min 离心 5 min，取上清液加入等体积的异丙醇，混匀，室温放置 5 min，以 12 000 r/min 离心 5 min，弃上清液。

⑦ 加入重蒸水 200 μL 溶解沉淀，加入 $NH_4Ac$ 100 μL，混匀后冰上放置 5 min。

⑧ 以 12 000 r/min 离心 5 min，取上清液加入 2 倍体积的无水乙醇，室温放置 5 min 后，以 12 000 r/min 冷冻离心 15 min，弃上清液。

⑨ 沉淀用 70% 乙醇 500 μL 洗涤一次，以 12 000 r/min 离心 5 min，弃上清液。除尽乙醇后，冷冻干燥 5～10 min。

⑩ 加入 30 μL 含有 RNase A 的重蒸水溶解提取物，充分溶解。

（2）PCR 扩增 EGFP 片段：

　　　　引物：F 5′ GGGCATATGGTGAGCAAGGGCGAGG 3′
　　　　　　　R 5′ GGGCTCCAGTTACTTGTACAGCTCG 3′

① 在无菌 Eppendorf 管中按表 7-1 加入各种成分。

表 7-1　PCR 反应所需成分

| 反应物 | 体积/μL | 终浓度 |
| --- | --- | --- |
| 4×dNTP | 2 | 200 μmol/每种 dNTP |
| 10×缓冲液 | 5 | 1×缓冲液 |
| 引物-5′ | 1 | 25 pmol/每个反应 |
| 引物-3′ | 1 | 25 pmol/每个反应 |
| DNA 模板 pEGFP-N3 | 1 | 5 ng~10 ng/每个反应 |
| Taq 酶 | 1 | 5 U/每个反应 |
| 重蒸水 | 39 | |
| 总体积 | 50 | |

② 样品混匀后将反应管置于 PCR 扩增仪中并设定温度条件(图 7-5)。
③ 琼脂糖凝胶电泳鉴定,确定扩增 EGFP 片段。

(3) DNA 片段回收:
① 酚-氯仿抽提 1 次,12 000 r/min 离心 5 min。
② 取上清液,加入 10×的 3 mol/L NaAc 溶液、无水乙醇 1 mL,混合均匀,-20℃沉淀 30 min。
③ 12 000 r/min 离心 10 min,弃上清液。沉淀用 70%乙醇洗两次,吹干,溶于 20 mL 重蒸水中。

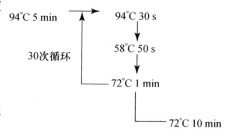

图 7-5　PCR 反应中温度设定

(4) 酶切:
① 按表 7-2 将试剂加入 Eppendorf 管中。反应物混匀后在 37℃进行双酶切过夜。

表 7-2　两个基因分别双酶切所需试剂

| 反应物 | pEGFP 片段 | pET-28a 质粒 |
| --- | --- | --- |
| DNA/μL | 20 | 20 |
| 10×K 缓冲液/μL | 3 | 3 |
| Nde I/μL | 2 | 1 |
| Xho I/μL | 2 | 1 |
| 重蒸水/μL | 3 | 5 |
| 总体积/μL | 30 | 30 |

② 取 2 μL 酶切液作电泳分析。
③ 将余下的酶解液(28 μL)加入 1/2 体积乙酸钾,再加入 2 倍体积 95%乙醇,置于-20℃冰箱中,30 min 以上。
④ 以 12 000 r/min 离心 5 min,弃上清液,70%乙醇洗涤沉淀,弃上清液。
⑤ 置真空干燥仪中 37℃抽干后加入 TE 缓冲液 8 μL。

**3. 基因重组**

(1) 连接反应：

将 2 个 DNA 片段混于一管，按表 7-3 加样。

表 7-3 两个基因酶切产物的连接所需试剂

| 反应物 | 体积/μL |
| --- | --- |
| pET-28a 酶切产物 | 2 |
| GFP 酶切产物 | 14 |
| $T_4$ 噬菌体 DNA 连接酶 | 1 |
| $T_4$ 噬菌体 DNA 连接酶缓冲液 | 2 |
| 重蒸水 | 1 |
| 总体积 | 20 |

(2) 反应物混合完全后于 16℃ 水浴中连接过夜（保温 14~16 h）。

使用 PCR 方法获得的目的基因片段与载体的分子数比最好为 30∶1；使用双酶切方法获得的目的基因与载体的分子数比为 3∶1。

(3) 取 4 μL 作电泳检查，鉴定反应连接产物。

**4. 重组质粒转入 *E. coli* DH5α 菌株**

(1) *E. coli* DH5α 感受态细胞制备：

① 将 *E. coli* DH5a 120 μL 接种到 4 mL LB 培养基中，置 37℃ 摇床于 180 r/min 振荡培养过夜。将 *E. coli* BL21(DE3) 菌液 10 μL 接入 3 mL LB 液体培养基中，振荡培养过夜。

② 二次活化：按 1∶50 比例将菌液接入新的试管中，摇床培养 2 h。

③ 将细菌转到无菌 Eppendorf 管，冰置 10 min，使培养物冷至 0℃。

④ 4℃，4000 r/min 离心 1 min，收回细胞，弃上清液，将管倒置使残留痕量培养液流尽。

⑤ 取冰冷的 0.1 mol/L $CaCl_2$ 400 μL 悬浮沉淀，放置于冰浴 15 min。

⑥ 4℃，4000 r/min 离心 10 min，回收细胞使培养液流尽。

⑦ 取冰冷的 0.1 mol/L $CaCl_2$ 400 μL 悬浮细胞，于冰上放置备用。

(2) 细胞转化：

① 在制好的感受态细胞中加入 4 μL 连接产物，冰置 30 min。

② 42℃，水浴 90 s（不超过 2 min），迅速于冰上冷却 3~5 min。

③ 每管加 LB 培养基 100 μL，使总体积约 200 μL，摇匀于 37℃ 放置（或摇）15 min 以上。

④ 取感受态细胞溶液 100 μL，均匀涂于 LB 平板上，观察菌体生长状况。

⑤ 37℃，培养 12 h 后，将平板放入 4℃ 条件下，备用。

**5. 重组体筛选鉴定**

(1) 对转化产物进行 PCR 筛选：

① 用灭菌牙签挑取单菌落在 Kan 平板上划线，随后将牙签在 PCR 反应液中浸蘸片刻，作为 PCR 模板。

② 制作菌落 PCR 扩增的反应体系（表 7-4）：

表 7-4 菌落 PCR 扩增的反应成分

| 反应物 | 体积/μL |
|---|---|
| 10×PCR 缓冲液 | 1.0 |
| dNTP | 0.5 |
| 正向引物 | 0.25 |
| 反向引物 | 0.25 |
| DNA 模板 | 挑取单菌落 |
| 重蒸水 | 6.5 |
| 混匀 | |
| Taq 酶 | 1.0 |
| 总体积 | 10 |

③ 反应物混合完全后置于 PCR 仪中,设定温度条件。

| 预变性 | 94℃ | 5 min | |
|---|---|---|---|
| 变性 | 94℃ | 30 s | |
| 退火 | 55℃ | 30 s | 30次循环 |
| 延伸 | 72℃ | 1 min | |
| 终延伸 | 72℃ | 7 min | |

④ DNA 胶检验特异条带。

(2) 提取重组体 DNA:

① 挑取菌落在 3~5 mL LB 培养基中培养至混浊,将菌液分 3 次,每次 1 mL,13 000 r/min 离心 1 min。弃上清液,用吸水纸吸干其中水分。

② 加入溶液 I 150 μL,充分混匀,室温放置 10 min。

③ 加入溶液 II 200 μL。缓慢轻柔地反复颠倒 4~5 次,使之混匀。冰上放置 5 min。

④ 加入溶液 III 150 μL,缓慢轻柔地反复颠倒 4~5 次,冰上放置 15 min。

⑤ 10 000 r/min 离心 5 min,将上清液倒入另一干净离心管中,冰上放置 15 min。如果混浊则需要再次离心。

⑥ 加入等体积酚氯仿,混匀,12 000 r/min 离心 3 min,取上清液。转移上清液至新管,并加入 2 倍体积无水乙醇,−20℃ 放置 10 min,12 000 r/min 离心 10 min。弃上清液。

⑦ 沉淀用 70% 乙醇 500 μL 洗涤 1 次,以 12 000 r/min 离心 5 min,倒置除尽水和乙醇,自然干燥。

⑧ 加入含有 30 μg/mL RNase A 的无菌水 20 μL 溶解,室温放置 30 min。−20℃ 保存。

(3) 酶切检验重组体(8 μL),确定正确连入外源 EGFP 片段的 pET-28a 融合质粒,按表 7-5 将试剂加到 Eppendorf 管中。反应物混合完全后放入 37℃ 恒温培养箱中,酶切 3 h。

表 7-5 重组体鉴定所需试剂

| 反应物 | 体积/μL |
|---|---|
| 重组体 DNA | 0.5 |
| 10×Buffer K | 0.8 |
| Not I | 0.4 |
| BamH I | 0.4 |
| BSA | 0.8 |
| 重蒸水 | 5.1 |
| 总体积 | 8.0 |

## 实验7 利用PCR技术扩增GFP基因

【实验结果】
### 1. 基因片段的获得（图7-6，7-7）

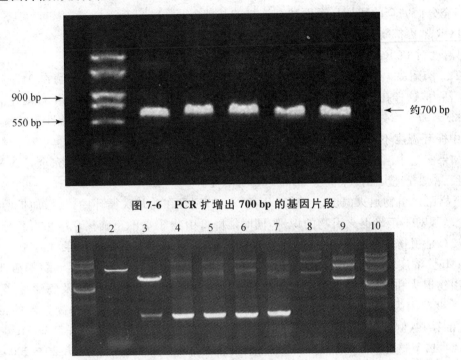

图7-6 PCR扩增出700 bp的基因片段

图7-7 提取pEGFP-N3质粒、pET-28a质粒及双酶切结果和PCR扩增片段综合图谱

1和10为Marker；2为Xho Ⅰ和BamH Ⅰ双切后的pET28(a)质粒；3为Xho Ⅰ和BamH Ⅰ双切后的pEGFP-N3质粒，较小片段为GFP基因；4～7为PCR产物；8为pET-28a质粒；9为pEGFP-N3质粒

### 2. 重组质粒及其鉴定（图7-8）

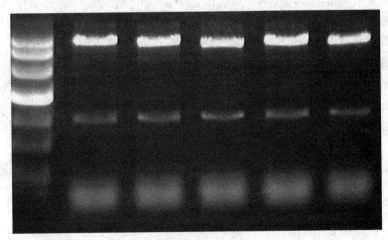

图7-8 重组体质粒的酶切鉴定电泳图谱

从图中看到重组质粒Not Ⅰ和BamH Ⅰ双酶切较小片段为700 bp的GFP基因片段

【实验讨论】

1. 在实验中,为了保证 *Xho* Ⅰ 和 *Nde* Ⅰ 双酶切完全,可以采取过夜处理,而不会把基因"切碎"。充分而完全的酶切是后面顺利连接的基础。

2. PCR 基因扩增时应注意的几个问题

(1) 温度对 PCR 的影响:

① *Taq* 酶耐高温,代替原来所用的 $T_4$ DNA 聚合酶和 Klenow 酶。该酶在 94～95℃时仍能保持酶活力,这样在 PCR 反应时就不必在每次循环中添加酶,实现了 PCR 自动化。*Taq* 酶可用于 92.5,97.5℃,其活力分别可保持 180 min,5～6 min。在 95℃时其活性可持续 35 min,故 PCR 中循环温度不宜高过 95℃。

② 如果实验中温度低于 95℃,对 DNA 变性有很大影响。如果变性不完全,DNA 双链会很快复性而减少产量,温度太高会影响 *Taq* 酶活性。

③ 严格限定引物退火温度,一般 55～72℃。特别是在前几次循环中,会增加扩增特异性。温度高会增强对不正确退火引物的识别,同时能降低引物 3′端不正确核苷酸错误延伸。

④ 72℃是引物延伸条件,因为这个温度接近于以 M13 为基础的延伸条件。

(2) $Mg^{2+}$ 浓度对 PCR 的影响:$Mg^{2+}$ 浓度对 *Taq* 酶影响很大,它可影响酶的活性和忠实性,影响引物退火和解链温度,影响产物的特异性以及引物二聚体的生成及酶活性,等等。通常 $Mg^{2+}$ 浓度范围为 0.5～2 mmol/L。在 PCR 反应混合物中,应尽量减少高浓度的带有负电荷的基团的存在(例如,磷酸基团或 EDTA 等可能影响 $Mg^{2+}$ 浓度),以保证最适 $Mg^{2+}$ 浓度。

(3) 4 种脱氧核苷酸三磷酸(dNTP):一般反应中每种 dNTP 的终浓度为 20～200 μmol/L。理论上 4 种 dNTP 各 20 μmol/L,足以在 100 μL 反应中合成 2.6 μg 的 DNA。当 dNTP 终浓度大于 50 mmol/L 时,可抑制 *Taq* 酶的活性。

(4) 模板:PCR 反应必须以 DNA 为模板进行扩增。就模板 DNA 而言,影响 PCR 的主要因素是模板的数量和纯度。在一般反应中,模板数量为 $10^2$～$10^5$ 个拷贝,对于单拷贝基因,人基因组 DNA 需 0.1 μg,酵母 DNA 10 ng,*E. coli* DNA 1 ng。扩增多拷贝序列时,用量更少。模板量过多可能增加非特异性产物。DNA 中的杂质也会影响 PCR 的效率。

(5) 多聚酶浓度对 PCR 的影响:*Taq* 酶活性半衰期为 92.5℃ 130 min,95℃ 40 min,97℃ 5 min。*Taq* 酶的酶活性单位定义为 74℃下,30 min,掺入 10 nmol/L dNTP 到核酸中所需的酶量。所用的酶量可根据 DNA、引物及其他因素的变化进行适当的增减。酶量过多会使产物非特异性增加,过少则使产量降低。一般酶量为 0.5～5 U 之间,用酶量少,合成产物量低;用酶量高,非特异性产物增加。反应结束后,如果需要利用这些产物进行下一步实验,需要预先灭活 *Taq* 酶。

(6) 灭活 *Taq* 酶的方法:

① PCR 产物经酚-氯仿抽提,乙醇沉淀。

② 加入 10 mmol/L 的 EDTA 螯合 $Mg^{2+}$。

③ 99～100℃加热 10 min。

(7) 反应缓冲液:反应缓冲液一般含 10～50 mmol/L Tris-Cl,50 mmol/L KCl 和适当浓度的 $Mg^{2+}$。Tris-Cl 在 20℃时 pH 为 8.3～8.8,但在实际 PCR 反应中,pH 为 6.8～7.8。

(8) 平台效应:平台效应指 PCR 循环后期,合成产物达到 0.3～1 pmol 时,由于产物的堆

积,使原来指数增加的反应速度降低,反应曲线变成平坦曲线。产生平台效应的因素包括:

① dNTP 或引物等不断消耗;
② 反应物的稳定性(dNTP 或酶);
③ 最终产物的阻化作用(焦磷酸盐,双链 DNA);
④ 非特异性或引物的二聚体参与竞争作用。

合理的 PCR 循环次数,是最好的避免平台效应的办法。

【问题分析及思考】

(1) PCR 基因扩增的原理是什么?
(2) 设计引物有哪些原则?设计一对绿色荧光蛋白基因引物并确定其正确性。
(3) PCR 基因扩增中什么是非特异性产物?为什么会产生非特异性产物?
(4) 什么是菌落 PCR?操作时应注意哪些事项?

## 参 考 文 献

1. Koshland DE, Jr. The molecule of the year. Science, 1989, 246: 1541—1546.
2. Saiki RK, Scharf S, Faloona F, et al. Enzymatic amplification of beta-globin genomic sequences and restriction site analysis for diagnosis of sickle cell anemia. Science, 1985, 230: 1350—1354.
3. 朱平. PCR 基因扩增实验操作手册. 北京:中国科学技术出版社,1992.
4. 郝福英,朱玉贤等. 分子生物学实验技术. 北京:北京大学出版社,1998.
5. Biotechnologe Explorer Program, Serious About Scienc Education. Bio-Rad, 2002. 9: 13—16.
6. Clontech 公司产品使用手册 Catalog #6080-1
7. Novegen 公司产品使用手册 Cat. No. 69337-3pET System Manual
8. 萨姆布鲁克 J,拉塞尔 DW. 分子克隆实验指南. 3 版. 黄培堂. 北京:科学出版社,2002.

# 实验8　GFP基因在原核生物中的表达

本实验利用现代分子生物学的基本实验手段,将pEGFP-N3,pET-28a载体的目的基因片段,通过黏性末端连接得到重组质粒pET-28a-GFP。将重组的质粒转入表达菌株 *E. coli* BL21(DE3)中,含有重组质粒的菌体经培养后用IPTG进行三个时间梯度的诱导,成功表达大量绿色荧光蛋白,在紫外线照射下(或自然光下),可观察到平板菌落以及表达的蛋白的绿色荧光。

【实验目的】

通过实验掌握重组蛋白的基因表达及蛋白检测设计思想,学习分子生物学实验主要操作技术,在对EGFP基因的克隆和表达全过程中,学习将一系列分子生物学实验操作有机结合起来。

【实验原理】

**1. 外源基因在宿主细胞中顺利地表达**

(1) 形成重组体DNA分子时,在载体的启动基因序列和核糖体结合序列后面的适当位置连接外源基因。例如,将兔的β-珠蛋白基因或人的成纤维细胞干扰素基因分别连接到已经处在载体上的 *E. coli* 乳糖操纵子的启动基因后面,便能使它们在 *E. coli* 中顺利地表达。

(2) 将外源基因插入到载体的结构基因中的适当位置上,转录和翻译的结果将产生一个融合蛋白。这种融合蛋白被提纯后,还要准确地将两部分分开,才能获得所需要的蛋白质。pET系统已成为在 *E. coli* 中蛋白表达的首选,其主要原因在于目标基因被克隆到不为 *E. coli* RNA聚合酶识别的$T_7$启动子之下,因此在加入$T_7$ RNA聚合酶之前几乎没有表达发生。克隆到pET载体的基因实际上是被关闭的,不会由于产生对细胞有毒性的蛋白而引起质粒不稳定。重组质粒转移到表达宿主中,该宿主的染色体上含有一拷贝由 *lacUV*5控制的$T_7$ RNA聚合酶基因,通过加入IPTG诱导表达目标基因;诱导后几小时目标产物就可超过细胞总蛋白的50%。

**2. 使用pET系统(pET-28a载体)进行基因表达**

(1) pET系统优点如下:

① 原核蛋白表达引用最多的系统;

② 在任何 *E. coli* 表达系统中,基础表达水平最低;

③ 真正的调节表达水平的"变阻器"控制;

④ 提供各种不同融合标签和表达系统配置;

⑤ 具有可溶性蛋白生产、二硫键形成、蛋白外运和多肽生产等专用载体和宿主菌;

⑥ 许多载体以LIC载体试剂盒方式提供,用于迅速定向克隆PCR产物;

⑦ 许多宿主菌株以感受态细胞形式提供,可立即用于转化。

(2) 本实验使用的pET-28a质粒及主要的特征,参见图谱8-1和8-2:

## 实验 8　GFP 基因在原核生物中的表达

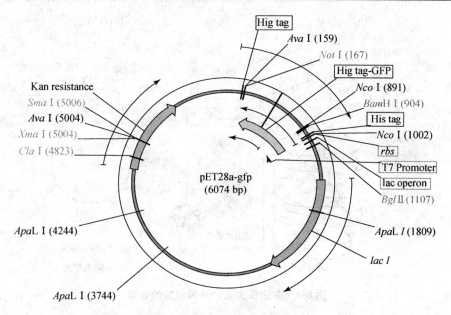

图 8-1　pET-28a-GFP 重组载体

| pET-28a 载体重要元件 | PET-20a(+) sequence landmarks | |
|---|---|---|
| T₇ 启动子 | T₇ promoter | 370-386 |
| T₇ 转录起点 | T₇ transcription start | 369 |
| His-Tag 标签(N端和C端) | His·Tag coding sequence | 270-287 |
| T₇-Tag 标签 | T₇·Tag coding sequence | 207-239 |
| 多克隆位点 | Multiple cloning sites (BamH I -Xho I) | 159-203 |
| His-Tag 标签 | His·Tag coding sequence | 140-157 |
| T₇ 终止子 | T₇ terminator | 26-72 |
| lac I 序列 | lac I coding sequence | 773-1852 |
| pBR322 复制起点 | pBR322 origin | 3286 |
| 卡那霉素抗性筛选标记 | Kan coding sequence | 3995-4807 |
| f1 复制起点 | f1 origin | 4903-5358 |

图 8-2　pET-28a 最主要的特征

(3) pET 系统的诱导启动原理，参考图 8-3：

lac 启动子含有 lacI 和 Operon 两部分：

① lacI 基因可以由质粒携带或者整合入 E.coli 的基因组，编码一个可以和 lac 操纵子的操纵基因结合的 lacI 蛋白，从而阻止 RNA 聚合酶的结合，使操纵基因后面的基因无法转录。

② 当体系中出现乳糖，或者乳糖类似物 IPTG 时，lacI 蛋白就会与这些小分子结合，并发生构象变化，无法再与操纵基因结合，从而使基因转录的阻遏中断。

③ 用于基因工程蛋白表达的 lac 启动子经过改造，使得 RNA 聚合酶很容易和启动子结合，而不需要 cAMP 激活 CAP 来帮助 RNA 聚合酶，pET 系统中包含一个 lac(位于基因组上)和一个 T₇ lac 启动子(位于 pET 质粒上)。

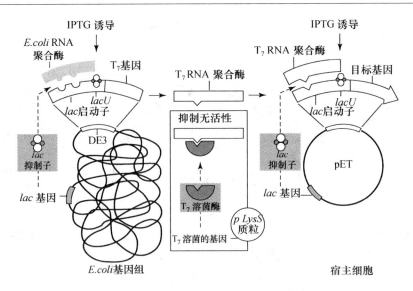

图 8-3　表达宿主菌对外源蛋白的表达

④ 位于基因组上的 T₇ RNA 聚合酶前面放置有 lac 启动子的高效突变型 lac UV5。

⑤ pET 质粒本身又在 MCS 前面放置有 T₇ lac 混合启动子。

⑥ 当菌体没有被诱导的时候,lac 启动子会有一定的泄漏,因此会有少量的 T₇ RNA 聚合酶转录表达。但是 pET28 质粒上 T₇ lac 启动子也没有开放,因此这一部分 T₇ RNA 聚合酶依然无法转录目标基因,也就是说目标基因泄漏很小。

⑦ 当 IPTG 在菌内达到一定浓度时,lacI 抑制蛋白就会离开 lac 和 T₇ lac 启动子,lac 和 T₇ lac 启动子同时去阻遏,lac 后的 T₇ RNA 聚合酶转录表达。T₇ RNA 聚合酶结合到 T₇ lac 启动子上,并且开始转录去阻遏的后续基因,也就是所要表达的目标基因。

⑧ 由于噬菌体的 RNA 聚合酶的启动频率远远高于菌体 RNA 聚合酶,T₇ lac 启动的基因的频率会远远高于菌体蛋白的频率,表达量也就可以达到菌体的 10% 或者以上。

(4) pET-28a 的多克隆位点以及附近区域,见图 8-4:

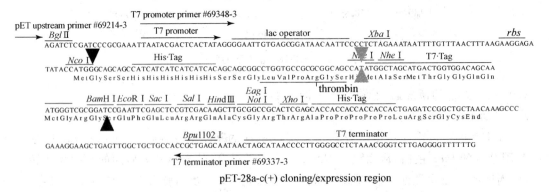

图 8-4　pET-28a 多克隆位点以及附近的区域

图 8-4 显示的是 pET-28a 的多克隆位点以及附近的区域。GFP 片段插入到多克隆位点区,在酶切 GFP 片段的两个酶对应的酶切位点之间还设计有限制性内切酶,该酶用来消化 pET-28a 载体。这样做的目的是提高 pET-28a 被切割成两个或者以上片段的概率,从而降低

因为只切割了一个切口或者没有成功切割而导致的假阳性重组子。PCR的产物即插入这个区域。酶切反应所选择的限制性内切酶应具用相同的缓冲体系,并且效率近似。

**3. 实验中的 *E. coli* BL21(DE3)表达菌株**

(1) 表达载体和宿主菌的选择:

本实验选择 pET-28a-GFPE 作为表达载体、DH5α 菌株作为质粒增殖宿主,BL21(DE3)菌株作为表达宿主,这样设计主要是考虑到蛋白的表达受到三重调控,能比较正确地反映出重组和转化的结果:该载体有 Kan 抗性基因,可用抗生素筛选;有 $T_7$ 启动子,BL21(DE3)中噬菌体的 RNA 聚合酶可特异地与其相结合,启动靶基因的表达;在靶基因上游有 *lacI* 编码基因,当在培养基上涂了一定浓度的 IPTG,经过一定时间的诱导可成功表达 GFP 蛋白;而且在重组质粒中插入 EGFP 的片段后含有编码部分 His-tag 的基因,这样可设计一抗,以便于使用免疫印记来检测蛋白的表达。BL21(DE3)菌具有编码噬菌体 RNA 聚合酶的基因,而 DH5α 则不具有该基因,因此只能使用前者作为表达宿主。

(2) *E. coli* BL21(DE3)是表达宿主菌:

宿主菌 *E. coli* BL21(DE3)来源于 B 型菌株,是 lon 蛋白酶及 ompT 外膜蛋白酶缺陷型,因此,重组目的蛋白在其中表达的稳定性较高。*E. coli* BL21(DE3)是 λ 噬菌体 DE3 溶源菌。λ 噬菌体 DE3 带有噬菌体 21 抗性区,*lacI* 基因,*lac* UV5 启动子,以及 $T_7$ RNA 聚合酶基因。当其与 *E. coli* 形成溶源状态,在 IPTG 诱导下,*lac* UV5 启动子指导 $T_7$ RNA 聚合酶基因转录,继而质粒上的目的基因开始转录。这样有助于很好地控制目的蛋白的本底表达,因为任何重组蛋白在 *E. coli* 内表达都会或多或少地影响宿主的正常功能,并对宿主产生一定的毒性。

$T_7$ 启动子是强大的,完全专一受控于 $T_7$ RNA 聚合酶,高活性的 $T_7$ RNA 聚合酶合成 mRNA 的速度比 *E. coli* RNA 聚合酶快 5 倍,因此,当二者同时存在时,宿主本身基因的转录竞争不过 $T_7$ 表达系统,几乎所有的细胞资源都用于目的蛋白的表达;通常在诱导表达后几个小时,目的蛋白即可占到细胞总蛋白的 50% 以上。*E. coli* 本身不含 $T_7$ RNA 聚合酶,需要将外源的 $T_7$ RNA 聚合酶引入宿主菌,因而 $T_7$ RNA 聚合酶的调控模式就决定了 $T_7$ 系统的诱导性质的调控模式。BL21(DE3)宿主菌用于表达蛋白,噬菌体 DE3 是 λ 噬菌体的衍生株,含有 *lacI* 抑制基因和位于 *lac* UV5 启动子下的 $T_7$ RNA 聚合酶基因。DE3 溶源化的菌株如 BL21(DE3)就是最常用的表达菌株,构建好的表达载体可以直接转入表达菌株中,诱导调控方式和 Lac 一样都是 IPTG 诱导

**4. 一般分子生物学实验中鉴定重组分子的筛选方法**

(1) 抗性插入失活,负筛选;

(2) 蓝白斑筛选(*lacZ* 插入失活);

(3) 探针筛选法(菌落原位杂交);

(4) 限制性内切酶酶切检验法,本实验采用;

(5) PCR 检验法,本实验中所采用;

(6) 测序法;

(7) 基因产物鉴定,如质粒表达的蛋白质产物,使用 SDS-PAGE 检测及 Western 印迹法 (Western blotting)检测。

## 【器材与试剂】

**1. 实验仪器**

1.5 mL Eppendorf 管,0.5 mL Eppendorf 管,塑料离心架(30 孔),20、200、1000 μL 微量移

液器各1支,20、50、100 mL三角瓶,小平皿,大培养皿,台式高速离心机,电泳仪、电泳槽,台式冷冻离心机。

**2. 实验材料**

pET-28a-GFP重组质粒;*E. coli* BL21(DE3)宿主菌。

**3. 实验试剂**

LB液体培养基(Kan$^+$);LB液体培养基(Kan$^-$);LB固体平板(Kan$^+$)。Kan$^+$使用终浓度为50 μg/mL。

0.1 mol/L的CaCl$_2$溶液;IPTG,原浓度为1 mol/L,最后终浓度为1 mmol/L。

【实验步骤】

**1. 实验思路(图8-5)**

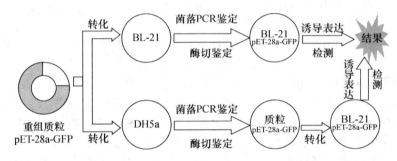

图8-5 实验基本思路示意图

**2. 将pET-28a-GFP重组质粒转化入表达菌株**

(1) 制备BL21(DE3)菌株的感受态细胞:

① 将BL2(DE3)菌液10 μL接入3 mL LB液体培养基中,摇床培养过夜。

② 二次活化:将过夜培养的菌液以1:50比例接入新的试管中摇床培养2 h。

③ 取菌液1.5 mL冰上放置10 min。

④ 4℃,4000 r/min离心2 min收集细胞。

⑤ 弃培养液,加入预冷的0.1 mol/L的CaCl$_2$溶液600 μL,轻轻悬浮细胞,冰上放置20 min,然后4℃,4000 r/min离心2 min。

⑥ 弃上清液,加入预冷的0.1 mol/L的CaCl$_2$溶液500 μL,轻轻悬浮细胞,冰上放置5 min,于4℃下4000 r/min离心2 min。

⑦ 弃上清液,加入预冷的0.1 mol/L的CaCl$_2$溶液300 μL,轻轻悬浮细胞,即制成感受态细胞。

(2) 将pET-28a-GFP重组体DNA转入BL2(DE3)菌中:

① 将制得的细胞悬液300 μL分成3份:2份用于转化;1份平行操作,但不加质粒,作为对照。将2份用于转化的感受态细胞悬液,分别加入重组体质粒DNA溶液2 μL,轻轻摇匀,冰上放置30 min。

② 42℃水浴热击90 s,然后迅速置于冰上冷却5 min。

③ 向两管中分别加入LB液体培养基100 μL,混匀后37℃振荡培养30~60 min。

④ 涂平板:

a) 分别取 50、100、150 μL 加入重组质粒的感受态细胞悬液涂布于含抗生素的平板上。
b) 一块含抗生素的平板用 IPTG 涂布后,加入 100 μL 重组质粒的感受态细胞悬液涂布。
c) 将对照组的感受态细胞取 100 μL 涂布于含有抗生素的平板上。
d) 正面向上放置片刻,待菌液完全被培养基吸收后,37℃ 倒置培养 20 h。

### 3. IPTG 诱导重组蛋白的表达

(1) 将重组阳性克隆菌转接至 3 mL LB(Kan$^+$)液体培养基中,37℃ 培养 16 h。

(2) 将过夜菌按照 1∶50 比例接种到 4 支试管中,每支试管含有新鲜的 3 mL LB(Kan$^+$)培养基,菌液扩大培养 2 h,测量 $A_{600}$ 值约为 0.5,停止培养。

(3) 分别使用 IPTG(最后总浓度应为 1 mmol/L)诱导 0,2,4 h。

(4) 将各管菌液离心并照相。

## 【实验结果】

### 1. 表达蛋白所发出的荧光(图 8-6)

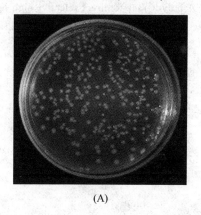
(A)

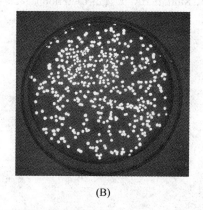
(B)

**图 8-6 IPTG 诱导培养的菌落有荧光产生**

(A) 无 IPTG 诱导培养的菌落,无荧光产生;(B) 有 IPTG 诱导培养的菌落有荧光产生(为荧光激发后图像)

### 2. 绿色荧光蛋白在紫外光下发出荧光(图 8-7,8-8)

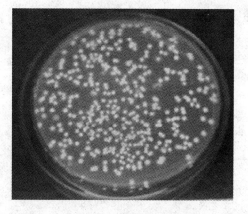

**图 8-7 含有重组绿色荧光蛋白的 BL21 (DE3)菌落经 IPTG 诱导后在 400 nm 长紫外光照射下发出荧光**

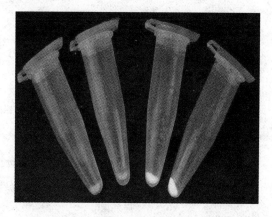

**图 8-8 IPTG 诱导表达菌体时间梯度显示 GFP 表达梯度**

从左到右分别是 IPTG 0,2,4 h 诱导对照

【问题分析及思考】
(1) 在构建重组体 DNA 分子时应注意哪些问题才能更好地表达外源基因？
(2) 使用 pET 系统有哪些优点？

## 参 考 文 献

1. 郝福英. 生命科学实验技术. 北京：北京大学出版社，2004.
2. 萨姆布鲁克 J，拉塞尔 DW. 分子克隆实验指南. 3 版. 黄培堂. 北京：科学出版社，2002.
3. Gerami-Nejad M, Berman J, Gale CH. Cassettes for PCR-mediated construction of green, yellow, and cyan fluorescent protein fusions in *Candida albicans*. Yeast, 2001, 18: 859—864.
4. Bongaerts RJ, Hautefort I, Sidebotham JM, et al. Green fluorescent protein as a marker for conditional gene expression in bacterial cells. Methods Enzymol, 2002, 358: 43—66.
5. 李志达，刘青珍，齐义鹏等. 稳定表达 egfp 基因细胞的构建与克隆. 武汉大学学报.
6. Studier FW, Moffatt BA. Use of bacteriophage $T_7$ RNA polymerase to direct selective high-level expression of cloned genes. J Mol Biol, 1986, 189(1): 113—130.

# 实验 9 利用 SDS-PAGE 和蛋白质转移电泳鉴定重组蛋白

一般在分子生物学实验中最常用的鉴定表达产物的筛选方法是使用 SDS-PAGE 及蛋白质转移电泳(Western blotting,Western 印迹法)检测。本实验利用 EGFP-PET-28a 重组基因得到克隆和表达产物,用 IPTG 诱导表达蛋白,通过 SDS-PAGE 和 Western 印迹法杂交实验,验证了 $T_7$ 表达系统中 EGFP 蛋白的表达受到 IPTG 诱导,并且表达水平随诱导时间延长而上升。

【实验目的】

通过本实验掌握重组蛋白的基因表达及蛋白检测设计思想,学会蛋白通过 SDS-PAGE 和 Western 印迹法等方法对表达蛋白进行相对分子质量及特异性检验。

【实验原理】

**1. SDS-PAGE**

(1) 聚丙烯酰胺凝胶:

聚丙烯酰胺凝胶由单体丙烯酰胺(Acr)和交联剂 N,N-甲叉双丙烯酰胺(Bis)在引发剂过硫酸铵(AP)或核黄素和增速剂 N,N,N′,N′-四甲基乙二胺(TEMED)的共同作用下聚合而成的。丙烯酰胺的单体形成长链,由 N,N-甲叉双丙烯酰胺的功能基团和链末端的功能基团反应而交联,形成三维网状结构。通过调节单体和交联剂的浓度,可改变形成的凝胶的孔径的大小,从而可对不同分子大小的分离物,发挥类似于分子筛的作用。

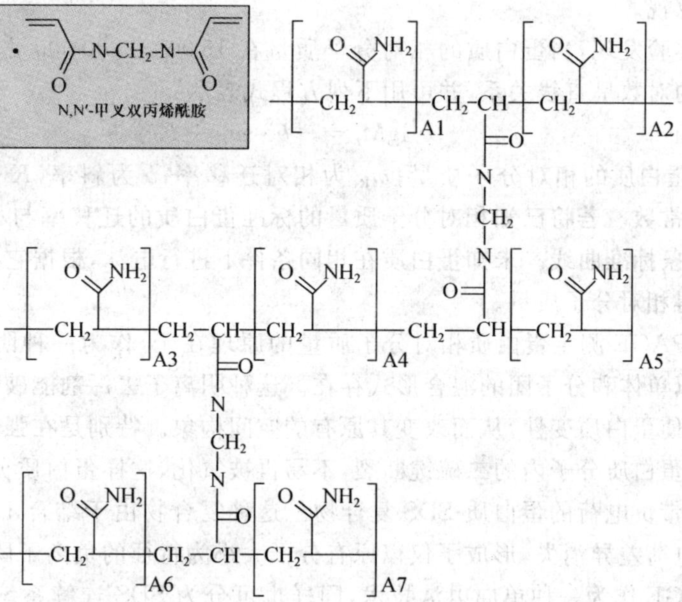

**图 9-1 PAGE 的聚合反应和产物分子结构**

以聚丙烯酰胺凝胶为支持物的电泳即为聚丙烯酰胺凝胶电泳(polyacrylamide gel electrophoresis, PAGE)。根据是否具有浓缩效应,可将其分为连续缓冲系统和不连续缓冲系统两大类。不连续缓冲系统与连续缓冲系统相比,具有较高的分辨率。不连续缓冲系统由电极缓冲液、浓缩胶和分离胶组成。浓缩胶具有堆积作用,它的凝胶浓度较小,孔径较大,当加上较稀的样品时,由于大孔径凝胶的迁移作用,样品可被浓缩至一个狭窄的区带。如样品液和浓缩胶选用 Tris-HCl 缓冲液配制,电极缓冲液选用 Tris-Gly 缓冲液时,电泳开始后,HCl 解离出的 $Cl^-$、Gly 解离出的少量的甘氨酸根离子以及带负电荷的蛋白质,一起向正极移动,其中 $Cl^-$ 移动最快,甘氨酸根离子最慢,蛋白质居中。由于 $Cl^-$ 泳动率最大,在其后形成低电导区,而电位梯度与低电导区成反比,因而也就形成了较高的电位梯度,使蛋白质和甘氨酸根离子迅速移动,这样在 $Cl^-$ 和甘氨酸根离子之间形成了一个稳定的移动界面,蛋白质就聚集在这个移动界面附近,被浓缩成一中间层。

分离胶孔径较小,通过选择合适的凝胶浓度,可以使样品很好地分离。当样品进入分离胶后,由于 pH、凝胶孔径的改变,使甘氨酸根离子的泳动率变大,超过蛋白质,高强度电场消失。因此蛋白质在均一的 pH 和电场强度下通过分离胶。如果蛋白质的相对分子质量不同,通过分离胶受到的摩擦力不同,泳动率也不同,因此可根据蛋白质的相对分子质量不同而分开。除了分子大小对泳动率的影响之外,蛋白质所带的净电荷对电泳也有影响,表面电荷越多,移动得越快;反之,则越慢。

(2) SDS-PAGE:

用聚丙烯酰胺凝胶电泳测定蛋白质的相对分子质量,主要是根据蛋白组分的相对分子质量的大小和形状以及所带净电荷的多少等因素所造成的电泳迁移率的差别来进行的。而 SDS-PAGE 可仅根据蛋白分子各亚基的相对分子质量的不同来进行蛋白的分离,这个技术首先是 1967 年由 Shapiro 等人建立的。他们发现在样品介质和聚丙烯酰胺凝胶中加入离子去污剂和强还原剂后,蛋白质亚基的电泳迁移率主要取决于亚基相对分子质量的大小,电荷因素的影响可以忽视。

随后的实验发现,当蛋白质的相对分子质量在 15 000~200 000 之间时,电泳迁移率与相对分子质量的对数呈直线关系,并可用下列方程式表示:

$$\lg M_r = -b \cdot m_R + K$$

式中:$M_r$ 为蛋白质的相对分子质量;$m_R$ 为相对迁移率;$b$ 为斜率,$K$ 为截距,在一定的条件下,$b$ 和 $K$ 为常数。若将已知相对分子质量的标准蛋白质的迁移率与相对分子质量的对数作图,可获得一条标准曲线。未知蛋白质在相同条件下进行电泳,根据它的电泳迁移率即可在标准曲线上求得相对分子质量。

用 SDS-PAGE 测定蛋白质相对分子质量的原理在于,作为一种阴离子表面活性剂,SDS 在水溶液中以单体和分子团的混合形式存在。这种阴离子去污剂能破坏蛋白质分子内以及分子间的氢键,使蛋白质变性,从而改变其原有的空间构象。特别是在强还原剂(如巯基乙醇)存在的条件下,蛋白质分子内的二硫键断裂,不易再被氧化,这样蛋白质分子与 SDS 分子能够充分结合,形成带负电荷的蛋白质-SDS 复合物。这种复合物由于结合了大量的 SDS,使不同蛋白质之间的电荷差异消失,形成了仅以原有分子大小为特征的负离子团块。

SDS-PAGE 作为一种单向电泳技术,同样也可分为 SDS-连续系统电泳和 SDS-不连续系统电泳。由于 SDS-不连续系统电泳具有较强的浓缩效应,因而它的分辨率比 SDS-连续系统电泳要高一些,也为多数人所采用。

(3) 影响 SDS-PAGE 的因素:

SDS 电泳的成功关键之一是在电泳过程中,特别是样品制备过程中蛋白质与 SDS 的结合程度。影响它们结合的因素主要有三个:

① 溶液中 SDS 单体的浓度。当单体浓度大于 1 mmol/L 时,大多数蛋白质与 SDS 结合的质量比为 1∶1.4;如果单体浓度降到 0.5 mmol/L 以下时,两者的结合比仅为 1∶0.4,这样结合的 SDS 就不足以消除蛋白质原有的电荷差别。为保证蛋白质与 SDS 的充分结合,通常实验中选择它们的重量比为 1∶4 或 1∶3。

② 样品缓冲液的离子强度。SDS-PAGE 中所使用的样品缓冲液离子强度较低,通常是 10~100 mmol/L。

③ 二硫键是否完全被还原。采用 SDS-PAGE 测蛋白质相对分子质量时,只有完全打开二硫键,蛋白质分子才能被解聚,SDS 才能定量地结合到亚基上,从而得到相对迁移率和相对分子质量对数的线性关系。因此在用 SDS 处理样品时,往往同时使用巯基乙醇,巯基乙醇的强还原作用可使很多不溶性蛋白质溶解,进而与 SDS 定量结合。

有许多蛋白质是由亚基(如血红蛋白)或两条以上肽链(如胰凝乳蛋白酶)组成的,它们在 SDS 和巯基乙醇作用下,解离成亚基或单条肽链,因此对于这一类蛋白质,通过 SDS-PAGE 测定的往往只是它们的亚基或单条肽链的相对分子质量,为了得到这些蛋白的相对分子质量,还需要结合其他的方法。另外,有些蛋白质不能用 SDS-PAGE 测定相对分子质量。如电荷异常或构象异常的蛋白质,带有较大辅基的蛋白质(某些糖蛋白)以及一些结构蛋白,如胶原蛋白等。

(4) 采用 SDS-聚丙烯酰胺凝胶电泳法测蛋白质相对分子质量:

为了准确地得到一种蛋白质的相对分子质量,通常将 2 种以上的测定方法结合使用。目前常用的方法还有:

① 聚丙烯酰胺梯度凝胶电泳法。这种方法测定蛋白质的相对分子质量的特点是,能浓缩样品,可分次加样;不需解离亚基。不过这种方法适宜于测定球蛋白的相对分子质量,而对纤维蛋白则有误差,另外这种电泳需要电压较高,为 2000 V。

② 凝胶层析法。这种方法的特点是,方法简单,样品用量少,对样品纯度要求不是很高,一般不会引起生物活性物质的变化。其局限性在于,当 pH 为 6~8 时,蛋白质相对分子质量的对数与洗脱体积之间的线性关系比较好,但在极端 pH 时,蛋白质有可能因变性而发生曲线的偏离。

### 2. Western 印迹法蛋白质转移

(1) Western 印迹法相关原理:

Western 印迹法是将蛋白质转移并固定在化学合成膜的支撑物上,然后以特定的亲和反应、免疫反应或结合反应以及显色系统分析此印迹。这种以高强力形成印迹的方法被称为 Western 印迹法技术。该技术在实验操作中要注意以下条件:

印迹法需要较好的蛋白质凝胶电泳技术,使蛋白质达到好的分离效果,而且要注意胶的质量,要使蛋白质容易转移到固相支持物上。另外,蛋白质在电泳过程中获得的条带被保留在膜上,在随后的保温阶段不丢失和扩散。免疫印迹分析需要很小体积的试剂,较短的时间过程,一般操作很容易,宜于应用和理论上的研究(图 9-2)。免疫印迹的实验包括 5 个步骤:

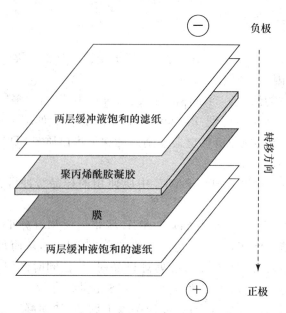

图 9-2 蛋白质转移的示意图

① 固定(immobilization)：蛋白质进行聚丙烯酰胺凝胶电泳(PAGE)并从胶上转移到硝酸纤维素膜上。

② 封闭(blocked)：保持膜上没有特殊抗体结合的场所，使场所处于饱和状态，用以保护特异性抗体结合到膜上，并与蛋白质反应。

③ 初级抗体(第一抗体)是特异性的。

④ 第二抗体或配体试剂对于初级抗体是特异性结合并作为指示物。

⑤ 被适当保温后的酶标记蛋白质区带，产生可见的、不溶解状态的颜色反应。

**3. 抗体**

(1) 一抗：用目的蛋白免疫兔或鼠的单克隆抗体所制备，从山羊获得血清。SANTA CRUZ BIOTECHNOLOGY, INC. 的山羊抗兔抗体，能特异地识别并检测各种商业化表达载体编码的 6his 标签序列。

(2) 二抗：过氧化物酶标记山羊抗兔 IgG(H+L)，叠氮化钠是辣根过氧化物酶的抑制剂，不可一起使用。

## 【器材与试剂】

### 1. 实验仪器

1.5、0.5 mL Eppendorf 离心管，塑料离心架(30 孔)，20、200、1000 μL 微量移液器各 1 支，20、50、100 mL 锥形瓶，小平皿，大培养皿，40 cm×20 cm 染色盘，紫外灯，硝酸纤维素(NC)薄膜，直径为 10、20 cm 的玻璃平皿各 1 个，剪刀，镊子，刀片，一次性手套，普通滤纸等。

台式高速离心机，电泳仪、电泳槽，台式冷冻离心机，PCR 扩增仪，高压电泳仪，微型瞬间离心机，凝胶自动成像仪，16~37℃恒温箱、摇床，PCR 扩增仪，高压灭菌锅，蛋白质电泳槽，蛋白质电转移槽。

## 实验 9 利用 SDS-PAGE 和蛋白质转移电泳鉴定重组蛋白

**2. 实验材料**

含有重组质粒的宿主菌 E. coli BL21(DE3)，His-tag 鼠的抗血清，辣根过氧化酶-羊抗兔抗体(1:500)。

**3. 实验试剂**

(1) LB($Kan^+$)液体培养基 200 mL。

(2) IPTG：原浓度为 1 mol/L，最后总浓度为 1 mmol/L。

(3) SDS-PAGE 电泳相关试剂：

① SDS-PAGE 凝胶：30%丙烯酰胺，Tris-HCl，TEMED，SDS，10%AP；

② 染色液：利用中科瑞泰生物公司的快速染色的考马斯亮蓝染色液；

③ 30%聚丙烯酰胺+甲叉双丙烯酰胺，0.2 mol/L 磷酸缓冲液，1%TEMED，重蒸水；

④ Tris-Gly 电泳缓冲液：25 mmol/L Tris，192 mmol/L 甘氨酸，0.1% SDS，pH 8.3。

(4) 2×SDS-PAGE 上样缓冲液：100 mmol/L Tris-HCl (pH 6.8)，4%(m/V)SDS(电泳纯)，0.2%(m/V)溴酚蓝，20%(V/V)甘油，200 mmol/L 二硫苏糖醇(dTT)(用之前加)，用时将溶液稀释到 1 倍。

(5) Tris-甘氨酸电泳缓冲液 1 L(pH 8.3)：25 mmol/L Tris(3.01 g)，192 mmol/L 甘氨酸(18.8 g)，10% SDS(10 mL)。

(6) 固定液 50 mL：甲醇:水:乙酸=3:1:6。

(7) 脱色液 200 mL：甲醇:水:冰乙酸=4.5:4.5:1。

(8) 染色液 100 mL：0.25 g 考马斯亮蓝 R-250 溶解于 100 mL 脱色液中。

(9) 其他试剂：10% SDS 10 mL，10%过硫酸铵 10 mL，TEMED，1.5 mol/L Tris-HCl(pH 8.8)和 1 mol/L Tris-HCl (pH 6.8)各 100 mL。

(10) Western 印迹法电泳相关试剂：

① 转移电泳缓冲液 1 L：25 mmol/L Tris，192 mmol/L 甘氨酸，10%甲醇，0.1%SDS，pH 8.3。

② TBS Tris-HCl NaCl 缓冲液：20 mmol/L Tris-HCl，500 mmol/L NaCl，pH 7.5。

③ TTBS Tris-HCl NaCl，Tween-20 缓冲液：20 mmol/L Tris-HCl，500 mmol/L NaCl，0.05% Tween-20，pH 7.5。

④ 抗体溶液：0.3%脱脂奶粉，20 mL TBS 溶液。

⑤ Blocking 溶液(封闭液)：0.3 g 脱脂奶粉，20 mL TTBS 溶液。

⑥ 四氯萘酚底物溶液(0.5 mg/mL)。

⑦ 转移缓冲液：25 mmol/L Tris，192 mmol/L 甘氨酸，10%甲醇，pH 8.0。

⑧ 重蒸水。

⑨ 一抗：兔抗鼠 His-tag 抗体；二抗：羊抗兔辣根过氧化酶。

⑩ 预染蛋白相对分子质量标准：94 000，62 000，40 000，30 000，20 000，14 000。

**【实验步骤】**

**1. IPTG 诱导重组蛋白的表达**

(1) 将含有 GFP-PET-28a 重组阳性克隆的 E. coli BL21 菌转接至 3 mL LB($Kan^+$)液体

培养基中,另将表达菌 E. coli BL21(DE3)宿主菌转接至 3 mL LB(Kan$^+$)液体培养基中,作为对照样品的菌液。37℃培养16 h。

(2) 将培养好的菌体按照 1∶50 比例接种到 3 支试管中,每支试管含有新鲜的 LB(Kan$^+$)培养基 3 mL,对照样的菌液同上操作,接种到 3 mL LB(Kan$^+$)培养基,37℃继续培养。当菌液扩大培养 2～3 h,测量菌液 $A_{600}$ 约为 0.5 时,停止培养。

(3) 分别加入 IPTG(最后总浓度应为 1 mmol/L),诱导 0,2,4 h。

(4) 将各管菌液离心,分别加入 SDS-PAGE 电泳的样品溶解液 100 μL。

(5) 当 SDS-PAGE 电泳开始前,将样品管放入 100℃加热模块中(或者沸水浴中),加热 5 min,室温高速离心 5 min,取上清液冰上放置,准备电泳加样。

### 2. SDS-PAGE

(1) 配制 SDS-聚丙烯酰胺凝胶(10%):

① 取两块玻璃洗净晾干,装入做胶装置,用水试漏,用滤纸把水吸出。

② 按照表 9-1 给出的配方配制 SDS-聚丙烯酰胺分离胶(分离胶 12%,3.5 mL)。

表 9-1 SDS-PAGE 电泳分离胶的成分表成分及用量

| 试 剂 | 体 积 |
| --- | --- |
| 30%丙烯酰胺 | 1.4 mL |
| 1.5 mol/L Tris-HCl(pH 8.8) | 1.15 mL |
| TEMED | 3 μL |
| 10% SDS | 35 μL |
| 重蒸水 | 0.877 mL |
| 10%AP | 35 μL |

③ 灌入分离胶,在胶面上轻轻加入 0.5 mL 重蒸水,目的是使胶面平整,大约 20 min 后分离胶凝固。

④ 按照表 9-2 给出的配方配制 SDS-聚丙烯酰胺浓缩胶(浓缩胶 6%,1.5 mL)。

表 9-2 SDS-PAGE 电泳浓缩胶液的成分表成分及用量

| 试 剂 | 体 积 |
| --- | --- |
| 30%丙烯酰胺 | 0.4 mL |
| 0.5 mol/L Tris-HCl(pH 6.8) | 0.7 mL |
| TEMED | 2 μL |
| 10% SDS | 15 μL |
| 重蒸水 | 0.368 mL |
| 10%AP | 15 μL |

⑤ 灌浓缩胶,轻轻地插入梳子,注意在梳子周围不能产生气泡,如果有气泡,将梳子轻轻拔出重新插入。

⑥ 待胶凝固后,拔出梳子,加入电泳缓冲液。按表 9-3 顺序上样,同时上蛋白质相对分子质量标准样品。

## 实验 9 利用 SDS-PAGE 和蛋白质转移电泳鉴定重组蛋白

**表 9-3 SDS-PAGE 电泳样品加样顺序**

| 1 | 2 | 3 | 4 | 5 | 6 | 7 | 8 | 9 | 10 |
|---|---|---|---|---|---|---|---|---|---|
| BL21(DE3)菌种对照 7 μL | 预染蛋白低分子量标准 5 μL | IPTG诱导4 h 7 μL | IPTG诱导2 h 7 μL | IPTG诱导0 h 7 μL | IPTG诱导0 h 7 μL | IPTG诱导2 h 7 μL | IPTG诱导4 h 7 μL | 预染蛋白低分子量标准 5 μL | BL21(DE3)菌种对照 7 μL |

(3) 进行 SDS-PAGE：
① 开始电泳时用 80 V 电压，样品进入分离胶后，将电压增大到 120 V。
② 当指示剂电泳到分离胶底部时，停止电泳，取下凝胶。
③ 将胶从中间切成两半。取一半用于染色考马斯亮蓝快速染色，另一半胶用于蛋白质转移电泳。

**3. 对凝胶进行考马斯亮蓝染色**

(1) 方法1：普通染色。
将电泳完的凝胶从玻璃板上取下(将胶孔切除)，放入培养皿中，固定液固定 30 min，回收固定液，加入考马斯亮蓝染色液浸没，放入摇床中染色 40 min，回收染色液，加入脱色液浸没，放入摇床中脱色 1 h，照相。

(2) 方法2：快速染色(购买试剂)。
① 加入重蒸水没过胶面，在微波炉里至刚刚煮沸，摇床上摇 1 min，重复 3 次。
② 加入考马斯亮蓝染色液没过胶面，在微波炉里至刚刚煮沸，摇床上摇 1 min，重复 3 次(考马斯亮蓝染色液回收)。
③ 再加入重蒸水没过胶面，在微波炉里至刚刚煮沸，摇床上摇 1 min，重复 3 次。
④ 染色的胶进行照相，观察条带，待测样分子大小约为 28 000。

**4. 蛋白质转移**

(1) 剩下的一半胶用于转移电泳。切割与胶尺寸相符的硝酸纤维素膜，并用转移缓冲液浸湿。
(2) 切割两张厚滤纸(3 M)，使其大小与胶尺寸大小相符(比硝酸纤维素膜略小 1~2 mm)，并将其浸泡在转移缓冲液中。
(3) 海绵也需要事先在转移缓冲液中浸湿。
(4) 打开蛋白质转移槽的胶板，从负极(黑色平板)到正极(白色平板)依次放入：海绵，一张滤纸，SDS-PAGE 凝胶，纤维素膜，一张滤纸，海绵。一次性全部铺好，胶和 NC 膜之间不能有气泡。
(5) 放入转移槽中，倒入转移缓冲液。
(6) 插入电极，120 mA 恒流电泳 1 h。1 h 后两组颠倒胶板，再以 120 mA 恒流电泳 1 h。
(7) 转移结束后，取出硝酸纤维素膜。
(8) 用 TBS 缓冲液洗膜 10 min，在摇床上轻轻摇动。
(9) 将膜用封闭溶液封闭，用摇床轻轻摇动 60 min。
(10) 移去封闭溶液，并用 TTBS 溶液洗膜 3 次，每次 10 min。
(11) 将几块润湿的滤纸放在大平皿中，然后上面放一层稍大的封口膜。
(12) 取 500 μL 一抗溶液(一抗原液:封闭液=1:500)均匀地点在封口膜上(图 9-3)。

(13) 将硝酸纤维素膜的蛋白面朝下铺在一抗溶液上,两层膜之间不要有气泡(图 9-4)。

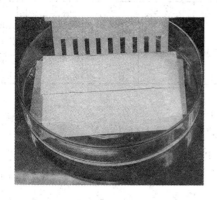
图 9-3 封口膜上加入一抗溶液

图 9-4 硝酸纤维素膜铺在一抗溶液上

(14) 室温过夜。
(15) 用 TTBS 洗膜 3 次,每次 10 min,置于摇床上轻轻摇动。
(16) 按照和加一抗溶液同样的操作将硝酸纤维素膜贴在二抗稀释液上。
(17) 37℃结合 2 h。
(18) 用 TTBS 洗 3 次,每次 10 min。
(19) 用 TBS 溶液洗膜 1 次。
(20) 显色:用平皿准备 TBS 10 mL,预热到约 60℃,加入硝酸纤维素膜,用过氧化氢 10 μL 混匀。取少量四氯萘酚,溶于 1 mL 甲醇中。将两者同时迅速混合到小平皿中,晃动数分钟,稍微加热,等条带显出来以后加重蒸水终止反应,用滤纸保存。

## 【实验结果】

**1. SDS-PAGE 结果**

(1) SDS-PAGE 示意图,见图 9-5;
(2) SDS-PAGE 结果,见图 9-6:

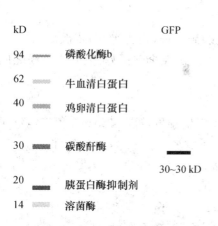
图 9-5 SDS-PAGE 示意图

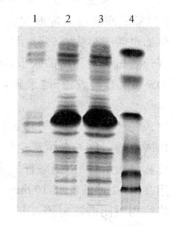
图 9-6 SDS-PAGE 胶染色结果
1. BL21(DE3)菌种对照;2,3,分别是 IPTG 诱导 2,4 h;
4.蛋白质标准,从上至下依次为:94,62,40,30,20,14 kD。

## 实验 9 利用 SDS-PAGE 和蛋白质转移电泳鉴定重组蛋白

**2. 绿色荧光蛋白转移电泳结果（图 9-7）**

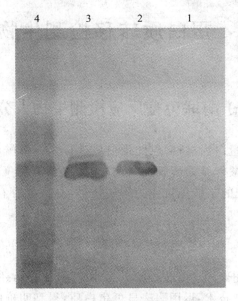

**图 9-7 转移后的纤维素膜显色结果**

样品顺序与胶染色结果的顺序恰好相反

## 【问题分析及思考】

（1）对表达产物进行相对分子质量及特异性检验使用什么方法？

（2）如何选择一抗，二抗？

## 参 考 文 献

1. 郝福英，朱玉贤，朱圣庚等.分子生物学实验技术.北京：北京大学出版社，1998：110-113.
2. 萨姆布鲁克 J，拉塞尔 DW 著.分子克隆实验指南.3 版.黄培堂等译.北京：科学出版社，2002.
3. pET-28a 载体使用手册.
4. Zimmer M. Green fluorescent protein (GFP)：applications, structure, and related photophysical behavior. Chem Rev, 2002, 102 (3)：759—781.
5. Youvan DC. Structure and fluorescence mechanism of GFP. Nat Biotechnol, 1996, 14(10)：1219—2120.
6. Mertens N. Tight transcriptional control mechanism ensures stable high-level expression from $T_7$ promoter-based expression plasmids. Biotechnology, 1995, 13(2)：175—179.

# 实验 10　蛋白质转移检测生物大分子

## （一）酶联免疫反应检测生物大分子

本实验采用鸡卵清白蛋白为材料，对此蛋白质进行聚丙烯酰胺凝胶电泳（PAGE）后，用电泳法将蛋白质转移到硝酸纤维素薄膜上，将预先用鸡蛋清免疫制备好的抗血清作为初级抗体，用辣根过氧化酶标记的羊抗兔抗体为第二抗体，在底物存在的情况下，测定蛋白质的性质。

【实验目的】

本实验除了训练学生用聚丙烯酰胺凝胶电泳分离蛋白质外，还需掌握将蛋白质转移到硝酸纤维素薄膜上的转移电泳技术，运用酶法显色蛋白质，得到明确的实验结果。通过实验，使学生学会如何检测表达蛋白这一分子生物学的重要技术。

【实验原理】

同实验 9。

【器材与试剂】

**1. 实验仪器**

蛋白质电泳槽，蛋白质电转移槽 1 套（Bio-Rad 公司），硝酸纤维素薄膜（黄岩化工厂），直径为 10、20 cm 玻璃平皿各 1 个，剪刀、镊子、刀片，一次性手套，普通滤纸。

**2. 试验材料**

鸡卵清白蛋白，鸡卵清免疫兔的抗血清，辣根过氧化物酶-羊抗兔抗体（1∶500 稀释），四氯萘酚或者二氨基联苯胺，过氧化氢。

**3. 实验试剂**

（1）TBS Tris-HCl NaCl 缓冲液：20 mmol/L Tris-HCl，500 mmol/L NaCl，pH 7.5。

（2）TTBS Tris-HCl NaCl，Tween-20 缓冲液：20 mmol/L Tris-HCl，500 mmol/L NaCl，0.05% Tween-20，pH 7.5。

（3）抗体溶液：0.3% 脱脂奶粉，用 TTBS 溶液配 20 mL。

（4）Blocking 溶液（封闭液）：0.3% 脱脂奶粉，用 TTBS 溶液配 10 mL。

（5）底物溶液：0.5 mg 四氯萘酚溶解到 10 mL TBS 溶液中。

（6）电泳缓冲液：0.1 mol/L 磷酸缓冲液，含 0.1%SDS，pH 7.2，800 mL 可供 4 人使用。

（7）转移缓冲液：25 mmol/L 磷酸缓冲液，含 10% 甲醇，pH 5.8，800 mL 可供 4 人使用。

（8）重蒸水。

以上试剂都用重蒸水配制而成。

## 实验 10 蛋白质转移检测生物大分子

【实验步骤】

**1. 制备兔抗鸡蛋清白蛋白血清**

将鸡蛋清与生理盐水 1∶1 混匀后,与石蜡油完全佐剂和不完全佐剂研磨而成抗原。选择两只家兔,皮下多点注射 3 次,每周 1 次,加强 1 次。每次 4 个点,每点 0.2 mL 抗原。5 周后,颈动脉放血,取血清作为蛋白质印记的第一抗体。

**2. SDS-聚丙烯酰胺凝胶电泳**

(1) 制凝胶前的准备:取两块玻璃洗净晾干,装入做胶装置,用水试漏,用滤纸把水吸出。

(2) SDS-PAGE 凝胶的配制:

| | |
|---|---|
| 30%聚丙烯酰胺+甲叉双丙烯酰胺 | 1.7 mL |
| 0.2 mol/L 磷酸缓冲液 | 2.5 mL |
| 1%TEMED | 0.5 mL |
| 重蒸水 | 0.3 mL |

上述试剂混匀后加入 10% AP 30 μL,避免气泡的产生。

(3) 灌胶:将配制的分离胶液,用滴管迅速加入到橡胶框的"玻璃腔"内,待胶液加至距短玻璃顶端约 2 cm 处(比梳子齿条略长一些即可)停止灌胶。检查是否有气泡,若有气泡用滤纸条吸出。插上梳子,放置 30~60 min 凝胶聚合反应完毕。

(4) 加样:当 SDS-PAGE 电泳开始前,将样品管放入 100℃加热模块中(或者沸水浴中),加热 5 min,室温高速离心 5 min,冰上放置。电泳前取上清液按表 10-1 加样。

表 10-1 蛋白质样品加样顺序[a]　　　　　(单位:μL)

| 1 | 2 | 3 | 4 | 5 | 6 | 7 | 8 | 9 |
|---|---|---|---|---|---|---|---|---|
| | 牛 | 牛+鸡 | 鸡 | 鸡 | 鸡 | 牛+鸡 | 牛 | |
| | 2 | 2+2 | 5 | 10 | 10 | 5 | 2+2 | |

a 牛,牛血清蛋白;鸡,鸡卵清蛋白。

(5) 电泳:80 V,电泳 2~3 h。

**3. 将蛋白质转移到硝酸纤维素薄膜上**

(1) 将转移缓冲液冷至 4℃。

(2) 裁取 1 块与胶尺寸相符的硝酸纤维素薄膜,并用转移缓冲液浸湿,放置 15 min 直到没有气泡。

(3) 裁取 4 张大小与胶尺寸相符的普通滤纸,并将其浸泡在转移缓冲液中。

(4) 将海绵在转移缓冲液中充分浸湿。

(5) 在转移槽中倒入 200 mL 转移缓冲液。

(6) 将电泳后的凝胶切取其有用部分并很快地转移到缓冲液中洗涤。

(7) 打开蛋白质转移槽的胶板,依次放入:浸湿的海绵;两张用转移液饱和的滤纸;用转移缓冲液冲洗过的胶,并小心地赶走滤纸和胶之间的所有气泡;放上硝酸纤维素膜;缓冲液饱和的滤纸;浸湿的海绵。

(8) 小心地合上转移槽的胶板,立即放入转移相中。倒入转移缓冲液,使其浸没转移胶板。

(9) 插入电极,注意正负极方向,120 mA 恒流电泳 1 h,1 h 后两组颠倒胶板,再以 120 mA 恒流电泳 1 h。

(10) 转移结束后打开胶板取出硝酸纤维素薄膜。

**4. 免疫印迹膜的处理**

(1) 用 TBS 缓冲液洗膜 10 min。

(2) 将膜用封闭溶液封闭,用摇床轻轻摇动 60 min。

(3) 轻轻地转移掉封闭溶液,并用 TBS 溶液洗膜 2 次,悬浮洗膜 1 次,第二次 10 min。

(4) 将第一抗体 1 mL 加入 10 mL 抗体溶液(1∶10)中,将膜浸泡于此溶液中。置摇床上轻摇,室温下过夜。

(5) 去掉第一抗体溶液,并用 TTBS 洗膜 3 次,每次 10 min,置摇床上轻轻摇动。

(6) 将羊抗兔的辣根过氧化酶 20 μL 放入 10 mL 抗体溶液中(1∶500 稀释),将膜浸泡此溶液中。置摇床上轻摇,室温放置 4 h。

(7) 去掉辣根过氧化酶溶液,用 TTBS 洗 3 次,每次 10 min。

(8) 最后用 TBS 溶液洗一次,以转移 Tween-20,不用摇床。

(9) 显色:

① 用小烧杯准备 10 mL TBS,预热到 37～40℃,加 10 μL 过氧化氢混匀。

② 取少量四氯萘酚,溶于 1 mL 甲醇中。

将①,②迅速混合至小平皿中,晃动 2～3 min,显色结束。加重蒸水终止反应,用滤纸保存。

**【实验结果】**

见图 10-1。

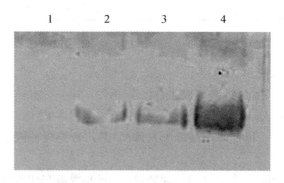

**图 10-1 酶法检测蛋白质表达产物**
1,牛血清白蛋白样品;2,3,4 为鸡卵清白蛋白样品

**【实验讨论】**

(1) 从图上看到 1 为牛血清白蛋白样品,没有出现条带,因为一抗为鸡卵清白蛋白的抗体。

(2) 从图上看到2,3,4为鸡卵清白蛋白样品,出现明显的梯度条带。

(3) 实验结果,条带清晰,而且没有杂带,说明转移是很成功的。

(4) 免疫印记实验利用的是免疫系统抗原抗体特异反应的特性,反应灵敏、准确,操作简便,可以检测少量的样品。

(5) 转移是试验成功的关键,将硝酸纤维素膜放到凝胶上时,要沿一个方向放,一次成功,一旦放好不可以再移动,否则蛋白质吸附到膜上的不同位置,造成结果混乱。另外,洗膜的时间要掌握得合适,洗掉未结合的一抗,而不要丢掉结合的一抗。

(6) 一般二抗结合的条件,要求抗体浓度为1∶50,由于实验经费的限制,在本实验中降为1∶500,这样要求反应的时间长一些,结果还是比较令人满意的。

## (二) 蛋白质化学发光免疫反应检测生物大分子

选择性检出混合物中特定的生物大分子是现代生命科学经常使用的重要研究手段。其中免疫学检测中的 Western 印迹和点印迹(dot blot)在蛋白质研究中起到了重要作用。通常,经 SDS-PAGE 分离后转印到膜上(Western 印迹法)或直接点到膜上(点印迹)的蛋白质分子首先被特异性第一抗体识别,然后通过酶标复合物标记的抗体或过氧化物酶标记的亲和素 strepLaVidin/awidin 与适当的色素原底物反应后指示出特异性的蛋白质,常用的酶标复合物有过氧化物酶(peroxidase,POD),如辣根过氧化物酶(hoseradish peroxidase,HRP)。虽然这种指示方法在蛋白质研究中也起到了重要作用,但蛋白质检出的敏感性较低,需使用有毒的化合物,蛋白质色带易随着保存时间的延长或因在光线下反复暴露而逐渐褪色。化学发光免疫反应正是为了克服这些缺点而发展起来的新一代快速、高效、无害蛋白质特异性检测方法。

【实验目的】

通过实验使学生除了学会蛋白质转移技术之外,还进一步了解 X 射线胶片的放射自显影过程。通过化学发光和酶反应两种方法的对比,了解化学发光方法的优点及方便之处,使学生掌握将蛋白质转移到膜上并显色的一种新方法。

【实验原理】

在化学发光检测体系中,第二抗体连接的辣根过氧化物酶(HRP-第二抗体或 HRP-亲和素)在过氧化氢的存在下催化 Lumin 1 的氧化反应,反应形成的不稳定中间产物在由激发态衰减到基态的过程中发射光线,这种波长 428 nm 蓝色可见光被 X 射线胶片接收,于是,相应部位的胶片曝光,通过对曝光胶片的显影即可指示出特异性产物的存在。这种光发射的强度和持续时间又因为酚衍生物以及酶稳定剂的存在而进一步增强。如选用 Hyperfilm ECL 胶片则可进一步增加自显影的灵敏度,化学发光检测体系发光强度在检测之初的 1~5 min 达到高峰,1 h 后衰减到高峰值的 60%,此后缓慢衰减,发光时间可持续到 24 h。

化学发光检测体系的特性:

(1) 高灵敏度:检测灵敏度至少比传统化学显色法高 10 倍,化学发光免疫检测方法尤其适合需高灵敏度的 Western 印迹法和点印迹法对蛋白质的检测。与化学显色检测相比,化学发光显示方法的灵敏度要高出 1~3 个数量级,与放射性检测方法的灵敏度相当。

(2) 简便,快速:通常在 1 min 内即可检测到特异性蛋白。

(3) 高分辨率:由于很高的信噪比,大大降低了背景干扰,使显示的信号更清晰。

(4) 长期保存:X 射线胶片可以长期保存,不像化学显色法那样随着时间的推移或反复暴露在光线下色带发生褪色。

(5) 多次检测:曝光时间可根据 X 射线胶片上信号的强弱选择几秒至 24 h 不等,进行多次曝光,以便选择满意的信号强度。

(6) 反复检测:一张结合了蛋白质的膜在一次检测完毕后,还可剥离第一抗体,选用另一种特异性抗体进行检测,因此,该方法尤其适于对同一蛋白上不同决定簇的分析或蛋白磷酸化分析。

(7) 即使使用较低的抗体浓度和低亲和力抗体也可检测到抗原。

(8) 试验人员无受放射性损害之忧。

(9) 使用稳定的辣根过氧化物酶标记的抗体可长期保存,无因放射性同位素快速衰减而需反复标记之烦琐。

## 【器材与试剂】

### 1. 实验仪器

蛋白质电泳槽,蛋白质电转移槽 1 套(六一仪器厂),硝酸纤维素薄膜(黄岩化工厂),直径为 10、20 cm 玻璃平皿各 1 个,剪刀、镊子、刀片,一次性手套,普通滤纸。

### 2. 实验材料

鸡卵清白蛋白,鸡卵清免疫兔的抗血清,辣根过氧化酶—羊抗兔抗体(1∶500 稀释),四氯萘酚或者二氨基联苯胺,过氧化氢,X 射线胶片。

### 3. 实验试剂

(1) TBS:将 Tris 6.05 g,NaCl 8.76 g 加到重蒸水 800 mL 中,用 HCl 调 pH 至 7.5,加重蒸水至 1 L。

(2) PBS:$Na_2HPO_4 \cdot 2H_2O$ 7.2 g,$NaH_2PO_4$ 1.48 g,NaCl 5.8 g,加重蒸水至 1 L,调 pH 至 7.5。

(3) TBS-Tween-20(TBS/T)溶液:每升 TBS 加 Tween-20 1 mL,混合均匀。在 4℃下贮存时间不宜超过 1 周。

(4) PBS-Tween-20(PBS/T)溶液:每升 PBS 加 Tween-20 1 mL,混合均匀。在 4℃下贮存时间不宜超过 1 周。

(5) 封闭剂:5%BSA 或 5%~10%的脱脂牛奶,但对生物素/亲和素-HRP 体系,不宜使用 5%BSA 作为封闭剂。

(6) 封闭溶液:将上述的封闭剂按一定百分比配制到 TBS/T 或 PBS/T 缓冲液中。HRP 标记或未标记的抗体-亲和素(第一抗体及第二抗体)或生物素标记的抗体均应稀释于封闭溶液中,即蛋白质转印到膜上之后至化学发光之前的各步骤中所使用的抗体-亲和素及其酶联复合物均应稀释于封闭溶液中。抗体-亲和素浓度应根据公司推荐的浓度进行稀释。

(7) 蛋白质发光免疫检测试剂(Vitagene 公司产品):

A 溶液,60 mL;B 溶液,9 mL。A∶B 按 9∶1 混合后立即使用,可用于 500 cm$^2$ 膜的免疫检测。

## 实验10 蛋白质转移检测生物大分子

【实验步骤】

**1. 操作流程图**

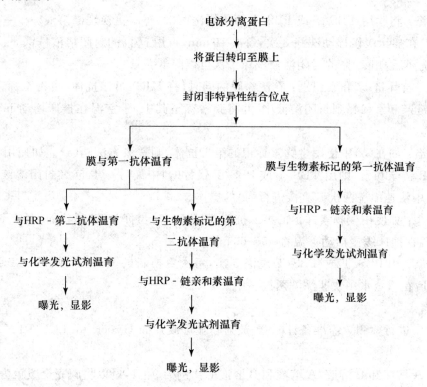

**2. 电泳**

非变性蛋白质电泳胶、SDS-PAGE 或双向电泳胶均适合于本实验操作。

**3. 蛋白质转印**

将蛋白质转移至硝酸纤维素（NC）薄膜或 PVDF 膜上。NC 膜应于水中浸透，然后浸在转移溶液中平衡 5 min。使用 PVDF 膜时，应先将 PVDF 膜浸于甲醇数秒，检查是否有未浸透的"结点"，如有"结点"，应另换 PVDF 膜。然后将 PVDF 膜浸于转移溶液中平衡 5 min，按电转移方法将蛋白质从凝胶上转印到膜上。

蛋白质大小及理化性质（如亲水性）均直接影响转移效率。通常在转移大分子蛋白质或疏水性蛋白质时，不宜使用高浓度凝胶，在转移缓冲液中宜加 SDS 至终浓度为 $0.005\% \sim 0.025\%$，并省略或降低甲醇用量。转移后要分别检查凝胶上蛋白质残留量和膜上转移的蛋白量，据此决定下一次转移条件。

印迹膜与凝胶、滤纸之间不应留有气泡，可用吸管平置后从一侧滚动到另一侧，赶走夹层中的气泡。

**4. 免疫印迹膜的处理消除非特异性结合位点**

（1）蛋白质从凝胶转印至膜上后，将膜浸于封闭溶液中，于室温下不间断摇动。如使用 Vitagene 公司的封闭剂，半小时即可封闭完全。如用 5% 脱脂牛奶或 5% BSA 作为封闭剂时，置摇床上摇动并延长温育时间至 1 h 或过夜。

(2) 洗涤：将膜在 TBS/T 或 PBS/T 中短时间漂洗 2 次，每次更新洗涤溶液。

(3) 第一次温育——抗体识别：将膜置抗体溶液中，于室温在摇床温和摇动下温育 1 h 或于 40 ℃过夜。

(4) 洗涤：将膜用 TBS/T 或 PBS/T 简单漂洗两次，每次更换洗涤溶液。于室温用 TBS/T 或 PBS/T 在摇床缓慢摇动洗涤 3 次，每次 10 min，再用 50％的封闭溶液洗涤 1 次。TBS/T 或 PBS/T 洗涤后，用 50％的封闭溶液洗涤 1 次可以降低背景。

(5) 第二抗体链-亲和素识别：在洗涤膜的同时，将 HRP-第二抗体、生物素标记的第二抗体或 HRP-链亲和素稀释到封闭溶液中，并将膜转移至其中，于室温在摇床摇动下温育 1 h 或于 4 ℃过夜。

(6) 洗涤：如在(5)中使用生物素标记的第二抗体，则洗涤方法同(4)。如使用 HRP-第二抗体或 HRP-链亲和素，则用 TBS/T 或 PBS/T 代替(4)中最后一步 50％封闭溶液的洗涤，然后在重蒸水中快速漂洗两次。直接进行(4)的操作。

(7) 温育：如使用生物素标记的第二抗体，将膜转移至封闭溶液稀释的 HRP-链亲和素溶液中，于室温在摇床缓慢摇动下温育 45～60 min。

(8) 洗涤：用 PBS/T 或 TBS/T 洗涤 5 次，每次更换新的 PBS/T 或 TBS/T 并摇动 5～10 min。最后在重蒸水中快速漂洗两次。

**5. 检测**

在暗室中进行检测。需准备计时器、放射自显影胶片如 Hyperfilm ECL(RPN2103)、X 射线胶片盒。

(1) 取 A 溶液和 B 溶液，A 溶液和 B 溶液的比例为 9∶1，量以将膜完全覆盖为准，混合均匀。一般需 $0.125\ mL/cm^2$。

(2) 用平头钳子取出膜，在吸水纸上吸干表面流动的溶液，切忌用纸在印迹膜表面拖行，切忌让印迹膜干透。将膜置于保鲜膜或薄的投影胶片上，结合蛋白质的一侧朝上。将 A 溶液和 B 溶液的混合溶液加到膜上，让足够的溶液覆盖整张膜，不应有气泡。

(3) 室温下温育 1 min。

(4) 吸走溶液，用平头钳子夹住膜的一角，使膜垂直，让膜的另一侧边缘靠住吸水纸，吸尽溶液。轻轻将膜置于 X 射线胶片盒中的保鲜膜或薄的投影胶片上，蛋白面朝上，上面覆盖一张保险膜或薄的投影胶片，勿作停留。

(5) 关闭电灯，取一张 X 射线胶片，仔细覆于膜之上。关上 X 射线胶片盒，使胶片曝光 10～60 s。注意，勿移动 X 射线胶片。

(6) 立即取出 X 射线胶片，用另一张 X 射线胶片覆于膜之上，重新关上 X 射线胶片盒。

(7) 立即显影第一张胶片，根据曝光程度，决定第二张胶片的曝光时间。第二张胶片可曝光 1 min～过夜。如曝光强度过高，宜停留 10～60 min，待信号减弱后再行曝光。如果背景过高，应在 TBS/T 或在 PBS/T 再洗涤 2 次，每次 5 min，重蒸水快速漂洗 2 次，然后再按步骤(1)～(7)进行操作。

**6. 剥离与再印迹**

(1) 将膜浸入 1％ 2-巯基乙醇，2％SDS，50 mmol/L Tris-HCl 缓冲液中，温育 30 min，间断

摇动数次。

(2) 膜于室温下用 TBS/T 或 PBSFF 洗涤 3 次,每次在摇床上摇动 5 min。

(3) 将膜浸入封闭溶液中,按步骤 4 中(1)的方法封闭膜上暴露的非特异性结合位点。

(4) 按步骤 4 中(2)~(10)的方法再作免疫印迹膜并检测。

【实验结果】 见图 10-2,10-3。

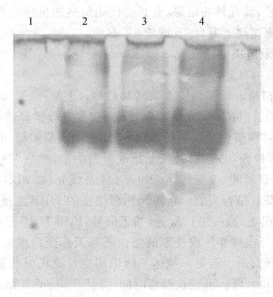

**图 10-2 化学发光法检测蛋白产物**
1,为牛血清白蛋白样品;2,3,4 为鸡卵清白蛋白样品

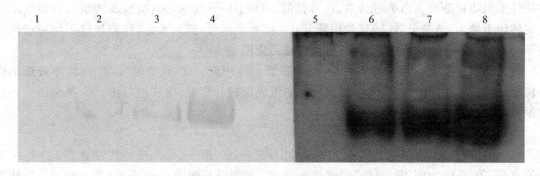

**图 10-3 酶法和化学发光法检测蛋白产物的比较**
1,2,3,4 为酶法检测蛋白产物;5,6,7,8 为化学发光法检测蛋白产物;
1,5 为牛血清白蛋白样品;2,3,4,6,7,8 为鸡卵清白蛋白样品

【实验讨论】

**1. 实验结果分析**

(1) 从图 10-3 看出,2,3,4,6,7,8 为鸡卵清白蛋白样品,出现明显的条带。

(2) 1,5 为牛血清白蛋白样品,没有出现条带,因为一抗为鸡卵清白蛋白的抗体。

(3) 从图 10-3 看到,化学发光法检测蛋白质产物比酶法检测蛋白质产物灵敏几十倍。

(4) 试剂盒应避光密闭贮于 4℃。使用前需检查有效期。

(5) 勿用同一支吸管吸取 A 溶液和 B 溶液,溶液应在有效期内使用。

(6) 勿用手直接接触膜,禁用有齿镊夹取膜。盛膜的容器需用洗涤剂清洗,再经乙醇和重蒸水各洗涤 1 次后方可使用。

(7) 化学发光免疫检测方法是非常灵敏的检测方法,所使用的抗体浓度要比化学显色法低得多。为了获得高信号、低背景的结果,有必要优化最适的抗体浓度,并且要有足够的作用时间,通常于室温,在摇床摇动下温育 1h 或于 4℃ 过夜。

**2. 可能出现的问题及解决办法**

(1) 无信号或信号弱:

可能的原因:① 蛋白质未转移到膜上或转移过度;② 第一、第二抗体细菌污染,HRP 失效;③ 第一抗体不能识别蛋白;④ 发光试剂失效;⑤ 抗原过分稀释使电泳上样量不足。

解决办法:① 检查转移前后凝胶上的蛋白量,检查印迹膜阳极面滤纸上是否有较多的预染标准蛋白分子穿过,或检查印迹膜、凝胶上标准蛋白的量,然后调整转移蛋白的实验条件:如改变凝胶浓度、改变转移时间、改变转移缓冲液 pH 及成分(如 SDS、甲醛)的浓度、更换第一或第二抗体。② 检查 HRP 是否失效。将不同稀释浓度的 HRP 连接复合物(HRP-第二抗体或 HRP-链亲和素)点到膜上,直接进行检测,如无信号,说明 HRP 已失效,应更换 HRP 连接复合物。③ 用点印迹平行检测变性或还原的蛋白质和天然蛋白质的方法鉴定第一抗体是否不能识别变性或还原蛋白质。若第一抗体不能识别变性或还原的蛋白质,试改用非变性凝胶系统。④ 第一抗体亲和力低。可延长温育时间,降低 Tween-20 浓度,缩短洗涤时间。

(2) 信号过强、分散,或印迹不均匀、有污迹:

可能的原因:① 蛋白质过量;② 抗体浓度过高;③ 凝胶问题,凝胶浓度、缓冲液配伍、转印条件不当均可造成蛋白条带分散、信号弥散、模糊;④ 有气泡,膜、凝胶及滤纸间存留气泡可造成转印不均匀、条带分散、转移效率降低;⑤ 膜质量问题,膜亲水性、致密程度不均一造成印迹不均一、出现污迹;⑥ 手接触或其他蛋白质污染膜。

解决办法:① 减少蛋白质上样量。② 降低抗体用量。③ 调整凝胶浓度、缓冲液配伍以及转印条件。④ 用吸管或玻棒在膜、凝胶、滤纸表面轻轻滚动,将气泡赶出。⑤ 避免用手直接接触膜;使用清洁器皿。

(3) 背景过高:

可能的原因:① 非特异性结合位点封闭不完全;② 第一、第二抗体浓度过高;③ 每次洗涤不充分;④ 器材,如容器、吸管、保鲜膜污染;⑤ 膜选择及使用不恰当;⑥ 曝光过度;⑦ 残留过多检测试剂。

解决办法:改用或增高封闭剂浓度。Vitagene 生产的封闭剂 1 号能快速、完全封闭非特异性结合位点而不至降低检测敏感性,建议用封闭剂 1 号代替传统封闭剂,如牛血清白蛋白、脱脂牛奶、PVP 等;使用新鲜配制的封闭溶液;延长与封闭溶液温育时间。降低第一、第二抗体浓度。化学发光检测法的敏感性要高于化学显色法,因而缩短曝光时间。

## 【问题分析及思考】

(1) 如何制备兔抗血清?

(2) 如何使得转移膜的背景达到最好效果?

(3) 两种显色方法有何不同?

## 参 考 文 献

1. Bers G, Garfin D. Protein and nucleic acid blotting and immunobiochemical detection.. Biotechniques, 1985, 3: 276—288.
2. Gershoni JM, Plalade GM. Annual Biochem, 1983, 131: 1,15.
3. Bio-Rad Laboratories. Protein blotting, a guide to transfer and detection, 1990, 57—58.
4. 范培昌编著. 生物大分子印迹技术和应用. 上海: 上海科学技术文献出版社, 1989.
5. 郝福英, 朱玉贤等编. 分子生物学实验技术. 北京: 北京大学出版社, 1998, 44—49.
6. Vitagene Biochemical Technique Co., Ltd. 蛋白质化学发光免疫检测. 2002.

# 实验 11　基因定点突变技术

基因定点突变(site-directed mutagenesis)技术通过改变基因特定位点核苷酸序列来改变所编码的氨基酸序列,常用于研究某个(些)氨基酸残基对蛋白的结构、催化活性以及结合配体能力的影响,也可用于改造 DNA 调控元件特征序列,修饰表达载体,引入新的酶切位点等。

基因突变是通过改变 DNA 的特定序列,改变其生理功能,并根据这一影响来确定该基因的遗传学属性。获得突变的经典方法是选择具有新特性的有机体,对野生型和突变型基因进行克隆和序列分析(forward genetics)。尽管长期以来一直使用这种方法,但它却有诸多缺陷。第一,这种突变方法严重限制了所能获得的突变类型;第二,由于对整个有机体进行诱变,发生在人们感兴趣的基因上的突变相对很少;第三,由于突变要根据有机体的表型来鉴定,因此很难获得与野生表型相同的突变体,而这类突变体对确定基因的非重要功能区又具有特别重要的价值。

重组 DNA 技术的发展使我们可以将经典的突变流程反过来(reverse genetics)。首先用各种方法对克隆的 DNA 片段进行突变。因其突变率高,可获得最大量的突变。产生的突变先做 DNA 序列分析,然后做功能分析。应用 DNA 重组技术可以系统地获得基因突变而不必涉及其表型。使 DNA 特定区域功能的研究更为详尽。与经典定点突变方法相比,PCR 介导的定点突变方法具有明显的优势:① 突变体回收率高,以至于有时不需要进行突变体筛选;② 能用双链 DNA 作为模板,可以在任何位点引入突变;③ 可在同一试管中完成所有反应;④ 快速简便,无需在噬菌体 M13 载体上进行分子克隆。所以,PCR 介导的定点突变方法正在成为定点突变的主流。除 DNA 序列分析之外,也可用变性梯度凝胶电泳和单链构象多态性等方法检测产生突变的 DNA 片段。

在人工成功合成寡聚核苷酸、获得高品质 DNA 聚合酶和 DNA 连接酶的基础上,Smith 及其同事建立了体外寡核苷酸介导的 DNA 突变技术。PCR 技术的出现大大促进了定点突变技术的发展,简化了实验操作程序,提高了突变效率。

以下分别介绍寡核苷酸介导的诱变技术、重叠延伸介导的诱变技术和大引物诱变技术三种基因定点突变技术。这三种方法都通过带突变碱基的引物与模板退火来引入突变,所不同的是,第一种方法中模板为噬菌体单链,其他两种方法都以 DNA 双链为模板。

## (一)寡核苷酸介导的诱变技术

**【实验目的】**

通过本实验学习和掌握寡核苷酸介导的诱变技术的原理和方法。

**【实验原理】**

为达到特异地改变 DNA 序列的目的,首先人工合成一段寡聚核苷酸,其中含有待突变的序列,然后以该寡核苷酸为引物,单链环状 DNA 为模板,通过聚合、连接反应,得到环状 DNA 双链。将此双链分子转染 DNA 修复系统缺失的 E. coli 突变株,可将错配的序列固定下来,再用适当的方法将诱变的双链分子与野生型的分开(图 11-1)。

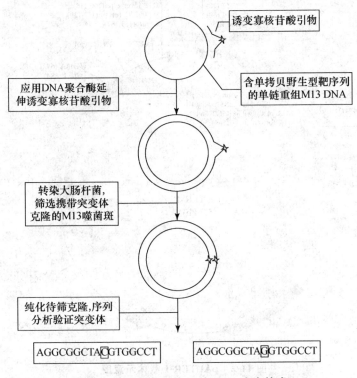

**图 11-1　寡核苷酸介导的 DNA 突变技术**

用于突变的噬菌粒 pALTER-1 载体(图 11-2)既可以以质粒的形式在 E. coli 中复制表达,又能形成噬菌体。另外,载体上还有一个氨苄青霉素敏感(Amp$^s$)的基因和一个抗四环素基因。利用 pALTER-1 的这些特点,突变引物和氨苄修复引物一起和含目的基因的 pALTER 单链模板杂交进行反应得到异源双链分子,因为突变链具有 Amp$^r$ 的基因而野生型为 Amp$^s$,所以利用氨苄青霉素能将突变链从野生链中分离出来。

## 【器材和试剂】

**1. 实验仪器**

0.5、1.5 mL Eppendorf 管,20、200 和 1000 μL 微量移液器及灭菌的吸头,水浴锅,低温超速离心机,恒温摇床,恒温培养箱。

**2. 实验材料**

Promega 突变试剂盒:氨苄修复寡核苷酸,10×退火缓冲液,10×合成缓冲液,pALTER-1 质粒,E. coli BMH71-18 mut S 和 JM109,帮助噬菌体 R408。

噬菌体沉淀溶液:20%(m/V)PEG 8000,3.5 mol/L NaAc 提质粒试剂盒;诱变寡核苷酸引物。

**3. 实验试剂**

(1) TYP 培养基:蛋白胨 16 g,酵母提取物 16 g,NaCl 5 g,K$_2$HPO$_4$ 2.5 g,加水溶解,定容

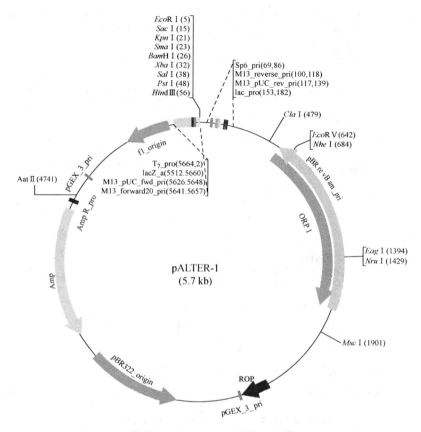

**图 11-2 pALTER-1 载体示意图**

至 1000 mL,高压灭菌。

(2) 无水乙醇,70% 乙醇。

(3) 100 mg/mL 氨苄青霉素贮液,25 mg/mL 四环素贮液(-20℃保存)。

(4) TE 溶液(pH 7.5 和 8.0 两种):10 mmol/L Tris-HCl,1 mmol/L EDTA。

(5) TE 饱和酚:氯仿:异戊醇=25:24:1($V:V:V$)。

(6) 氯仿:异戊醇=24:1($V:V$)

(7) $T_4$ DNA 连接酶及其缓冲液(10×)。

(8) $T_4$ 多核苷酸激酶。

(9) $T_4$ DNA 聚合酶。

(10) 10 mmol/L ATP。

(11) LB 培养基,LB 平板。

(12) 7.5 mmol/L 乙酸铵。

【实验步骤】

**1. 单链 DNA 的制备**

(1) 克隆目的基因到 pALTER-1 质粒中,转化 *E. coli*。

(2) 挑一个 pALTER-1 质粒上带有靶基因的单菌落,接入含 12.5 mg/L 四环素的 2 mL

TYP 溶液中,37℃培养 12 h。

(3) 加入 TYP 70 mL 继续培养 50 min,细菌生长至 $A_{600}$ 为 0.1~0.3。

(4) 加入帮助噬菌体 R408 560 μL 感染细菌,37℃培养 12 h。

(5) 取培养液 36 mL,12 000 g 离心 20 min。

(6) 取上清液,12 000 g 再次离心 20 min。

(7) 取上清液,加入 1/4 体积的噬菌体沉淀溶液,混匀,冰浴 30 min。

(8) 12 000 g 离心 20 min,弃上清液。

(9) 用 TE 缓冲液(pH8.0)4 mL 重悬沉淀。

(10) 加氯仿:异戊醇 4 mL 裂解噬菌体,振荡 1 min,高速离心 5 min,除去过量未裂解噬菌体。

(11) 上清液转入小管中,加入等体积的酚:氯仿:异戊醇,混匀振荡 1 min,离心。

(12) 取上层重复上一步至界面无白色沉淀。

(13) 上层液体加入 1/2 体积的 7.5 mol/L 乙酸铵,2 倍体积无水乙醇,混匀,-20℃放置 30 min 以上。

(14) 高速离心 10 min,轻弃上清液,沉淀用 70%乙醇洗涤 1 次,干燥。

(15) 将沉淀用 20 μL 无菌水重悬。

**2. DNA 位点的突变**

(1) 寡核苷酸 5'磷酸化。在 1.5 mL 微量离心管中加入 10 μmol/L 引物 10 μL,10×$T_4$ 连接酶缓冲液 2.5 μL,10 mol/L ATP 2 μL,加水至 25 μL。最后加入 $T_4$ 多核苷酸激酶 0.5 μL,37℃孵育 30 min,70℃加热 10 min 灭活多核苷酸激酶。

(2) 退火反应。在反应体系中加入单链 DNA 模板(0.05 pmol/L)1 μL,10×退火缓冲液 2 μL,5'磷酸化的氨苄修复寡核苷酸(0.5 pmol/L)1 μL,5'磷酸化的诱变寡核苷酸引物(4 pmol/L)1 μL,无菌水 15 μL。混匀后离心管置于 72℃水浴 5 min。逐渐冷却至室温。稍离心后置冰浴,并加入 10×合成缓冲液 3 μL,$T_4$ DNA 聚合酶 1 μL,$T_4$ DNA 连接酶 5 μL。混匀,置 0℃ 5 min,然后室温放置 5 min,37℃放置 2 h,冰浴。

**3. 转化 BMH71-18 mut S(*E. coli* 突变体菌株)**

提前一天制备好 BMH71-18 mut S 感受态细胞,将上一步中的突变合成反应液取约 30 μL 加入到 100 μL BMH71-18 mut S 感受态细胞中,混匀,放置 30 min,42℃水浴 90 s 后迅速置冰上 2 min。将菌液全部转入 4 mL LB 培养基中,180 r/min,37℃恒温摇床活化 1 h。补加 LB 至总体积 10 mL,并加入氨苄青霉素(终浓度 100 μg/mL),继续振荡培养 16 h。

**4. 突变 DNA 的获取**

从已转化的 BMH71-18 mut S 中提取质粒(1.5 mL 菌液提 50 μL)。

预先制好 JM109 感受态细胞。取质粒 5 μL 加入 JM109 感受态细胞 100 μL 进行转化。取复苏菌液 200 μL 置 LB 平板(含 100 μg/mL Amp)涂匀,37℃培养 12~16 h。收取已长满菌落的平板,4℃保存。测序并确定发生突变的 DNA 序列。

【实验讨论】

诱变频率的高低取决于模板和 DNA 聚合酶反应。克隆到载体上的靶 DNA 区段应尽可能小些,太大不稳定,易缺失。两个引物 5'端都应磷酸化以便于以后的连接。实验中寡核苷酸引物浓度应远远高于氨苄修复寡核苷酸量,从而保证突变体具有抗 Amp 能力。

T₄ DNA 聚合酶优于 Klenow 大片段,因为合成结束后它不会对诱变寡核苷酸进行替换反应,使突变体得以有效地连接与表达。

高质量的寡核苷酸十分重要。作为诱变剂的寡核苷酸,除定位诱变的错配碱基外,其余部分应和模板完全配对,长度约为 17～19 个核苷酸,错配碱基应置于中间。

常见的失败原因,主要是不完全合成造成的。如寡核苷酸引物无效杂交,DNA 聚合酶失活或过量,试剂的污染,DNA 模板含发夹结构等。

## (二)重叠延伸介导的诱变技术

【实验目的】

通过本实验学习和掌握重叠延伸介导的诱变技术的原理和方法。

【实验原理】

重叠延伸介导的诱变技术(图 11-3)主要利用 PCR 扩增在 DNA 序列中引入所需的变化。

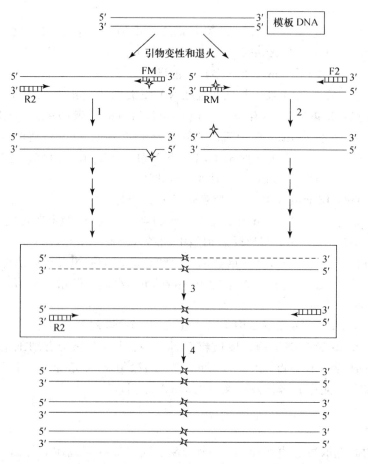

**图 11-3　重叠延伸介导的定点突变**

该方法需要4种引物参与。首先将模板DNA分别与引物对1（正向诱变引物FM和反向引物R2）和2（正向引物F2和反向诱变引物RM）退火，通过PCR1和2反应扩增出两种靶基因片段。FMR2和RMF2片段在重叠区发生退火，用DNA聚合酶补平缺口，形成全长双链DNA，进行PCR3扩增。最后，用引物F2和R2扩增出带有突变位点的全长DNA片段（PCR4）。

【器材与试剂】

**1. 实验仪器**

0.5 mL PCR 小管，2、20 和 200 μL 微量移液器及灭菌的吸头，PCR 扩增仪、恒温水浴锅，高速冷冻离心机，电泳仪，电泳槽，样品槽模板。

**2. 实验材料**

待突变基因（模板DNA），正向诱变引物FM和反向引物R2，正向引物F2和反向诱变引物RM（均为10 μmol/L）。

**3. 实验试剂**

(1) PCR 试剂盒：$Taq$ DNA 聚合酶，10 mmol/L dNTP，10×PCR 缓冲液（含 25 mmol/L $Mg^{2+}$）。

(2) 1×TBE：89 mmol/L Tris (pH 8.0)，89 mmol/L $H_3BO_3$，2 mmol/L EDTA。

(3) 0.5 mg/L 溴化乙锭。

(4) 6×上样缓冲液：20%蔗糖，0.25%（$m/V$）溴酚蓝。

(5) TE 溶液：10 mmol/L Tris-HCl (pH 7.6)，1 mmol/L EDTA。

(6) 琼脂糖，DNA 电泳缓冲液。

【实验步骤】

**1. 模板DNA和寡核苷酸引物的制备**

(1) 将带突变的基因克隆到合适的载体上（如将 $GhECR2$ 克隆到 pYADE4，用于在酵母中表达）。

(2) 设计4种引物：正向诱变引物FM和反向引物R2，正向引物F2和反向诱变引物RM，送公司合成。

以 pYADE4-$GhECR2$ 为 PCR 模板，引物设计如下：

   F2：5′ CGGGATCCATGAAGGTCACTCTAGTTTCTCGG 3′
   R2：5′ CCGCTCGAGCAGGAATGGAGGAAGAATAACC 3′
   FM：5′ CGCAGTCCTGATGCTAGTGGAGGGTATC 3′
   RM：5′ GATACCCTCCACTAGCATCAGGACTGCG 3′

**2. 第一轮PCR扩增**

(1) 取两个灭菌的 PCR 小管，均依次加入：无菌重蒸水 38.5 μL，10×PCR 缓冲液 5 μL，模板 1 μL，dNTP 1 μL，$Taq$ DNA 聚合酶（5 U/μL）0.5 μL。

(2) 再分别加入 FM 和 R2，F2 和反 RM 各 2 μL。混匀，盖好盖子，稍离心。放入 PCR 扩增仪中，设置合适升温程序进行反应。

仍以 pYADE4-$GhECR2$ 为例，G225 A 突变第一轮 PCR 程序为：

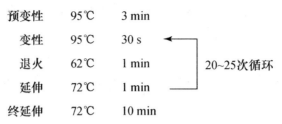

(3) 非变性琼脂糖凝胶电泳纯化 PCR 产物,重悬于 TE 缓冲液中至浓度为 1 ng/μL。

**3. 第二轮 PCR 扩增**

(1) 在灭菌的 PCR 小管中加入:无菌重蒸水 65.5 μL,10×PCR 缓冲液 10 μL,每种扩增片段 10 μL(10 ng),dNTP 2 μL,两种旁侧引物 F2 和 R2 各 1 μL,Taq DNA 聚合酶(5 U/μL) 0.5 μL。

(2) PCR 扩增 20~25 个循环(程序同前)。

**4. PCR 片段的亚克隆及点突变的检测**

(1) 用非变性琼脂糖凝胶电泳纯化 PCR 产物。
(2) 亚克隆入合适的载体。
(3) 转化入 E. coli。
(4) 小量提取质粒 DNA。
(5) 送公司测序以证实点突变。

【实验讨论】

(1) 合成的诱变寡核苷酸引物与模板 DNA 要有 15~20 bp 完全相同,彼此间重叠的部分不能少于 10 bp,5′端不带保护碱基。

(2) 实验最重要的因素是解链温度($T_m$),以保证有效退火和扩增。可按下述公式估计 $T_m$:

$$T_m = 4(G+C) + 2(A+T) \tag{1}$$

$$T_m = 81.5 + 16.6 \lg[Na^+] + 0.41([G+C]\%) - (675/n) - (错配\%) \tag{2}$$

式中:$n$ 是引物中碱基数。公式(1)适于短的寡核苷酸,公式(2)适于较长的 DNA。

计算诱变寡核苷酸的 $T_m$ 时应去除错配碱基的部分。在扩增 DNA 片段的 5′和 3′端引物时,可以设置单一的限制性酶切位点,以便于后续步骤中诱变 DNA 片段的克隆。

# (三)大引物诱变技术

【实验目的】

通过本实验学习和掌握大引物诱变技术的原理和方法。

【实验原理】

大引物诱变技术使用三条寡核苷酸引物,一条是诱变寡核苷酸引物,另外两条正向和反向引物分别结合在诱变位点的上游和下游,通过两轮 PCR 实现诱变。首先第一轮 PCR 用正向突变引物(M)和反向引物(R1),扩增模板 DNA 产生双链大引物,与野生型 DNA 分子混合后退火并使之复性。第二轮 PCR 中加入正向引物(F2),与上述扩增产生的大片段一起作为引物,扩增产生带有突变的双链 DNA(图 11-4)。由于 F2 的退火温度显著高于第一轮 PCR 所使用的引物 M 和 R1,因此,可以忽略引物 M 和 R1 在本轮反应中所造成的干扰。

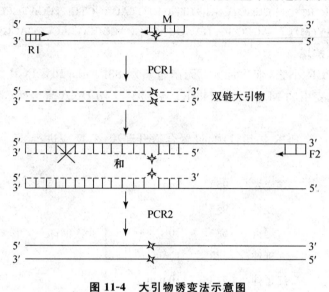

图 11-4　大引物诱变法示意图

## 【器材与试剂】

### 1. 实验仪器

0.5 mL PCR 小管,2、20 和 200 μL 微量移液器及灭菌的吸头,PCR 扩增仪,恒温水浴锅,高速冷冻离心机,电泳仪,电泳槽,样品槽模板。

### 2. 实验材料

待突变基因(模板 DNA),正向引物 F2 和反向引物 R1(100 μmol/L),诱变引物 M(10 μmol/L)。

### 3. 实验试剂

(1) PCR 试剂盒:$Taq$ DNA 聚合酶,10 mmol/L dNTP,10×PCR 缓冲液(含 25 mmol/L $Mg^{2+}$)。

(2) 1×TBE:89 mmol/L Tris(pH 8.0),89 mmol/L $H_3BO_3$,2 mmol/L EDTA。

(3) 0.5 mg/L 溴化乙锭。

(4) 6×上样缓冲液:20% 蔗糖,0.25%($m/V$)溴酚蓝。

(5) TE 溶液:10 mmol/L Tris-HCl (pH 7.6),1 mmol/L EDTA。

(6) 琼脂糖,DNA 电泳缓冲液。

## 【实验步骤】

### 1. 模板 DNA 和寡核苷酸引物的制备

(1) 将带突变基因克隆到合适的载体上(本实验以 pEGFP 为例,质粒上即带有待突变的基因)。

(2) 设计 3 种引物：正向 F2 和反向引物 R1,诱变引物 M,送公司合成。

以 EGFP 为例,引物设计如下：

EGFP-F(F2)：5′ CCCAAGCTTCCATGGTGAGCAAGGGCGAG 3′
EGFP-R(R1)：5′ CCGCTCGAGTTACTTGTACAGCTCGTCCATGCC 3′
Primer-Y(M)：5′ AGCGGGCGAAGCACTGCACGCCGTAGCCCAGGGT 3′

**2. 第一轮 PCR 扩增**

(1) 取灭菌的 PCR 小管,依次加入：无菌重蒸水 83.5 μL,10×PCR 缓冲液 10 μL,模板 2 μL,dNTP 2 μL,诱变引物 M 和反向引物 R1 各 1 μL,Taq DNA 聚合酶(5 U/μL)0.5 μL。混匀。

(2) 盖好盖子,放入 PCR 扩增仪中,设置合适升温程序,反应进行 25 次循环。

PCR 程序为：

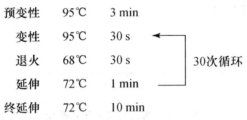

(3) 反应完成后取 3～5 μL 反应混合物,琼脂糖凝胶电泳检测是否成功合成了大引物 PCR 产物。

**3. 第二轮 PCR 扩增**

(1) 在剩余产物中加入：正向引物 F2 1 μL,Taq DNA 聚合酶(5 U/μL)0.5 μL,dNTP 2 μL。用移液液吸打混匀,稍离心。

(2) PCR 反应,反应由 25 次循环和两种温度组成：94℃ 40 s,72℃ 90 s,最后一次延伸 72℃ 5 min。

**4. 片段的亚克隆及点突变的检测**

(1) 非变性琼脂糖凝胶电泳纯化 PCR 产物。

(2) 亚克隆入合适的载体。

(3) 转化入 E. coli。

(4) 小量提取质粒 DNA。

(5) 送公司测序以证实点突变。

【实验讨论】

(1) 仔细设计 DNA 引物对于快速高效完成基于 PCR 的诱变实验是非常重要的。诱变寡核苷酸应具有低 $T_m$,长度为 16～25 个碱基,诱变位点位于引物中央部分。F2 引物应含有 25～30 个碱基,$T_m$ 在 72～85℃之间。

(2) Taq DNA 聚合酶拥有类似末端转移酶活性,有时将不能与模板匹配的 dA 残基加在大引物 3′末端,设计诱变引物时应在模板链 5′端 T 残基处起始。

【问题分析及思考】

（1）叙述三种点突变方法的操作步骤，它们各有什么特点？

（2）三种点突变方法的基本原理是什么？

## 参 考 文 献

1. 萨姆布鲁克J,拉塞尔DW 著.分子克隆实验指南.3版.黄培堂等译.北京：科学出版社,2002,1105—1113.
2. 朱玉贤,李毅,郑晓峰编著.现代分子生物学.3版.北京：高等教育出版社,2007,197—200.
3. 梁国栋主编.最新分子生物学实验技术.北京：科学出版社,2001,152—154,170—172.
4. 瞿礼嘉,顾红雅,胡苹,陈章良主编.现代生物技术.北京：高等教育出版社,2004,87—90.

# 实验 12　绿色荧光蛋白的基因突变及其在 *E. coli* 中的表达

绿色荧光蛋白 GFP 是当今分子生物学研究中重要的报告基因之一。利用 PCR 对 GFP 基因进行点突变有几种不同的方法，如大引物诱变法，重叠延伸法等。重叠延伸法又称为重叠延伸 PCR 技术（gene splicing by overlap extension PCR，简称 SOE PCR），由于采用具有互补末端的引物，使 PCR 产物形成了重叠链，从而在随后的扩增反应中通过重叠链的延伸，将不同来源的扩增片段重叠拼接。本实验中利用重叠延伸法将 EGFP 突变为 EYFP，并在 BL21(DE3) 中成功诱导表达。

## 【实验目的】

本实验采用重叠延伸法对 EGFP 进行单一位点突变，获得增强型黄色荧光蛋白（EYFP）基因（T203Y 突变），将突变基因重组到 pET-28a(+) 载体中，转化到 *E. coli* DH5α 中扩增基因，然后转化到 BL21(DE3) 中，用 IPTG 诱导表达。学生通过实验设计充分理解分子生物学基因突变原理，了解绿色荧光蛋白突变为黄色荧光蛋白的全过程，掌握基因进行突变的实验技术。

## 【实验原理】

### 1. 突变位点

绿色荧光蛋白 GFP 是由 238 氨基酸组成的单体蛋白质，相对分子质量约 27 000，GFP 荧光的产生主要归功于分子内第 65、66、67 位丝氨酸、酪氨酸、甘氨酸形成的生色团。翻译出的蛋白质折叠环化之后，在 $O_2$ 存在下，分子内第 67 位甘氨酸的酰胺对第 65 位丝氨酸的羧基亲核攻击形成第 5 位碳原子咪唑基，第 66 位酪氨酸的 α2β 键脱氢反应之后，导致芳香团与咪唑基结合。这样，GFP 分子中形成对羟基苯甲酸咪唑环酮生色团，该过程可以自动催化完成。GFP 晶体结构显示，蛋白质中央是一个圆柱形水桶样结构（图 12-1），长 420 nm，宽 240 nm，由 11 个围绕中心呈 α 螺旋的反平行 β 折叠组成，荧光基团的形成就是从这个螺旋开始的，桶的

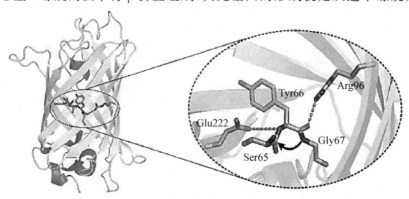

**图 12-1　GFP 三维结构与核心氨基酸**

(Pakhomov AA, et al, 2008.)

顶部由3个短的垂直片段覆盖,底部由一个短的垂直片段覆盖,对荧光活性很重要的生色团则位于大空腔内。实验表明GFP荧光产生的前提是桶状结构完整性,去除N端6个氨基酸或C端9个氨基酸,GFP均会失去荧光。这是由于生色团形成的效率较低,而且形成过程受外界环境影响较大的缘故。

1996年GFP的晶体结构发布。正是这些晶体结构的解析,才使人们更好地了解发光基团的组成,及其与周围残基的相互作用。研究人员通过定点或随机突变,不断地改造这些残基,得到了我们今天使用的GFP衍生物。

GFP的首个重大突变就是钱永健在1995年完成的单点突变(S65T)。这个突变显著提高了GFP的光谱性质,荧光强度和光稳定性也大大增强。而F64L点突变则改善了GFP在37℃的折叠能力,因此产生了增强型GFP,也就是我们常见的EGFP。

其他的突变还包括颜色突变。现在有蓝色荧光蛋白(EBFP,EBFP2,Azurite,mKalama1),青色荧光蛋白(ECFP,Cerulean,CyPet)和黄色荧光蛋白(YFP,Citrine,Venus,Ypet)。蓝色荧光蛋白除mKalama1外,都包含Y66H替换。青色荧光蛋白则主要包含Y66W替换。YFP衍生物是由T203Y突变实现的。本实验突变位点是T(ACC)204Y(TAC),也可以说是T(ACC)203Y(TAC),这取决于YFP翻译时的第一个氨基酸fMet是否算在内。不管是哪种说法,在DNA序列水平上都是基因的第610和611位的AC改变为TA。

荧光蛋白广泛应用于生物学研究。通过常规的基因操纵手段,将荧光蛋白用来标记其他目标蛋白,这样可以观察、跟踪目标蛋白的时间、空间变化,提供了以前不能达到的时间和空间分辨率,而且可以在活细胞、甚至活体动物中观察到一些分子。

**2. pEGFP-N3质粒与pET-28a-c(+)质粒**

pEGFP-N3质粒编码野生型GFP的红移(荧光波长较大)变异体蛋白,具有更强的荧光(在485 nm激发下比野生型强35倍)且在哺乳动物细胞中有更高效的表达。激发峰在488 nm,发射峰在507 nm。两种质粒的酶切位点见图12-2和12-3。

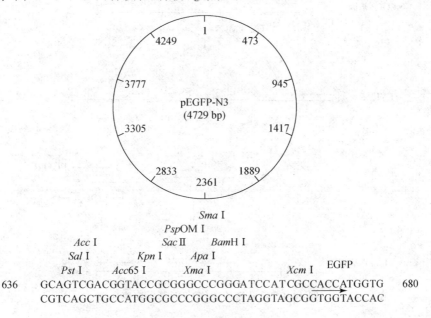

**图12-2 pEGFP-N3酶切图谱**

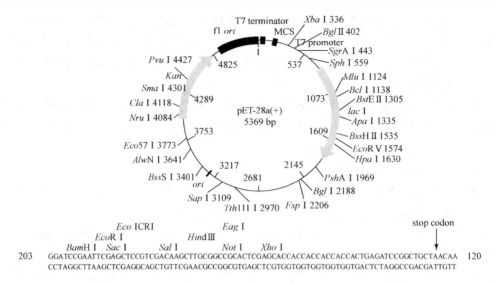

图 12-3  pET-28a(＋)酶切图谱

### 3. 重叠延伸法

利用 PCR 进行点突变有几种不同的方法，如大引物诱变法、重叠延伸法等。考虑到本实验的具体情况，我们决定采用重叠延伸法对 EGFP 进行单一位点突变。此技术能够在体外进行有效的基因重组，而且不需要内切酶消化和连接酶处理。利用这一技术可以快速获得其他依靠限制性内切酶消化的方法难以得到的产物。重叠延伸法的原理参见实验 11，其成功的关键是重叠互补引物的设计。

### 4. 实验中引物设计及突变示意图（图 12-4）

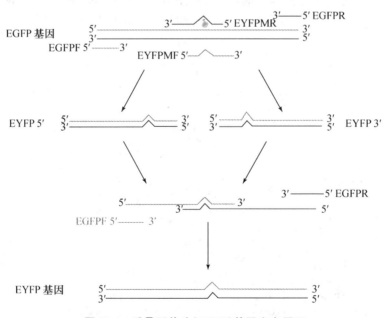

图 12-4  重叠延伸法（EYFP）基因突变原理

(1) 引物1序列：
   EGFPF(HindⅢ)：CCCAAGCTTCCATGGTGAGCAAGGGCGAG
(2) 引物2序列：
   EYFPMR：TCTTTGCTCAGGGCGGACTGGTAGCTCAGGTAGTGGTTGTCGG
(3) 引物3序列：
   EYFPMF：CCGACAACCACTACCTGAGCTACCAGTCCGCCCTGAGCAAAGA
(4) 引物4序列：
   EGFPR(XhoⅠ)：CCGCTCGAGTTACTTGTACAGCTCGTCCATGCC

【器材与试剂】

**1. 实验器材**

PCR管，1.5 mL Eppendorf管，吸头，移液器，电泳设备，凝胶成像设备，PCR扩增仪，恒温摇床，恒温培养箱，恒温水浴，台式离心机，冰箱。

**2. 实验材料**

E. coli BL21(DE3)和分别含pET-28a-c(＋)质粒、pEGFP-N3质粒的DH5α菌株。

**3. 实验试剂**

(1) 用于质粒提取的试剂：

溶液Ⅰ，溶液Ⅱ，溶液Ⅲ，酚-氯仿，70％乙醇，无水乙醇，RNaseA水溶液。

(2) 用于PCR的试剂：

① PCR引物4个：使用时稀释至20 μmol/L。

   YFPMF：CCGACAACCACTACCTGAGCTACCAGTCCGCCCTGAGCAAAGA
   YFPMR：TCTTTGCTCAGGGCGGACTGGTAGCTCAGGTAGTGGTTGTCGG

重叠延伸法需要结合公用引物EGFPF和EGFPR。

   EGFPF(HindⅢ)：CCCAAGCTTCCATGGTGAGCAAGGGCGAG
   EGFPR(XhoⅠ)：CCGCTCGAGTTACTTGTACAGCTCGTCCATGCC

② 2.5 mmol/L dNTP，10×PCR缓冲液，rTaq。

(3) 用于琼脂糖凝胶电泳的试剂：

① TBE缓冲液(0.5×)：Tris 1.36 g，硼酸0.69 g，EDTA-$Na_2$ 0.09 g，加HCl调节pH至8.5，蒸馏水定容至250 mL。

② DNA markerⅢ，荧光染料，琼脂糖。

(4) 琼脂糖凝胶回收试剂盒：购自中科瑞泰公司。

(5) 用于DNA重组的试剂：BamHⅠ，NotⅠ，10×K缓冲液，BSA，10×$T_4$ DNA连接酶缓冲液，$T_4$ DNA连接酶。

(6) 用于转化的试剂：Kan溶液(20 mg/mL)，1 mmol/L IPTG，1 mol/L IPTG，0.1 mol/L $CaCl_2$ 溶液。

【实验步骤】

**1. 分别提取pEGFP-N3质粒和pET-28a-c(＋)质粒**

(1) 分别将含有pEGFP-N3质粒和pET-28a-c(＋)质粒的菌液100 μL接种于3 mL含有0.1％卡那霉素的LB液体培养基中，摇床培养过夜。

(2) 将两种菌液标记明确,分别吸入 Eppendorf 管中,10 000 r/min 离心 2 min,弃上清液,保留菌体。

(3) 用溶液Ⅰ 150 μL 重悬菌体。

(4) 加入溶液Ⅱ 200 μL 轻轻地颠倒 5 次混匀,冰浴 5 min。

(5) 加入溶液Ⅲ 150 μL,轻轻地颠倒混匀,冰浴 15 min。

(6) 将 Eppendorf 管置于离心机中,13 000 r/min 离心 10 min,取上清液移入另一洁净 Eppendorf 管中。

(7) 向上清液中加入酚-氯仿抽提液 500 μL,振荡,13 000 r/min 离心 2 min,取上清液移入另一洁净 Eppendorf 管中。

(8) 向上清液中加入无水乙醇 1 mL,振荡,冰浴 5 min,13 000 r/min 离心 10 min,弃上清液。

(9) 用 70% 乙醇 1 mL 洗涤沉淀,离心弃上清液。

(10) 用含 RNase 的重蒸水 30 μL 溶解备用。

**2. 通过 PCR 得到带有 EYFP 突变位点的 EGFP 基因**

(1) 突变位点的 EGFP 基因 5′端和 3′端片段,如图 12-5:

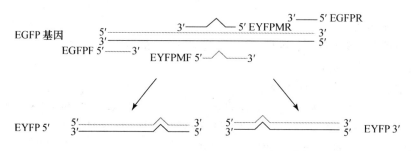

**图 12-5　重叠延伸法获得 EYFP 的 3′和 5′端片段**

(2) PCR 体系如下:

| | |
|---|---|
| 10×Pfu 缓冲液 | 5 μL |
| dNTP 混合液 | 4 μL |
| pEGFP 质粒(或者菌液) | 2 μL |
| EGFPF/YFPMF 前体(20 mmol/L) | 2 μL |
| YFPMR/EGFPR 前体(20 mmol/L) | 2 μL |
| 重蒸水 | 33 μL |
| Pfu 聚合酶 | 2 μL |
| 总体积 | 50 μL |

(3) 按照以下程序进行 PCR 扩增:

| | | |
|---|---|---|
| 预变性 | 94℃ | 5 min |
| 变性 | 94℃ | 30 s |
| 退火 | 55℃ | 30 s |
| 延伸 | 72℃ | 45 s |
| 终延伸 | 72℃ | 10 min |

变性、退火、延伸 25 次循环

(4) PCR 产物用 PCR 纯化试剂盒进行纯化,溶于 30 μL 重蒸水中,并进行琼脂糖凝胶电泳鉴定。

**3. 通过 PCR 连接突变 YFP 基因的 5′端和 3′端片段(如图 12-6)**

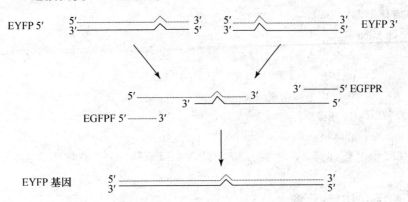

图 12-6 重叠延伸法获得全长的 EYFP 基因片段

(1) PCR 体系如下:

| | |
|---|---|
| 10×Pfu 缓冲液 | 5 μL |
| dNTP 混合液 | 4 μL |
| Pfu 聚合酶 | 2 μL |
| 重蒸水 | 35 μL |
| 总体积 | 46 μL |

(2) 先在没有引物的条件下进行退火和延伸,使得 5′端和 3′端片段连接成为全片段:

| | | |
|---|---|---|
| 变性 | 94℃ | 30 s |
| 退火 | 55℃ | 30 s |
| 延伸 | 72℃ | 45 s |

10 次循环

(3) 之后向体系中加入 EGFPF/EGFPR 引物(20 μmol/L)各 2 μL,继续进行延伸和扩增:

| | | |
|---|---|---|
| 预变性 | 94℃ | 5 min |
| 变性 | 94℃ | 30 s |
| 退火 | 55℃ | 30 s |
| 延伸 | 72℃ | 45 s |
| 终延伸 | 72℃ | 10 min |

15 次循环

PCR 产物用 PCR 纯化试剂盒进行纯化后,溶于 30 μL 重蒸水中,并用琼脂糖凝胶电泳鉴定。

**4. 酶切处理突变 YFP 基因 PCR 产物和 pET28a-c(+)质粒**

(1) 酶切体系如下:

| | |
|---|---|
| 10×Buffer M | 2 μL |
| DNA | 18 μL |
| HindⅢ | 1 μL |
| XhoⅠ | 1 μL |

|  |  |
| --- | --- |
| 总体积 | 20 μL |

(2) 在37℃温箱中酶切消化4 h,然后用琼脂糖凝胶电泳纯化,用凝胶纯化试剂盒切胶回收后,溶于30 μL重蒸水中,备用。

**5. 连接消化产物**

(1) 连接体系如下:

| | |
|---|---|
| PCR产物(HindⅢ+XhoⅠ) | 5 μL |
| pET-28a-c(+)(HindⅢ+XhoⅠ) | 3 μL |
| 10×$T_4$连接酶缓冲液 | 1 μL |
| $T_4$连接酶 | 1 μL |
| 总体积 | 10 μL |

(2) 在16℃恒温箱连接2 h,连接反应以只含pET-28a-c(+)载体不含插入片段的体系作为负对照。

**6. 转化 *E. coli* DH5a菌体**

(1) 取*E. coli* DH5a感受态细胞100 μL,取连接体系的溶液2 μL注入感受态细胞中,冰浴30 min。

(2) 将含有连接产物的感受态细胞42℃热激90 s。

(3) 迅速冰浴2 min。

(4) 加入1 mL不含卡那霉素的LB培养基,摇床培养45 min。

(5) 取菌液200 mL涂布于含卡那霉素的LB平板上,37℃培养过夜。

**7. 筛选转化的 *E. coli* DH5a菌株**

(1) 从平板上挑取6个单克隆,分别接入2 mL含卡那霉素的LB培养基中,摇床培养过夜。

(2) 按步骤1中提取质粒的方法从菌液中提取重组质粒。

(3) 用HindⅢ和XhoⅠ将质粒双酶切,并通过琼脂糖凝胶电泳检验,选择含有重组片段的质粒。

**8. 转化 *E. coli* BL21(DE3)菌株**

(1) 取*E. coli* BL21(DE3)菌株的感受态细胞,按步骤6的转化细菌的方法进行转化。

(2) 将转化细菌涂布于已经预先涂过一层IPTG的LB平板上,37℃培养过夜,通过观察荧光,鉴定含有重组质粒的单克隆。

**9. 鉴定重组蛋白**

(1) 取含有重组质粒的*E. coli* BL21(DE3)单克隆接种至3 mL含卡那霉素的LB培养基中,37℃摇床培养过夜。

(2) 取培养的菌液50 μL于3 mL新鲜的含卡那霉素的LB培养基中,做3组平行实验,摇床培养2 h。

(3) 加入IPTG,使其终浓度为1 mmol/L,继续摇床培养0,2,4 h。

(4) 收集菌液,离心沉淀菌体并弃掉上清液,在紫外灯下观察荧光。

【实验结果】

**1. 重叠延伸产物(重叠延伸3′,5′片段)**

重叠延伸法点突变,首先由两端引物经PCR得到所要突变片段的3′,5′片段,然后两个片段重叠的序列配对,延伸出整个突变片段。直接进行菌落 PCR,用引物 EGFPF,EEYFPMR,EYFPMF,EGFPR 经 PCR 得到了两个突变片段的 $3'$,$5'$ 片段,PCR 产物分两组,一组利用 PCR 产物纯化试剂盒纯化,另一组不纯化。实验结果见图 12-7。

## 2. 重叠延伸突变片段

纯化与不纯化的两组区别不十分明显,都在 700 bp 左右处有较亮的条带,切胶回收。实验结果见图 12-8。

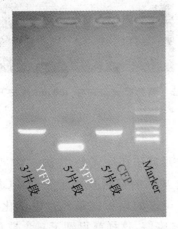

图 12-7 重叠延伸法产生 EYFP 基因的 $3'$,$5'$ 片段

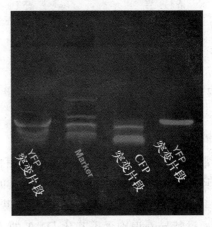

图 12-8 重叠延伸法产生突变片段 EYFP

## 3. 重组体酶切产物

纯化组的酶切产物更纯,没有太多的杂带,而 pET-28a-c(+)质粒则可以看出有一部分没有完全切开,产生了切开与没切开两个条带。切胶回收 pET-28a-c(+)酶切质粒与纯化组重叠延伸突变片段。实验结果见图 12-9。

## 4. 重组质粒 pET-28a-YFP 转化 *E. coli* BL21(DE3)

突变片段最终被连接入表达载体,得到菌株 *E. coli* BL21(DE3)/pET-28a-YFP,经 IPTG 诱导,表达 YFP 荧光蛋白。经过离心富集得到结果(图 12-10)。

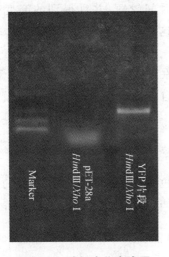

图 12-9 酶切产物电泳图

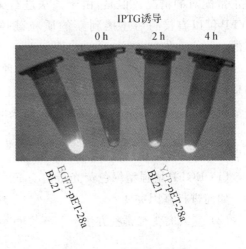

图 12-10 突变体表达图

(5) 黄色荧光蛋白发出荧光，见图 12-12：

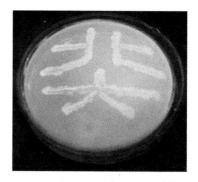

图 12-11　黄色荧光蛋白在凝胶成像仪下发出荧光　　　图 12-12　黄色荧光蛋白在 400 nm 波长下的照片

【实验讨论】

常用的对基因进行点突变的方法有两种：PCR 重叠延伸法和环式 PCR 法。

环式 PCR 法是利用含有突变位点的引物直接在含基因的模板质粒上进行 PCR。由于 PCR 得到的含突变位点的新链没有甲基化，而不含突变位点的模板链是经过甲基化的，所以可以通过特异性识别含甲基化 DNA 的 *Dpn*I 酶将模板链降解，这样就得到了只含带有突变位点的新质粒 DNA。该法最大的优点是操作简便，可以在一个质粒上不经过复杂的酶切连接，只需 PCR 和 *Dpn*I 消化两步即可得到点突变的基因，现在市面上的绝大多数试剂盒利用的就是该原理。但由于本实验不仅要进行点突变，而且还要将基因从 pEGFP-N3 质粒中重组到 pET-28a-c(+)质粒中，所以并不能完全发挥该方法操作简便的优点。另外，由于该法要对整个质粒进行 PCR，所以对酶的保真性要求比较高，而且 PCR 扩增的时间相当长。

PCR 重叠延伸法的原理在之前已介绍过了，该法与环式 PCR 法相比要繁琐一些，需要扩增突变位点 5′端和 3′端产物、连接含突变位点的片段、连接回质粒载体三步。而且，有可能第一步扩增出的含突变位点的 5′端和 3′端产物在之后的连接过程中存在一些错配或不能正常配对的情况。但是，由于该法进行 PCR 所需的时间较短，并且得到的突变基因片段 EYFP 可以直接酶切连接到新的质粒载体中去，所以这种方法对本实验而言效率还是较高的。

两种方法都会出现假阳性现象，前一种方法是由于原有质粒没有被 *Dpn*I 消化干净；后者则是在将突变后的 PCR 片段连接到载体上时出现载体自连现象。我们可以通过设置对照组来最大程度地避免假阳性现象对实验结果的影响。

【问题分析及思考】

(1) EGFP 增强型绿色荧光蛋白与 EBFP 增强型黄色荧光蛋白的氨基酸序列的差别是什么？如何进行基因突变？

(2) 基因突变有哪些方法？

## 参 考 文 献

1. Heim R, Prasher DC, Tsien RY. Wavelength mutations and posttranslational autoxidation of green fluorescent protein. PNAS, 1994, 91: 12501—12504.
2. Pakhomovl AA, Martynovl VI. GFP family: structural insights into spectral tuning. Chemistry & Biology, 2008, 15(8): 755—764.
3. Ormö M, Cubitt A, Kallio K, et al. Crystal structure of the Aeguorea victoria green fluorescent protein. *Science*, 1996, 273: 1392—1395.
4. 萨姆布鲁克 J,拉塞尔 DW 著.分子克隆实验指南.3 版.黄培堂等译.北京:科学出版社,2002,1059.

# 实验 13  DNA 核苷酸序列分析

本实验为采用 Sanger 双脱氧末端终止法,在 *Taq* DNA 聚合酶催化下的测序反应,最后用银染法显色来观察凝胶条带。

【实验目的】

检测基因突变的方法中,最准确的是 DNA 核苷酸序列分析法,通过本实验的训练,使学生理解双脱氧末端终止法的原理,训练学生在实验中的耐心、细致、无误。全面地、较好地掌握 DNA 测序的整套技术,为今后从事高层次的科研工作打下基础。

【实验原理】

DNA 的序列分析,即核酸一级结构的测定,是在核酸的酶学和生物化学的基础上创立并发展起来的一门崭新的 DNA 分析技术。

目前 DNA 序列分析主要有三种方法:

(1) Sanger 双脱氧链终止法;

(2) Maxam-Gilbert 化学修饰法;

(3) DNA 序列分析的自动化。

利用 DNA 聚合酶和双脱氧链终止物测 DNA 核苷酸的方法是由英国剑桥分子生物学实验室的生物化学家 F. Sanger 等人于 1977 年发明的。DNA 的复制有 4 个基本条件,即:① DNA 聚合酶;② 单链 DNA 模板;③ 带有 3′-OH 末端的单链寡核苷酸引物;④ 4 种 dNTP(dATP、dGTP、dCTP、dTTP)。聚合酶以模板为指导,不断地将 dNTP 加到引物 3′-OH 末端,使引物延伸,合成新的互补 DNA 链。当在低温下进行反应时,新链的合成是不同步的,用聚丙烯酰胺凝胶电泳可以测出不同长度的 DNA 链。DNA 的两个核苷酸之间是通过 3′,5′-磷酸二酯键连接的。Sanger 指出,如果能找到一种特殊核苷酸,其 5′末端是正常的,在合成中,能加到正常核苷酸的 3′-OH 末端;但其自身 3′-OH 位点由于脱氧,不能与下一个核苷酸形成 3′,5′-磷酸二酯键,使 DNA 链的延伸被终止在这个不正常的核苷酸处。这类链终止剂是 2′,3′-双脱氧核苷-5′-三磷酸(ddNTP)和 3′-阿拉伯糖脱氧核苷-5′-三磷酸。

DNA 核苷酸顺序测定中常用的终止剂是 ddNTP。在 DNA 合成时,链终止剂以其正常的 5′末端掺入生长的 DNA 链,一经掺入,由于 3′位无羟基存在,链的进一步延伸被终止。在每一个反应试管中,都加入一种互不相同的 ddNTP 和全部 4 种 dNTP,其中有 1 种带有 $^{32}$P 同位素标记,同时加入 1 种 DNA 合成引物的模板和 DNA 聚合酶 I,经过适当温育之后将产生不同长度的 DNA 片段混合物。它们全都具有 5′末端,并在 3′末端的 ddNTP 处终止。将这种混合物,加到变性凝胶上进行电泳分离就可以获得一系列全部以 3′末端 ddNTP 为终止残基的 DNA 电泳谱带。再通过放射自显影技术,检测单链 DNA 片段的放射性带,可以从放射性 X 射线底片上,直接读出 DNA 的核苷酸序列(图 13-1)。

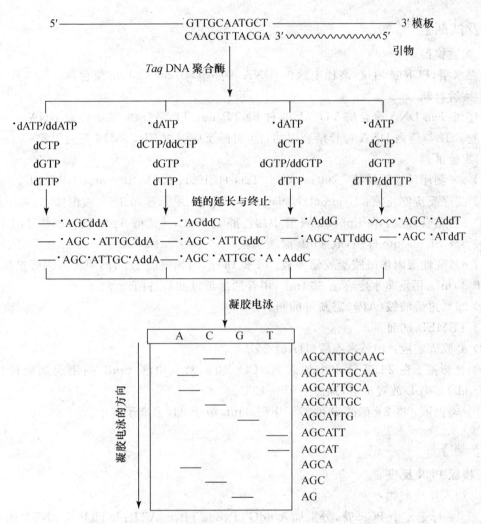

图 13-1　Sanger 双脱氧末端终止法 DNA 序列分析基本原理示意图

Taq DNA 聚合酶催化的测序反应的银染色法是近年来建立的一种非放射性核素表达的核苷酸序列测定方法。它是通过高度灵敏的银染显色来检测末端终止法完成的测序凝胶条带。该方法使用普通的寡核苷酸引物，也不需要复杂的仪器设备来检测结果，可以在显色的胶上直接读出序列。由于采用了 Taq DNA 聚合酶，可在程控循环加热仪中进行反应。因此与常规测序相比，有如下优点：

(1) 反应过程能使模板 DNA 呈线性增长，得到足够银染法检测出来的条带。大约需要 0.02~1 pmol 的 DNA 模板。

(2) 在反应的每个循环过程均有较高的变性温度，对于双链 DNA 模板省去了碱变性操作步骤。

(3) 比较高的聚合酶反应温度能有效地解除模板 DNA 的二级结构，使得聚合反应顺利通过复杂的二级结构区域。

## 【器材及试剂】

### 1. 实验仪器
恒温水浴,PCR 扩增仪,高压电泳仪,DNA 测序槽,40 cm×20 cm 染色盘。

### 2. 实验材料
测序级 Taq DNA 聚合酶 5 U/μL,4 种 dNTP/ddNTP 混合物;待测模板 DNA。

引物:① 与待测 DNA 特异结合引物;② 对照反应引物 PUC/M13 正向引物。

### 3. 实验试剂
(1) 5×测序反应缓冲液:200 mmol/L Tris-HCl(pH 9.0);10 mmol/L $MgCl_2$。

(2) 测序反应终止液:10 mmol/L NaOH,0.05% 二甲苯蓝,0.05% 溴酚蓝,95% 甲酰胺。

(3) 5% 黏合硅烷:在 Eppendorf 管中加乙醇 1.5 mL,冰乙酸 8 μL,黏合硅烷 3 μL。

(4) 5% Sigmacote 硅烷,取 2 mL 涂玻璃板。

(5) 6% 变性聚丙烯酰胺凝胶储备液:尿素 138 g,丙烯酰胺 17.2 g,甲叉双丙烯酰胺 0.9 g,5×TBE 30 mL,用重蒸水定容至 300 mL,用普通滤纸过滤后备用。

(6) 25% 过硫酸铵(AP),需新鲜配制。

(7) TEMED 试剂。

(8) 凝胶固定液:10% 冰乙酸(HAc) 2 L。

(9) 显影液:在 2 L 重蒸水中加入 $Na_2CO_3$ 60 g,37% 甲醛 3 mL,临用前加硫代硫酸钠(10 mg/mL) 400 μL 放置水浴,预冷至 10~12 ℃。

(10) 染色液:将 2 g 硝酸银和 37% 甲醛 3 mL 溶于 2 L 去离子水中。

## 【实验步骤】

### 1. 模板 PCR 反应
(1) 加入反应底物:

模板 1:标记 4 个 PCR 管,分别加入 ddGTP、ddCTP、ddATP、ddTTP 与 dNTP 的混合物 2 μL。

模板 2:标记 4 个 PCR 管,分别加入 ddGTP、ddCTP、ddATP、ddTTP 与 dNTP 的混合物 2 μL。

模板 3:标记 4 个 PCR 管,分别加入 ddGTP、ddCTP、ddATP、ddTTP 与 dNTP 的混合物 2 μL。

(2) 配制反应液,在 3 个 200 μL 的反应管中按表 13-1 分别加入反应试剂:

表 13-1 模板 PCR 反应体系

| | 样品/μL | $H_2O$/μL | 5×缓冲液/μL | 引物(4.5 pmol/L)/μL | Taq 酶(5 U/μL)/μL |
|---|---|---|---|---|---|
| 1 | 4(标准模板) | 4 | 5 | 3.6 | 1.5 |
| 2 | 8(自制模板) | 0 | 5 | 3.6 | 1.5 |
| 3 | 8(自制模板) | 0 | 5 | 3.6 | 1.5 |

(3) 从每一个反应管(18 μL)中,准确地依次取 4 μL 分别加入到 4 个含有 2 μL 反应底物的 PCR 管中,轻轻混匀,离心。**注意!** 此时三组 PCR 反应管共 12 个,每个管都应含有如下成

分：模板、底物、5×缓冲液、引物、*Taq* DNA 聚合酶,总体积为 6 μL。

(4) PCR 反应：

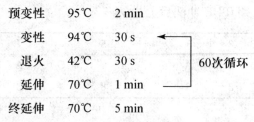

预变性　95℃　2 min
变性　　94℃　30 s
退火　　42℃　30 s　　60次循环
延伸　　70℃　1 min
终延伸　70℃　5 min

(5) 将每个 PCR 管中加入 3 μL 反应终止液,暂存于 4℃ 冰箱。

**2. 玻璃板处理灌胶**

(1) 用 0.1 mol/L HCl 浸泡长玻璃板 1~2 h。

(2) 取出长玻璃板,先用自来水洗,用刀片刮去残存的凝胶物质,用重蒸水冲洗。再用单张擦镜纸沿长度方向仔细地均匀涂擦丙酮 3 遍,晾干,再用 95% 乙醇擦 3 遍,注意沿一个方向擦,而且要涂擦均匀,晾干。长玻璃板要轻拿轻放,不要碰撞水龙头,以免损坏后漏胶,涂擦板时带好手套,长短板在涂擦时分别进行,不能交叉污染。

(3) 在短板(带电极的板)上涂硅烷：取硅烷 2 mL,先滴上 0.5 mL,用单张擦镜纸沿长度方向仔细地均匀涂擦(边涂边滴)直到 2 mL 硅烷滴完为止。用同样方法再涂 95% 乙醇,一定要轻,否则影响以后的结果。短板要轻拿轻放,一定保护好电极板!

(4) 长玻璃板同样均匀涂黏合硅烷,再涂乙醇,使黏合硅烷分布均匀,此步重要!

(5) 边条和梳子用 95% 乙醇擦洗。

(6) 在短板(带电极的板)上将梳子倒放并计算好加样孔离玻璃板的距离,边条紧靠梳子,两块玻璃板合在一起,玻璃底部与边条取齐,用黑色夹板把两块玻璃板夹紧,确认做到了两块玻璃板底部与边条和黑色夹板在同一水平线上,装入制胶装置中,两手朝相反方向拧紧螺丝,平放在台面上,玻璃板上部垫高约呈 15°,备用。

**3. 灌胶**

(1) 在 100 mL 烧杯中加入以下试剂：

6% 聚丙烯酰胺凝胶储备液(含尿素) 5 mL
TEMED　　　　　　　　　　　　30 μL
混匀
AP　　　　　　　　　　　　　　250 μL
混匀

(2) 用注射器吸取凝胶液,用乳胶管连接注射器和制胶装置间的接口,**注意**：与接口处相接的小零件不要接反,拧紧,零件因体积小,用后防止丢失,从制胶装置底部缓慢推压注射器,将配好的凝胶灌入,注意防止气泡产生,待胶灌满后,水平放置胶板,约 2 h 胶凝固,未凝好时切勿拔下注射器。

**4. 电泳**

(1) 将凝好的胶板从制胶装置中取出,将梳子拔出,用重蒸水轻轻冲洗胶面,将梳子齿插入胶面,勿太深,约 0.1 cm。

(2) 装好电泳槽装置,灌入 TBE 至没过加样孔。

(3) 用注射器吸 TBE 反复冲洗加样孔,隔孔加染料 2 μL,稳功率 40 W 预电泳 30 min,观察是否渗漏。

(4) PCR 反应产物 70℃ 预变性 5 min，立即放入冰浴中备用。

(5) 选择好的加样孔，用 TBE 冲洗后上样。

| 加样管号： | 1 | 2 | 3 | 4 | 5 | 6 | 7 | 8 | 9 | 10 |
|---|---|---|---|---|---|---|---|---|---|---|
| 样品名 | Marker | G | A | T | C | G | A | T | C | Marker |
| 体积/μL | 2 | 8 | 8 | 8 | 8 | 3 | 3 | 3 | 3 | 2 |

(6) 电泳：

调整电泳仪功率进胶：10 W 1 min，20 W 1 min，30 W 1 min。样品全部进胶后，以 40 W 稳定功率电泳至第二染料泳动至胶的中下部，停止电泳。

**5. 凝胶处理**

(1) 将电泳槽中电极液倒出，长板向上平放，拉出边条，打开玻璃板，胶落于长板上。

(2) 用 10% HAc 2000 mL 固定过夜，10% HAc 用后保存，用于后面的终止反应。

(3) 用重蒸水洗胶 3 次，每次 2 min。

(4) 胶板置于染色液中轻摇 30 min。

(5) 用重蒸水（尽量多）洗胶 5~10 s，随后快速将胶板背面的玻璃在水中擦拭干净，立即取出，置显色液中。此步操作很重要。

(6) 胶板置显色液中，浸泡并轻摇，直至条带清晰（显色不要过度），取出胶板。

(7) 将 10% HAc 500 mL 放入显色液中，迅速混匀后将胶板放回，终止显色反应并定影。

(8) 读取序列。

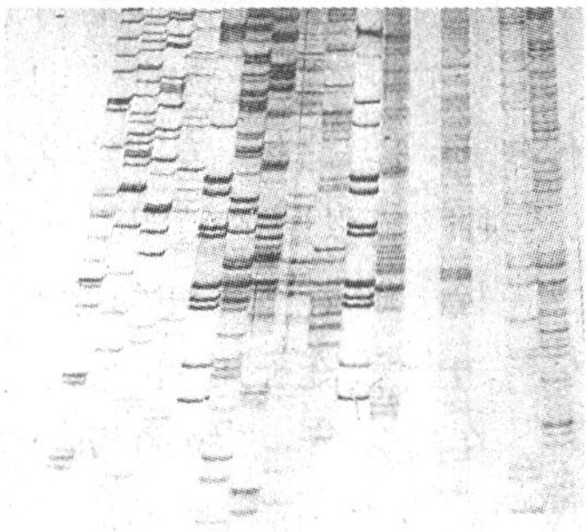

**图 13-2　银染法 DNA 测序染色结果**
G1 A1 T1 C1 为 PBS 质粒的碱基序列；G2 A2 T2 C2 为 PEGM-3Z(+)质粒的碱基序列

【实验结果】　银染法测序玻璃板染色结果见图 13-2。

【问题分析及思考】

(1) ddNTP 在测序反应中有什么重要作用？

(2) 测序胶从染色液取出后，转到水中漂洗时，为什么要用 20 s 的短暂时间？

(3) 如何读取测序胶板上的目的 DNA 序列？

# 参考文献

1. Sanger F, Thompson EOP, The amino-acid sequence in the glycyl chain of insulin. The identification of lower peptide from partial hydrolysates. Biochem J, 1953, 53：353—366.
2. 齐义鹏等编. 基因工程原理和方法. 成都：四川大学出版社，1988，151—178.
3. 卢圣栋等编. 现代分子生物学实验技术. 北京：高等教育出版社，1993，340—357.
4. 吴乃虎主编. 基因工程原理. 北京：高等教育出版社，1989，44—45.
5. Promega, Silver Sequence™ DNA sequencing system technical manual, USA, 1993.
6. 郝福英，朱玉贤等编. 分子生物学实验技术. 北京：北京大学出版社，1998，44—49.

# 实验 14　绿色荧光蛋白的分离、纯化及鉴定

绿色荧光蛋白(GFP)作为分子标签已广泛地应用于分子生物学的研究,实验通过构建 pET-28a-GFP 重组质粒,使此质粒在原核生物中表达得到蛋白产物。

实验获得的 EGFP 蛋白具有 N 端融合的氨基酸标签(His-tag),组氨酸是与固定化金属离子作用最强的氨基酸。固定在基质上的过渡态金属离子($Co^{2+}$,$Ni^{2+}$,$Cu^{2+}$,$Zn^{2+}$)与特定的氨基酸侧链之间有相互作用。利用 His-tag 纯化目的蛋白的原理,含有连续组氨酸序列残基的肽类可在固定化金属螯和层析柱(如 $Ni^{2+}$-NTA 柱)中有效保留。样品过柱之后,用游离咪唑洗脱就可以获得纯净的含多聚组氨酸序列的肽类。

Western 印迹法即利用 His 抗体特异地显示样品中带有 His-Tag 的条带,也就是特异性地显示 EGFP 蛋白。

【实验目的】

通过实验操作使学生学习这种操作简便,纯化速度快,特异性比较低,适宜从成分复杂的混合物中粗提蛋白的方法。

【实验原理】

### 1. 如何融合 pET-28a 质粒与 pEGFP-N3 中的 GFP 基因

由于计划使用 His-bind Ni-NTA 亲和树脂收集表达蛋白,要求表达蛋白在 N 端或 C 端存在 His-tag poly(His)序列,因此选用 pRT-28a 质粒与 GFP 基因重组。

实验使用的 EGFP 蛋白取自原核-真核穿梭质粒 pEGFP-$N_3$ 的蛋白质编码序列。此质粒原本被设计用于在原核系统中进行扩增,并可在真核哺乳动物细胞中进行表达。本质粒主要包括位于 $P_{CMV}$ 真核启动子与 SV40 真核多聚腺苷酸尾部之间的 EGFP 编码序列;位于 EGFP 上游的多克隆位点;一个由 SV40 早期启动子启动的卡那霉素/新霉素抗性基因,以及上游的细菌启动子,它可启动在原核系统中的复制与卡那霉素抗性。在 EGFP 编码序列上下游,存在特异的 *Bam*H I 及 *Not* I 限制性内切酶位点,可切下整段 EGFP 编码序列。

表达 EGFP 蛋白使用的 pET-28 原核载体包含有在多克隆位点两侧的 His-tag poly (His)编码序列;用于表达蛋白的 T7 启动子,T7 转录起始物以及 T7 终止子;选择性筛选使用的 *lac* I 编码序列及卡那霉素抗性序列,pBR322 启动子,以及为产生单链 DNA 产物的 f1 启动子(图 14-1)。

pET-28a 和 pEGFP-N3 经过 *Bam*H I 和 *Not* I 双酶切之后,都成为线性片断。pET-28a 的 3′端和 pEGFP-N3 的 5′端有 *Bam*H I 黏性末端,pET-28a 的 5′端和 pEGFP-N3 的 3′端有 *Not* I 黏性末端。经过连接之后,pET-28a 和 pEGFP-N3 片段的读码框相连接,ORF 的起始密码由 pET-28a 提供,终止密码由 pEGFP-N3 片段提供。转录启动子和终止子由 pET-28a 提供(图 14-2~图 14-5)。

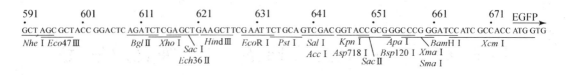

图 14-1　pEGFP-N3 质粒多克隆位点

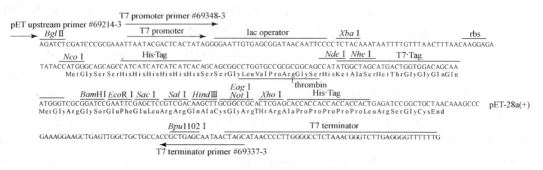

图 14-2　pET-28a 质粒多克隆位点

图 14-3　表达蛋白在 N 端或 C 端存在 His-tag poly(His)序列

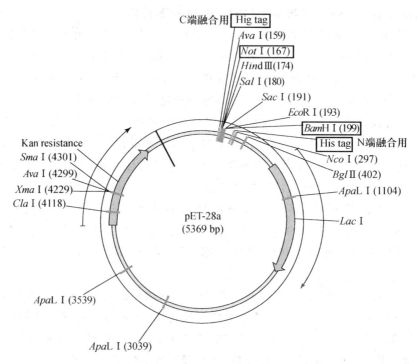

图 14-4　pET-28a 质粒结构

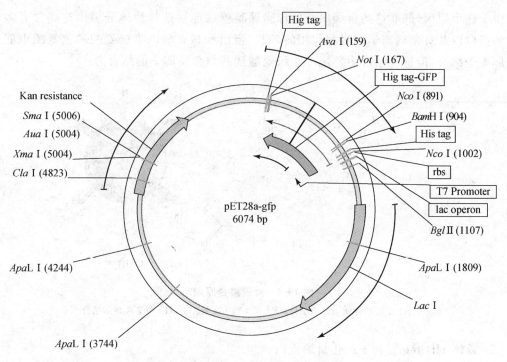

**图 14-5　pET-28a-gfp 质粒结构**

## 2. 利用 His-tag 纯化目的蛋白

(1) 金属螯合柱的纯化原理,见图 14-6,14-7。

金属螯合亲和色谱,又称固定金属离子亲和色谱,其原理是利用蛋白质表面的一些氨基酸,如组氨酸,能与多种过渡金属离子如 $Cu^{2+}$,$Zn^{2+}$,$Ni^{2+}$,$Co^{2+}$,$Fe^{3+}$ 发生特殊的相互作用的特性,将富含这类氨基酸,或融合有 His-tag 标签的蛋白质吸附到柱上,从而达到分离纯化的目的。

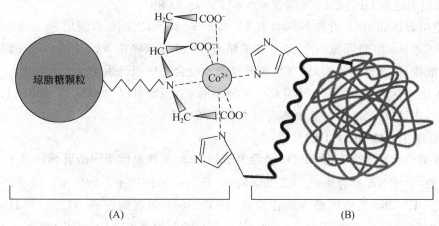

**图 14-6　金属螯合柱的纯化原理**

(A) 金属螯合亲和树脂:一个琼脂糖颗粒上连有带 4 个配位基的 $Co^{2+}$ 离子螯合剂;
(B) 融合 Hig-tag 标签的蛋白质结合到树脂上。

由于这个原因,偶联这些金属离子的琼脂糖凝胶就能够选择性地分离出这些含有多个组氨酸的蛋白以及对金属离子有吸附作用的多肽、蛋白和核苷酸。半胱氨酸和色氨酸也能与固定金属离子结合,但这种结合力要远小于组氨酸残基与金属离子的结合力。

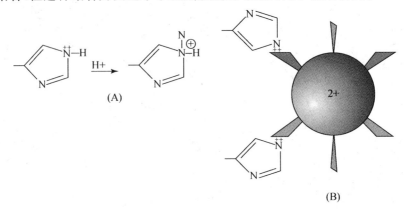

**图 14-7 金属螯合原理**
(A) 洗脱条件使 His 质子化;(B) 在生理 pH 条件下,His 与亲和树脂结合

(2) 载体 His-tag 有利于纯化目的蛋白:

在 pET-28a 中有两组连续的 6 个 CAC 序列,编码 6 个 His,构成 N 端融合的 His-tag 和 C 端融合的 His-tag,可以用来提取和纯化表达蛋白。

固定在基质上的过渡态金属离子($Co^{2+}$,$Ni^{2+}$,$Cu^{2+}$,$Zn^{2+}$)与特定的氨基酸侧链之间有相互作用。His 是与固定化金属离子作用最强的氨基酸,其咪唑基作为电子供体容易与固定的金属离子形成配位键。含有连续 His 序列残基的肽类可在固定化金属螯和层析柱(如 $Ni^{2+}$-NTA 柱)中有效保留。样品过柱之后,用游离咪唑洗脱就可以获得纯净的含多聚 His 序列的肽类。

(3) 重组表达的 GFP 蛋白 N 端含有 6×His-tag 标签:

由于重组表达的 GFP 蛋白 N 端含有 6×His-tag 标签,因此可以使用 Ni 亲和层析的方法进行纯化。6×His 序列可与 $Ni^{2+}$ 离子可逆结合,可以被咪唑竞争性抑制。这种方法操作简便,纯化速度快,特异性比较高,适宜从成分复杂的混合物中粗提蛋白。

由于重组表达的 GFP 蛋白 N 端含有 $T_7$-tag 标签,因此可以用 anti-$T_7$ 抗体进行免疫亲和层析。同时,也可以用 anti-GFP 抗体进行免疫亲和层析。

**3. 表达宿主菌株 BL21(DE3)**

在培养基中存在 IPTG 时,IPTG 诱导 BL21(DE3)菌株基因组中的乳糖操纵子并表达 $T_7$ RNA 聚合酶,$T_7$ RNA 聚合酶在 pET-28a 的 $T_7$ 启动子的作用下开始转录。转录产物从 5′端起依次含有 pET-28a 上的核糖体结合位点,pET-28a 上的起始密码 AUG,6×His-tag 的序列,thrombin 酶切位点序列,$T_7$-tag 序列,GFP 自身的起始密码 AUG,GFP 序列,GFP 终止密码和 pET-28a 的多克隆位点下游序列。

由于 pET-28a 的起始密码上游的核糖体结合位点对 *E. coli* 核糖体有良好的亲和力,而 GFP 自身起始密码上游缺乏合适的核糖体结合位点,因此翻译从 pET-28a 的起始密码开始。

翻译产物从 N 端开始依次是：His-tag，thrombin 酶切位点，$T_7$-tag，GFP 序列。因此，实现了 GFP 与 pET-28a 上游标签序列的融合表达。这样的融合表达对 GFP 的鉴定、分离纯化等实验都有重要意义。

## 【器材与试剂】

**1. 实验仪器**

10、200、1000 μL 微量移液器各一支，层析柱 10 cm×2 cm，1.5 mL Eppendorf 管，0.5 mL Eppendorf 管，PCR 管，吸头，20、50、100、1000 mL 锥形瓶，烧杯，试管，量筒，小平皿，大培养皿，直径为 10、20 cm 的玻璃平皿各一个，40 cm×20 cm 染色盘，剪刀，镊子，刀片，一次性手套，封瓶膜，普通滤纸等。

台式高速离心机，微型瞬间离心机，台式冷冻离心机，旋涡振荡器，PCR 扩增仪，DNA 电泳槽，蛋白质电泳槽，高压电泳仪，凝胶自动呈像仪，紫外分光计，超声破碎仪，高压灭菌锅，超净台，水浴锅，培养箱，摇床，紫外灯。

**2. 实验材料**

*E. coli* DH5α，DH5α（含 pEGFP-N3 质粒），DH5α（含 pET-28a 质粒），BL21（DE3）。DNA 限制性内切酶及相关试剂：*Eco*R I 和 *Bam*H I 及相应缓冲液，BSA，His-bind Ni-NTA 亲和层析介质，透析袋（分子截流量 10 000）。

**3. 实验试剂**

（1）LB 液体培养基；抗生素：卡那霉素（Kan）50 mg/mL，使用时稀释 500 倍。

（2）碱裂解法从菌液中提取质粒相关试剂：溶液 I，溶液 II，溶液 III，异丙醇，70% 乙醇，无菌重蒸水（含 RNase）。

（3）DNA 琼脂糖凝胶电泳相关溶液：

① 50×TAE 电泳缓冲液储存液（pH 8.5）：Tris 碱 242 g，乙酸 57.1 mL，$Na_2$EDTA·$2H_2O$ 37.2 g，加水至 1L。临用前，用蒸馏水稀释至 1×工作液（1×工作液：40 mmol/L Tris-HAc，1 mmol/L EDTA）。

② TAE 琼脂糖凝胶：1×TAE 电泳缓冲液，1%～2% 琼脂糖。

③ 核酸染料：Genefinder™ 染料。

④ 精准定量相对分子质量标准 X。

（4）蛋白质 SDS-PAGE 相关溶液及试剂：

① 丙烯酰胺贮存液：丙烯酰胺 29.2 g，甲叉双丙烯酰胺 0.8 g，加水至 100 mL。

② 4×分离胶缓冲液：称取 Tris 碱 18.2 g，用盐酸调至 pH 8.8，加入 SDS 0.4 g，用重蒸水定容至 100 mL，4℃ 储存。

③ 4×浓缩胶缓冲液：称取 Tris 碱 6.05 g，用盐酸调至 pH 6.8，加入 SDS 0.4 g，用重蒸水定容至 100 mL。4℃ 储存。

④ 10% 过硫酸铵（AP）。

⑤ 5×电泳缓冲液：Tris 碱 15.1 g，SDS 5 g，甘氨酸 72 g，用蒸馏水定容至 1 L。

⑥ 2×样品缓冲液：50 mmol/L Tris-HCl（pH 6.8），2% SDS，0.1% 溴酚蓝，10% 甘油。

⑦ 考马斯亮蓝染色液：0.5 g 考马斯亮蓝 R-250 溶于 500 mL 甲醇，加入 100 mL 冰乙酸，

用蒸馏水定容至 1 L。

⑧ 脱色液：50 mL 甲醇，100 mL 冰乙酸，用蒸馏水定容至 1 L。

⑨ Brilliant Blue Plus 预染蛋白相对分子质量标准。

(5) PCR 相关试剂：

① DNA 聚合酶及相应缓冲溶液：

  Taq 酶，10×Taq 酶缓冲液  北京 Transgen 生物技术有限公司

  Pfu 酶，10×Pfu 酶缓冲液  北京 Transgen 生物技术有限公司

② dNTP 混合液：各 2.5 mmol/L。

③ 引物（各引物均由 Primer Premier 5.0 软件设计并由上海生工生物工程技术服务有限公司合成，终浓度为 10 mol/L）。

(6) DNA 连接试剂：DNA 连接酶，DNA 连接酶缓冲液。

(7) 亲和层析试剂：

① 40 mL Ni-NTA His-bind 树脂上样缓冲液（50 mmol/L $NaH_2PO_4$，300 mmol/L NaCl，10 mmol/L 咪唑）。

② Ni-NTA His-bind 树脂洗涤缓冲液（50 mmol/L $NaH_2PO_4$，300 mmol/L NaCl，20 mmol/L 咪唑）。

③ Ni-NTA His-bind 树脂洗脱缓冲液（50 mmol/L $NaH_2PO_4$，300 mmol/L NaCl，250 mmol/L 咪唑）。

④ 0.01 mol/L PBS 溶液。

【实验步骤】

**1. pEGFP-$N_3$-pET-28a 重组质粒的制备**

(1) 挑取一过夜培养菌落于 50 mL LB 液态培养基中，37℃振荡培养过夜。

(2) 分装过夜扩增培养物于 1.5 mL Eppendorf 离心管中。

(3) 4℃，12 000 r/min 离心 10 min，倾去上清液。

(4) 每管加入溶液 I 100 μL，用前加入 4 mg/mL 溶菌酶，重悬浮。

(5) 每管加入新配溶液 II 150 μL，快速混匀，静置 5 min。

(6) 每管加入溶液 III 100 μL，混匀，静置 10 min。

(7) 4℃，12 000 r/min 离心 15 min，取上清液至新的 1.5 mL Eppendorf 离心管中。

(8) 加入 400 μL 1∶1 体积混合的饱和酚-氯仿混合液，快速混合，室温静置 10 min。

(9) 室温以 12 000 r/min 离心 15 min，取上清液至新的 1.5 mL Eppendorf 离心管中。

(10) 加入冰冷无水乙醇 800 μL，冰置 10 min，4℃，12 000 r/min 离心 30 min，倾去上清液，加入 70% 乙醇 800 μL 洗涤。

(11) 4℃，12 000 r/min 离心 10 min，倾去上清液，50℃减压烘干后，每管质粒溶于 20 μL 重蒸水（含 1 mg/mL RNase）中，保存于 −20℃。

**2. 鉴定重组体**

(1) 菌落 PCR 鉴定 700 bp 阳性克隆重组子。

① 引物：

T₇ 启动子引物 69 348-3　5′-TAATACGACTCACTATAGGG-3′
T₇ 终止子引物 69 337-1　5′-GCTAGTTATTGCTCAGCGG-3′

② PCR 反应体系：

表 14-1　PCR 反应体系

| 反应物 | 体积/μL |
|---|---|
| dNTP | 2 |
| T₇ 左引物 | 0.5 |
| T₇ 右引物 | 0.5 |
| Taq DNA 聚合酶 | 0.5 |
| 缓冲液 | 2 |
| 重蒸水 | 14.5 |

将来源于梯度 2 的一份菌落拷贝用菌落 PCR 鉴定其 800 bp 阳性克隆重组子，使用无菌吸头挑取菌落于 Eppendorf 管中。

③ 温度循环设定：

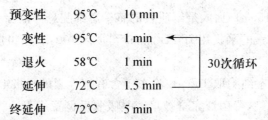

预变性　95℃　10 min
变性　　95℃　1 min
退火　　58℃　1 min　　30 次循环
延伸　　72℃　1.5 min
终延伸　72℃　5 min

④ PCR 产物加入溴酚蓝-genefinder 混合液 5 μL，使用 0.8% 琼脂糖电泳分离。

（2）建立双酶切体系：

表 14-2　双酶切反应体系　　　　　　　　　　（单位：μL）

| 反应质粒 | pEGFP-N3 | pET-28a |
|---|---|---|
| 质粒 | 20 | 20 |
| BamH I | 2 | 2 |
| Xho I | 2 | 2 |
| 10×buffer K | 3 | 3 |
| 0.1%BSA 缓冲液 | 3 | 3 |
| 总体积 | 30 | 30 |

37℃ 温育 3 h。

**3. 经鉴定的 pET-28a-GFPp 重组质粒转化 E. coli BL21(DE3) 菌株**

（1）制备 BL21(DE3) 菌株的感受态细胞：

① 将 BL2(DE3) 菌液 10 μL 接入 3 mL LB 液体培养基中，过夜培养。
② 二次活化：以 1∶50 比例接入新的试管中摇床培养 2 h。

③ 取菌液 1.5 mL 冰置 10 min。

④ 收集细胞：于 4℃ 4000 r/min 离心 2 min。

⑤ 弃培养液，加入预冷的 0.1 mol/L 的氯化钙溶液 600 μL，轻轻悬浮细胞，冰置 20 min，于 4℃ 下 4000 r/min 离心 2 min。

⑥ 弃上清液，加入预冷的 0.1 mol/L 的氯化钙溶液 500 μL，轻轻悬浮细胞，冰置 5 min，于 4℃ 下 4000 r/min 离心 2 min。

⑦ 弃上清液，加入预冷的 0.1 mol/L 的氯化钙溶液 300 μL，轻轻悬浮细胞，即成感受态细胞。

(2) pET-28a-GFP 重组体 DNA 转入 BL2(DE3) 菌中：

① 将制得的 300 μL 细胞悬液分成 3 份，2 份用于转化，1 份进行平行操作。平行操作时不加质粒，以作为对照。分别取 2 支 100 μL 的感受态细胞悬液，各加入重组体质粒 DNA 溶液 2 μL，轻轻摇匀，冰置 30 min。

② 42℃ 水浴热激 90 s，后迅速置于冰上冷却 5 min。

③ 向两管中分别加入 LB 液体培养基 100 μL，混匀后在 37℃ 振荡培养 30~60 min。

④ 涂平板：

a) 分别取 50、100、150 μL 加入重组质粒的感受态细胞悬浮液涂布于含抗生素的平板上。

b) 其中一块含抗生素的平板用 IPTG 涂布后，加入 100 μL 重组质粒的感受态细胞悬浮液涂布。

c) 将对照组的感受态细胞取 100 μL 涂布于含有抗生素的平板上。

d) 正面向上放置片刻，待菌液完全被培养基吸收后倒置培养，37℃ 培养 20 h。

**4. IPTG 诱导重组蛋白的表达**

(1) 将重组阳性克隆菌转接至 3 mL 液体 LB(Kan$^+$) 培养基中，37℃ 培养 16 h。

(2) 将过夜菌按照 1∶50 比例接种到 4 支试管中，每支试管含有新鲜的 3 mL LB(Kan$^+$) 培养基，菌液扩大培养 2 h，测量 $A_{600}$ 约为 0.5 时，停止培养。

(3) 分别使用 IPTG(最后总浓度应为 1 mmol/L)诱导 0,2,4 h。

(4) 将各管菌液离心并照相。

**5. SDS-PAGE 鉴定 His-tag-EGFP 融合蛋白**

(1) 运有 SDS-PAGE 鉴定 His-tag-EGFP 融合蛋白菌体处理：

① 挑取菌落，接种于含抗生素的 LB 液体培养基中，37℃ 振荡培养。

② 待菌液的 $A_{600}$ 约为 0.7 时，加入 IPTG 至终浓度为 0.1~0.2 mmol/L，诱导 3~4 h。

③ 取菌液 3 mL，加入 2×SDS 样品处理液 100 μL，吹吸重悬。

④ 沸水中煮 10 min，13 000 r/min 离心 1 min。

⑥ 取上清液 5~10 μL 准备上样。

(2) SDS-PAGE 胶的配制：

① 按照使用说明搭好制胶架。

② 按照以下配方，配制 12% 的 SDS-PAGE 分离胶：

| 去离子水 | 3.5 mL |
| 4×分离胶缓冲液(pH 8.8) | 2.5 mL |
| 丙烯酰胺贮备液(30%) | 4 mL |
| TEMED | 10 μL |
| 10%AP | 80 μL |

总体积为 10 mL,混匀后,快速加入水封。室温静置 20 min 以上。凝胶凝固后倾去水层,吸干残留水分。

③ 按照以下配方,配制 3% 上层浓缩胶:

| 去离子水 | 2.3 mL |
| 4×浓缩胶缓冲液(pH6.8) | 1 mL |
| 丙烯酰胺贮备液(30%) | 0.67 mL |
| TEMED | 10 μL |
| 10%AP | 50 μL |

总体积为 4 mL,混匀后,快速加入玻璃板内,插入梳子。室温静置 10 min 以上,均匀用力拔出梳子,加入电泳缓冲液,上样电泳。

④ 先恒压 50 V,待溴酚蓝迁移至浓缩胶分离胶界面时,将电压调至 80 V,恒压至溴酚蓝完全跑出胶。

⑤ 小心取出凝胶,考马斯亮蓝染色 1 h。

⑥ 用脱色液脱色,直至背景脱至无色。

⑦ 对 SDS-PAGE 进行数据处理分析。

### 6. His-tag-EGFP 融合蛋白提取

(1) 平板挑取一阳性带有重组质粒的 BL21 菌落,接入含有 LB(Kan$^+$)培养基的试管内,37℃培养过夜。

(2) 以 1∶50 的比例接入 LB(Kan$^+$)培养液的锥形瓶中,共 200 mL,30℃培养至 $A_{600}$ 约为 0.7。

(3) 加入 IPTG 至终浓度为 0.1~0.2 mmol/L,诱导 3~4 h。

(4) 将菌液于 4℃ 以 13 000 r/min 离心 15 min,取湿菌体,并使用 0.01 mol/L PBS(pH 7.4)重悬清洗菌体一次,并再次在 4℃ 以 13 000 r/min 离心 15 min,取菌体保存于 30 mL 离心管中。

(5) 将湿菌体冻存于液氮中,4 h 后取出以 37℃ 融化,反复 2 次以初步破菌。

(6) 使用 0.01 mol/L PBS 溶液(pH 7.4)悬浮湿菌体,总体积约 6 mL。

(7) 以 1 mg/mL 的剂量加入粉状溶菌酶,混匀,冰置 30 min。

(8) 使用带钛钢钻头的超声波菌体粉碎器破菌,频率为 5 s 起动,5 s 暂停。循环 99 次,其间使用冰盒降温。

(9) 13 000 r/min,4℃ 离心 15 min,观察沉淀是否还有颜色,如仍有颜色沉淀,则重复破菌。

(10) 13 000 r/min,4℃ 离心 30 min,以除去菌体碎片,收集上清液。

(11) 上清液以 100 000 g,4℃ 离心 1 h,以彻底除去不溶物,取上清液,量取体积。

### 7. 使用 His-bind Ni-NTA 亲和层析柱分离融合蛋白

金属螯合柱的纯化流程示意见图 14-8。

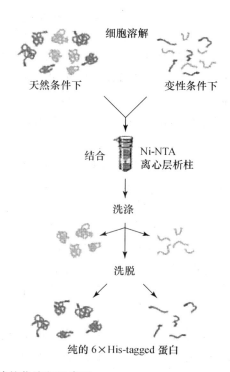

**图 14-8　金属螯合柱的纯化流程示意图**

（1）在上清液中加入等体积饱和$(NH_4)_2SO_4$溶液，4℃静置过夜。

（2）12 000 r/min，4℃离心 30 min 取沉淀物，使用 40 mL Ni-NTA His-bind 树脂上样缓冲液溶解，13 000 r/min，4℃离心 30 min，以除去不溶物。

（3）取 20 mL 溶液上柱，流速 1 mL/min。柱体积 5 mL。以 30 mL Ni-NTA His-bind 树脂洗涤缓冲液洗柱，至紫外检测仪检测曲线稳定平齐。

（4）使用 Ni-NTA His-bind 树脂洗脱缓冲液洗脱蛋白，收集洗脱液。

（5）使用 0.01 mol/L PBS（pH 8.0）溶液对洗脱液进行透析除盐（透析袋分子截流量 10 000），换水 4 次，每次 1000 mL。

（6）透析后溶液真空冻干，收集黄色固体，−20℃保存。

### 8. His-bind Ni-NTA 亲和层析柱保存与再生

（1）纯化样品后，Ni 柱用 2 倍柱体积含 50 mmol/L EDTA 的缓冲液洗去 Ni。

（2）用 2 倍柱体积蒸馏水洗，长时间不用就用 20%乙醇洗 2 倍柱体积，4℃，冰箱保存。

（3）所用各溶液上柱前都需要用 0.22 μm 滤膜过滤。

（4）再次使用 His-bind Ni-NTA 亲和层析柱时：

① 用重蒸水洗 2 倍柱体积；

② 100 mmol/L $NiSO_4$ 洗 2 倍柱体积，缓冲液平衡 2 倍柱体积后上样。

【实验结果】

**1. 重组体 PCR 鉴定（见图 14-9）**

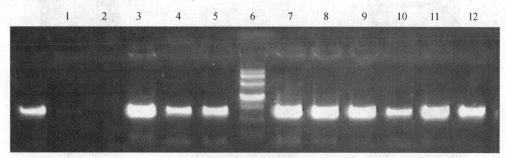

图 14-9　PCR 鉴定结果

1,3,4,5,7,8,9,10,11,12 为重组子

**2. 重组质粒双酶切的结果（见图 14-10）**

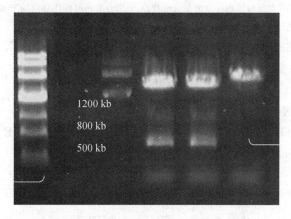

图 14-10　重组质粒双酶切电泳结果

**3. SDS-PAGE 检测表达的荧光蛋白（见图 14-11,14-12）**

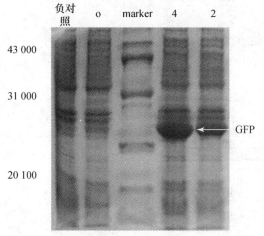

图 14-11　菌体用 IPTG 诱导 0,2,4 h 后
全蛋白 SDS-PAGE 图谱

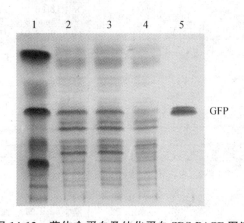

图 14-12　菌体全蛋白及纯化蛋白 SDS-PAGE 图谱

1,蛋白质标准；2,3,4,菌体全蛋白；5,纯化后荧光蛋白

**4. 分离纯化绿色荧光蛋白的结果(见图 14-13)**

**图 14-13 经过镍柱纯化液体及干燥绿色荧光蛋白样品(紫外光激发)**
(a)、(b)为亲和层析柱分离的液体样品,(c)为亲和层析柱分离的干燥样品

野生型绿色荧光蛋白(wtGFP)在紫外光激发下发出微弱的绿色荧光,经过对其发光结构域特定氨基酸的定点改造,EGFP 能在可见光的波长范围被激发(吸收区红移),发光强度比原来强上百倍。

**5. 对 SDS-PAGE 进行处理数据分析结果**

使用实验室 Using Bio-CaptTM version 1.25 软件,对 SDS-PAGE 的结果进行了分析,最终得到的数据经过 Excel 处理得到结果如图 14-14 所示:

|    | A       | B       | C          |
|----|---------|---------|------------|
| 1  | Lane 4  | Volume  | Percentage |
| 2  | Band 1  | 46822   | 1.11%      |
| 3  | Band 2  | 27143   | 0.65%      |
| 4  | Band 3  | 57817   | 1.38%      |
| 5  | Band 4  | 24485   | 0.58%      |
| 6  | Band 5  | 36749   | 0.87%      |
| 7  | Band 6  | 117520  | 2.80%      |
| 8  | Band 7  | 185582  | 4.41%      |
| 9  | Band 8  | 101195  | 2.41%      |
| 10 | Band 9  | 35725   | 0.85%      |
| 11 | Band 10 | 84254   | 2.00%      |
| 12 | Band 11 | 225323  | 5.36%      |
| 13 | Band 12 | 55844   | 1.33%      |
| 14 | Band 13 | 48439   | 1.15%      |
| 15 | Band 14 | 422260  | 10.04%     |
| 16 | Band 15 | 136727  | 3.25%      |
| 17 | Band 16 | 68975   | 1.64%      |
| 18 | Band 17 | 406520  | 9.67%      |
| 19 | Band 18 | 161490  | 3.84%      |
| 20 | Band 19 | 1028444 | 24.46%     |
| 21 | Band 20 | 98779   | 2.35%      |
| 22 | Band 21 | 236593  | 5.63%      |
| 23 | Band 22 | 104113  | 2.48%      |
| 24 | Band 23 | 56142   | 1.34%      |
| 25 | Band 24 | 437362  | 10.40%     |
| 26 |         | 4204303 |            |
| 27 |         |         |            |

**图 14-14 SDS-PAGE 进行处理数据**

由以上数据可以看出在一条蛋白带上：目的蛋白含量为 1 028 444（单位未知），总蛋白含量为 4 204 303，目的蛋白所占比重为 24.5%；在与图上的 marker 位置（大约 500 000）进行比对并通过计算后，可以求得目的蛋白含量大约有 20 μg，则目的蛋白在细胞培养液中的浓度大约为 62.5 mg/L。

## 【问题分析及思考】

（1）氨基酸标签（His-tag）在蛋白质分离纯化中有何作用？基本原理是什么？

（2）使用 His-bind Ni-NTA 亲和层析柱分离纯化蛋白质基本步骤有哪些？实验时如何正确使用和保存 His-bind Ni-NTA 亲和层析介质？

## 参 考 文 献

1. Heskins M, Guillet JE. Solution properties of poly (N-isopropylacrylamide). J Macromol Sci Chem, 1968, A2: 1441—1455.
2. Monji N, Hoffman AS. A novel immunoassay system and bioseparation process based on thermal phase separating polymers. Appl Biochem Biotech, 1987, 14: 107—120.
3. Schmid JA, Neumeier H. 2005. Evolutions in science triggered by green fluorescent protein(GFP). Chem-Bio Chem, 2005, 6: 1149—1156.
5. Tsien RY. The green fluorescent protein. Annu Rev Biochemistry, 1998, 67: 509—544.
6. Zimmer M. Green fluorescent protein(GFP): Applications, structure, and related photophysical behavior. Chemical Reviews, 2002, 102(3): 759—781.
7. [美]萨姆布鲁克 J, 拉塞尔 DW 著. 分子克隆实验指南. 3 版. 黄培堂等译. 北京：科学出版社，2002, 1080—1158.
8. Shimomura O, Johnson FH, Saiga Y. Extraction, purification and properties of aequorin, a bioluminescent protein from the luminous protein from the luminous hydromedusan, aequorea. Journal of Cellular and Comparative Physiology, 1962.
9. Prasher DC, Eckenrode VK, Ward WW, Prendergast FG, Cormier MJ. Primary structure of the Aequorea victoria green-fluorescent protein. Gene, 1992, 111(2): 229—233.
10. Chalfie PTM, Yuan Tu, Euskirchen G, et al. Green fluorescent protein as a marker for gene expression. Science, 1994, 263(5148): 802—805.
11. Yang F, Moss LG, Phillips GN Jr. The molecular structure of green fluorescent protein. Nat Biotechnol, 1996, 14(10): 1246—1251.
12. BD TALON™ metal affinity resins user manual, Ni-NTA spin handbook.

# 实验15　绿色荧光蛋白-谷胱甘肽转硫酶基因融合及其表达

谷胱甘肽转硫酶(glutathion S-transferases,简称GSTs)是广泛存在于动物和人体的各种组织中的一组同工酶家族,均为由2个亚基组成的二聚体,相对分子质量为45 000～49 000。GST参与芳香环氧化物、过氧化物和卤化物的解毒作用,GST对底物谷胱甘肽(GSH)的亲和力是亚毫摩尔级的,可以应用于亲和层析,纯化效率极高。

本实验利用谷胱甘肽转硫酶便于分离纯化,绿色荧光蛋白具有标记性强的特点,把它们重组成GST-GFP融合蛋白。本实验用 *E. coli* DH5α 扩增提取pEGFP-N3质粒和pGEX-4T-1质粒,选择 *Bam*HⅠ、*Not*Ⅰ酶切位点各自对pEGFP-N3、pGEX-4T-1进行双酶切,把EGFP基因连接入pGEX-4T-1,将连接产物转化 *E. coli* DH5α 感受态细胞,培养鉴定是否得到重组质粒。若得到重组质粒,则将重组质粒转化入蛋白表达载体 *E. coli* BL21的感受态细胞中,再利用IPTG诱导蛋白表达,之后利用SDS-聚丙烯酰胺凝胶电泳和Western印迹法检测融合蛋白的表达。

## 【实验目的】

学习绿色荧光蛋白和谷胱甘肽转硫酶融合蛋白的基本原理,将EGFP基因重组到pGEX-4T-1表达载体上,这个载体本身带有GST片段,最后转化入表达宿主菌株BL21(DE3)中进行原核表达,通过基因重组过程掌握两蛋白基因重组的实验技术。

## 【实验原理】

**1. 背景资料**

谷胱甘肽转硫酶和绿色荧光蛋白(GFP)融合蛋白(GSTs-GFP)。

(1) GSTs(谷胱甘肽转硫酶):

GSTs(Glutathion S-transferases)是广泛存在于动物和人体的各种组织中的一组同工酶家族,均为由2个亚基组成的二聚体,相对分子质量为45 000～49 000。在生理上,具有重要的解毒功能。GST参与芳香环氧化物、过氧化物和卤化物的解毒作用,GST催化这些带有亲电中心的疏水化合物与还原型谷胱甘肽(GSH)的亲核基团GS-反应,中和它们的亲电部位,使产物水溶性增加,经过一系列代谢过程,最后产物巯基尿酸被排出体外,从而达到解毒目的。GST还能共价或非共价地与非底物配基以及多种疏水化合物结合,具有结合蛋白的解毒功能。在分子实验中,利用GST融合蛋白有很多实际应用,可以用来进行亲和层析,Far Western印迹或沉降技术检测蛋白质-蛋白质相互作用。GSTs在分子实验中的应用:由于GST对底物谷胱甘肽(GSH)的亲和力是亚毫摩尔级的,因此GSH固化于琼脂糖所形成的亲和层析树脂对GST及其融合蛋白的纯化效率极高。

pGEX-4T-1表达载体上,谷胱甘肽转硫酶基因编码序列:为258～977位,其中918～935位有凝血酶结合位点,而在930～966位上则有由多个酶切位点构建的多克隆位点。在1307

~2237位点上是 bla 即 β-内酰胺酶基因,其编码区在1377~2237区段。这一片段应该是决定 Amp 抗性的部分。

(2) pGEX-4T-1 质粒:

载体自身带有 GST 片断,其基因图谱及多克隆位点(MCS)的酶切图谱如图15-1所示。

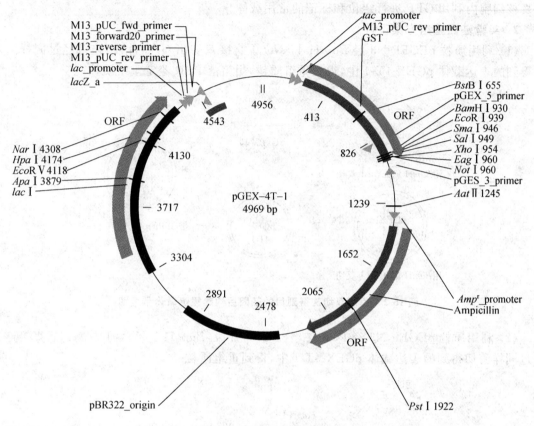

**图 15-1　pGEX-4T-1 质粒图谱**

该载体在实验中被用作 EGFP 的载体质粒。它本身含有 GST 基因,Tac 启动子,bla 基因,lacIq 基因,Amp 抗性基因等组件。实验目的是要获得 EGFP-GST 融合蛋白,因此在设计重组质粒时不能破坏开放读码框(ORF)。我们选用 BamH I,Not I 进行双酶切,并将 EGFP 基因连接到 GST 读码框末端。质粒全长 4969 bp,是来自于 E. coli 的原核表达载体,其主要结构如下:Tac 启动子(183~211位),tac 启动子,lac 启动子和 trp 启动子组合而成的混合启动子,LacIq 从 3318~4400位上还有 lacIq 基因,起到了 lac 阻遏蛋白的作用,使得质粒中的 GST 的表达受到了调控。本实验中,用 IPTG 诱导时,由于 IPTG 和 lacIq 的表达产物结合,所以使得 GST 能够顺利表达。

(3) pEGFP-N3 质粒:

该载体被用作实验中 EGFP 的来源质粒,它在 591~665 位置有一个多克隆位点(MCS);在末端有与卡那霉素抗性相关的基因,因此可以利用加有卡那霉素的培养基对转化结果进行筛选(不过本实验不使用卡那霉素抗性,因为这个质粒只用来提供 EGFP,不作为载体。但是,在菌体培养时,要加入卡那霉素)。实验中需要酶切下 EGFP 基因片段(约 700 bp),再连接到

pGEX-4T-1 载体质粒上。

该质粒全长 4729 bp,其中 675～1394 位为 EGFP 的编码区,该质粒上 2625～3419 位则是编码新霉素磷酸转移酶的编码区,而这段区域使得该质粒具有了卡那霉素抗性。

该质粒含有 Pcmv 启动子,从而能够进行真核细胞内的转录和翻译,该系列载体也就成为在真核细胞内利用 GFP 进行定位和标记的常用载体。

**2. 实验基因重组方案设计**

(1) 利用质粒 pEGFP-N3 经 BamH Ⅰ、Not Ⅰ 直接双切出 GFP 片段,连入经过同样酶双切得到的表达载体 pGEX-4T-1 中,得到重组质粒,用菌落 PCR 鉴定重组质粒。

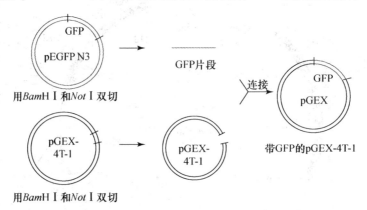

图 15-2  用酶双切法得到目的基因后构建重组载体示意图

(2) 利用质粒 pEGFP-N3 经 PCR 扩增出 GFP 片段,BamH Ⅰ/Xho Ⅰ 双酶切后直接连入经过同样酶切得到的表达载体 pGEX-4T-1 中,得到重组质粒。

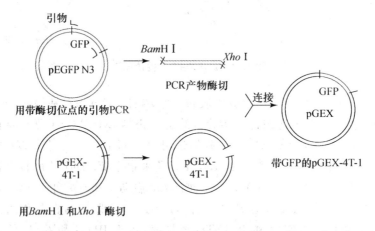

图 15-3  用 PCR 方法得到目的基因后构建重组载体示意图

PCR 反应扩增 GFP 片段,通过在自行设计的 PCR 引物中引入酶切位点,使得到的 PCR 产物可以在双切后顺利连入表达载体。

正向引物:5′ GTA GGA TCC GGC GTG TAC GGT GGG A 3′
反向引物:5′ GGG CTC GAG TTA CTT GTA CAG CTC G 3′

直接挑取所有单菌落培养,双酶切鉴定质粒。

## 3. 如何构建表达载体

融合蛋白表达载体构建,主要解决以下几个问题:

(1) 两种蛋白要在同一个开放阅读框(ORF)下表达。

(2) 序列中不能出现终止密码子。

(3) 酶切位点的选择。

(4) 检测 PCR 引物设计。

(5) GST 和 GFP 的基因在连接的时候,应该处于同一读码框下,保证 GFP 正常表达,而不出现移码突变。

(6) 要求 GST 的起始位点 ATG 与克隆到的 GFP 片段中的原起始位点 ATG 之间的碱基数为 3 的倍数。

(7) 终止密码子:在同一读码框下的 TAA,TAG,TGA 三个密码子,不同物种之间的终止密码子基本相同,少数物种有种特异性。

(8) 多克隆位点(MCS)在 pGEX-4T-1 中的 GST 基因序列中部,所以不会出现终止密码子,但要注意的是 EGFP 连入的时候,在酶切位点附近有可能产生终止密码子。

(9) 在融合表达载体的蛋白编码区中间的终止密码子可能导致 EGFP 不能表达,从而不显示绿色荧光。

(10) 酶切位点的选择:

① 酶切位点必须是两个质粒上均有的位点,两个位点在载体上的顺序也要相同。考虑到还要切割片段进行克隆,所以两个酶切位点也必须在目标片段的两端。

② 进行检测的酶切位点可以改变,可以选择其他的酶切位点,只要可以达到切下较为特异可判断的片断的目的即可。

③ 本实验酶切位点的选择。检验过程中除了 *Not* I 以外,其他位点,如 Amp 抗性基因,*lacIq* 上的酶切位点也可以考虑。

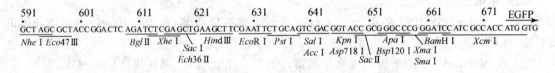

**图 15-4 pEGFP-N3 载体多克隆位点**

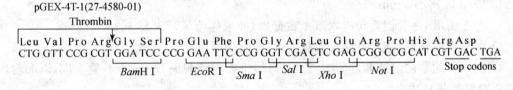

**图 15-5 pGEX-4T-1 载体多克隆位点**

(11) 融合蛋白大小计算:

① 可根据质粒图谱上的多克隆位点切点编号得知相应片段 DNA 的大小。

② GFP:1398−661=737。

③ GST：977－258＝719。
④ 融合蛋白：737＋719＝1456。
⑤ 融合蛋白氨基酸数：1456/3≈485。
⑥ 蛋白中氨基酸平均相对分子质量为110。
⑦ 融合蛋白大小：110×485＝53350。

【实验器材与试剂】

**1. 实验仪器**

摇床,冰箱,电泳仪,恒温水浴槽,水浴锅,灭菌锅,超净台,离心机,凝胶自动成像仪,蛋白质电泳槽,蛋白质转移槽,Eppendorf管,吸头,滤纸,硝酸纤维素薄膜,微量移液器。

**2. 实验材料**

携带pEGFP-N3质粒的菌株,携带pGEX-4T-1质粒的菌株,DH5α菌株,BL21(DE3)菌株。

**3. 实验试剂**

LB培养基;溶液Ⅰ;溶液Ⅱ;溶液Ⅲ;酚-氯仿溶液;TE缓冲液;TBE缓冲液(0.5×TBE);电泳缓冲液;脱色液;TBS缓冲液;TTBS缓冲液;转移缓冲液。

其他试剂：限制性内切酶 $Bam$ HⅠ, $Not$ Ⅰ,DNA Marker,蛋白Marker,一抗,二抗,氨苄抗生素,DNA连接酶,30%丙烯酰胺,6%丙烯酰胺,1.5 mol/L Tris-HCl,0.5 mol/L Tris-HCl,TEMED,10%SDS,10%AP,1 mmol/L IPTG,过氧化氢,四氯萘酚,甲醇,无水乙醇,70%乙醇,20 μg/mL RNaseA的无菌蒸馏水,0.1 mol/L $CaCl_2$ 溶液,脱脂奶粉,BSA,无菌重蒸水,SDS上样缓冲液,蛋白胶染色液,琼脂糖凝胶回收试剂盒。

【实验步骤】

**1. 菌体培养**

(1) 在含有pEGFP-N3的 $E.\ coli$ DH5α平板上挑取单菌落,置于含有3 mL LB培养基的试管中,摇床培养过夜。

(2) 在pGEX-4T-1的平板上挑取单菌落于另外一个试管中,同样摇床培养过夜。

**2. 提取质粒**

(1) 取1.5 mL含有pEGFP-N3基因的 $E.\ coli$ DH5α培养液倒入1.5 mL Eppendorf管中,12 000 r/min离心1 min。

(2) 弃上清液,将管倒置于吸水纸上数分钟,使液体流尽。重复1、2步骤一次。

(3) 菌体沉淀重悬浮于100 μL溶液Ⅰ中(需充分混匀)。

(4) 加入新配制的溶液Ⅱ 200 μL,盖紧管口,快速温和颠倒Eppendorf管5次,以混匀内容物(避免剧烈振荡),冰浴片刻。

(5) 加入预冷的溶液Ⅲ 150 μL,盖紧管口,温和振荡数次,使沉淀混匀,冰浴中放置约2 min,12 000 r/min离心5 min。

(6) 上清液移入干净Eppendorf管中,加入等体积的酚-氯仿(1∶1)溶液,振荡混匀,12 000 r/min离心2 min。

(7) 将水相移入干净Eppendorf管中,加入2倍体积的无水乙醇,振荡混匀后,置于室温下 5 min,然后 12 000 r/min 离心 10 min。

(8) 弃上清液,将管口敞开倒置于吸水纸上使所有液体流出,加入 70% 乙醇 1 mL 洗涤沉淀及管壁,12 000 r/min 离心 30 s。

(9) 弃上清液,将管倒置于吸水纸上使液体流尽,真空抽干。

(10) 将沉淀溶于 20 μL TE 缓冲液(pH 8.0,含 20 μg/mL RNaseA)中,37℃消化 10 min,存于冰箱中。

(11) 按照同样的流程和方法将 pGEX-4T-1 的质粒提取出来,存于冰箱中。

**3. 琼脂糖凝胶电泳鉴定质粒**

(1) 制备琼脂糖胶板:配制 1% 琼脂糖的 TBE 缓冲液,微波加热至溶液澄清,倒入制胶槽,插入梳子。待胶板凝固后,将铺胶的有机玻璃内槽放在电泳槽中。在电泳槽中注入 TBE 缓冲液至没过胶,轻拔出梳子。

(2) 加样:将提取的质粒溶液与荧光染料混匀,上样。

(3) 电泳:恒压 120 mV 电泳。

(4) 用凝胶自动成像仪拍照保存,观察结果。

**4. 分别将 pEGFP-N3 和 pGEX-4T-1 质粒双酶切及酶切产物电泳鉴定**

表 15-1 为 pEGFP-N3 和 pGEX-4T-1 质粒 DNA 双酶切 BamH I/Not I 体系数据:

表 15-1  pEGFP-N3 和 pET-28a 质粒 DNA 双酶切体系  (单位:μL)

| 质粒 | BamH I | Not I | 10×缓冲液 | BSA | 重蒸水 | 总体积 |
|---|---|---|---|---|---|---|
| pEGFP-N3 | 18 | 1 | 1 | 3 | 3 | 4 | 30 |
| pGEX-4T-1 | 18 | 1 | 1 | 3 | 3 | 4 | 30 |
| | | | 37℃,3 h | | | |

**5. 酶切产物的回收**(以天为时代 DNA 回收试剂盒为例)

(1) 配 1.5% 琼脂糖凝胶溶液 50 mL,尽量把胶铺长一些,对 PCR 产物进行电泳分离;

(2) 将酶切产物全部加入加样孔中。

(3) 跑胶,观察结果,并且拍照。

(4) 用干净的刀片将需要的 DNA 条带从凝胶上切下来,称取重量。

(5) 以 0.1 g 凝胶对应 300 μL 的体积加入 PN。

(6) 50℃水浴放置 10 min,期间不断温和上下翻动离心管至胶完全融化。

(7) 将融化的溶液加入到一个吸附柱中,吸附柱再放入收集管,12 000 r/min 离心 60 s,弃废液。

(8) 加入漂洗液 PW 800 μL,12 000 r/min 离心 60 s,弃废液。

(9) 加入漂洗液 PW 500 μL,12 000 r/min 离心 60 s,弃废液。

(10) 将离心吸附柱放回收集管,13 000 r/min 离心 2 min。

(11) 取出吸附柱,放入一个干净的离心管中,在吸附膜的中间位置加入适量洗脱缓冲液 EB,洗脱缓冲液先在 65℃水浴预热,室温放置 2 min,12 000 r/min 离心 1 min,然后将离心的溶液重新加入离心吸附柱中,12 000 r/min 离心 1 min。

(12) 置于冰箱保存。

**6. 连接**

表 15-2 连接体系　　　　　　　　　　　　　　　　　　（单位：μL）

| GFP 片段 | 载体片段 | 连接酶 | 缓冲液 | 总体积 |
|---|---|---|---|---|
| 13 | 3 | 2 | 2 | 20 |
| 16℃过夜 | | | | |

**7. 转化**

(1) 感受态细胞的制备（$CaCl_2$ 法）：

① 从新活化的 E. coli DH5α 菌平板上挑取单菌落，接种于 3～5 mL LB 液体培养基中，37℃振荡培养 12 h，至对数生长期。将该菌悬液 1∶50 接种于 LB 液体培养基，37℃振荡培养至 $A_{600}$ 为 0.6～0.8，停止培养。

② 培养液在冰上冷却片刻后，转入离心管，4000 r/min 离心 5 min。弃上清液，用预冷的 0.1 mol/L 的 $CaCl_2$ 溶液 800 μL 轻轻悬浮细胞，冰上放置 20 min，4000 r/m 离心 5 min。

③ 弃上清液，加入预冷的 0.1 mol/L 的 $CaCl_2$ 溶液 500 μL，轻轻悬浮细胞，冰上放置 5 min，即制得感受态细胞悬液。

(2) 转化涂板：

① 取感受态细胞悬液 100 μL，加入质粒 DNA 溶液 1 μL，轻轻摇匀，冰上放置 30 min。

② 42℃水浴中热激 90 s，热激后迅速置于冰上冷却 5 min。

③ 向管中加入 LB 液体培养基 100 μL，混匀后 37℃振荡培养 60 min。

④ 取上述菌液 100 μL 涂布于含抗生素的平板上，先正面向上放置，待菌液完全被培养基吸收后于 37℃倒置培养 20 h。

⑤ 对照实验：一是取感受态细菌溶液 100 μL 涂布在含有抗生素的平板上，该平板应不长菌；二是取感受态细菌溶液 100 μL 涂布在不含抗生素的平板上，该平板应长出菌苔。

**8. PCR 鉴定及双酶切鉴定**

(1) PCR 鉴定：

① pGEX-EGFP 重组质粒 PCR 鉴定引物设计：

　　　　FP：5′ GGGCATATGGTGAGCAAGGGCGAGG 3′
　　　　RP：5′ GGGCTCGAGTTACTTGTACAGCTCG 3′

② 挑取单菌落 20 个，分别接种于 3 mL 含氨苄青霉素的液体 LB 培养基中，37℃摇床过夜。用于进行 PCR 检测。

③ 20 个菌落分别提取 20 管质粒。首先按表 15-3 体系进行菌落 PCR 鉴定。

表 15-3 菌液 PCR 鉴定体系　　　　　　　　　　　　　　（单位：μL）

| 10×缓冲液 | 重蒸水 | 2.5 mmol/L dNTP | 5 μmol/L EGFP-Primer F | 5 μmol/L EGFP-Primer R | Taq 酶 | 总体积 |
|---|---|---|---|---|---|---|
| 1 | 4 | 1 | 0.5 | 0.5 | 1 | 8 |

实验组各加菌液 2 μL；阳性对照加 pEGFP-N3 质粒 1 μL，$dH_2O$ 1 μL；阴性对照加 pGEX-4T-1 质粒 1 μL，$dH_2O$ 1 μL。

④ PCR 循环：

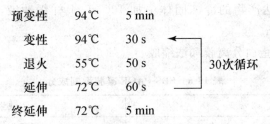

⑤ 分别按编号加入 DNA 琼脂糖凝胶电泳的加样孔中进行电泳。

⑥ 将 PCR 产物电泳。电泳的上样顺序：GFP 片段，GST 模板，GFP 模板，菌液 PCR。选择扩增出 GFP 片段的对应阳性菌落提取质粒进行下一步实验。

⑦ 用荧光激发器看结果，确定阳性克隆的位置。

(2) 双酶切鉴定：

为了防止 PCR 得到假阳性克隆，还需要进一步进行双酶切鉴定。

① 从摇床培养过夜的菌体中提取质粒。

② 酶切：用 BamH I 和 Pst I 双酶切鉴定。

如果使用双酶切检测，不使用昂贵的 Not I，而用 BamH I 和 Pst I 酶切。因为鉴定是不必像构建重组载体时一样考虑移码突变的问题的。

表 15-4　重组质粒酶切鉴定体系　　　　　　　　　　　　（单位：μL）

| 质粒 | BamH I | | 缓冲液 K | 重蒸水 | 总体积 |
|---|---|---|---|---|---|
| 2 | 0.5 | Not I 0.5 | 1 | 6 | 10 |
| 2 | 0.5 | Pst I 0.5 | 1 | 6 | 10 |
| | | 37℃，2~3 h | | | |

③ 综合 PCR 和酶切的结果，挑取 2 个阳性克隆的菌落，摇床培养过夜。

## 9. 观察蛋白表达

转化 E. coli BL21(DE3) 后，分别在含 IPTG 的 Amp$^+$ 平板，Amp$^+$ 平板上涂布转化菌，在 Amp$^+$ 和 Amp$^-$ 板上涂布未转化菌，其中含 IPTG 板加入 1 mmol/L IPTG 100 μL，进行诱导。37℃，培养过夜，观察拍照。

## 10. 菌体培养及蛋白表达

(1) 从重组 E. coli BL21(DE3) 筛选平板上选取产生绿色荧光的阳性克隆单菌落两个，分别接种到 3 mL 含 Amp 的液体 LB 培养基中，37℃，摇床培养过夜。

(2) 分别取 0.5 mL 上述菌液，加入 4 个装有 3 mL 含 Amp 的液体 LB 培养基管子中，37℃ 活化 2~3 h。对照组不加入 IPTG，直接离心去上清液，冻存。实验组分别加入 1 mol/L IPTG 4 μL 诱导 GST-GFP 融合蛋白的表达，第一管 1 h 后离心冻存，第二管 2 h 后离心冻存，第三管 4 h 后离心冻存。这样就形成了 IPTG 诱导 0，1，2 和 4 h 的时间梯度。另外还有一组为空载体，即含有 pGEX-4T-1 的菌，操作同 0 h 实验组。

**11. SDS-PAGE 电泳**

(1) 向含有诱导表达产物的冷冻固体中加 100 μL 上样缓冲液,沸水浴中煮沸 5 min 后 10 000 r/min 离心 10 min。

(2) 按表 15-6 配制蛋白分离胶和浓缩胶。

表 15-6 SDS-PAGE 凝胶配制成分

| 分离胶 12% | | 浓缩胶 6% | |
| --- | --- | --- | --- |
| 30%丙烯酰胺/mL | 1.6 | 30%丙烯酰胺/mL | 0.3 |
| 1.5 mol/L Tris-HCl(pH 8.8)/mL | 1.1 | 0.5 mol/L Tris-HCl(pH 6.8)/mL | 0.4 |
| TEMED/μL | 3 | TEMED/μL | 2 |
| 10%SDS/μL | 40 | 10%SDS/μL | 15 |
| 重蒸水/mL | 1.2 | 重蒸水/mL | 0.8 |
| 混匀 | | 混匀 | |
| 10%AP/μL | 34 | 10%AP/μL | 15 |
| 混匀 | | 混匀 | |

(3) 先灌入分离胶,水封,聚合后再灌入浓缩胶,小心插入梳子,注意加样孔中不要有气泡。

(4) 从左到右分别上样:IPTG 诱导 0,1,2,4 h 各 7 μL,Marker 5 μL,空载体 7 μL。

(5) 将胶移入电泳槽内,恒压 80 V 至进胶,样品进胶后 120 V 电泳至溴酚蓝条带至胶底端。

(6) 将凝胶取下,一块进行染色,一块进行 Western 印迹。

(7) 染色鉴定:

① 将 PAGE 胶放入容器中,加入 100 mL 超纯水,微波炉中加热至刚刚沸腾,取出容器均匀摇动 1~2 min,重复上述步骤 2~3 次,弃水溶液。

② 向容器中加入 50 mL 染色液,微波炉中加热至刚刚沸腾,取出容器均匀摇动 1~2 min,重复上述步骤 1~2 次,弃染色液。

③ 向容器中加入 100 mL 超纯水,微波炉中加热至刚刚沸腾,取出容器均匀摇动 1~2 min,重复上述步骤 1~2 次,弃水溶液。

④ 加入 100 mL 蒸馏水,观察,拍照。

**12. Western 印迹法**

(1) 转移:

① 切割与蛋白胶尺寸相符的硝酸纤维素膜、滤纸,并和海绵一起用转移缓冲液浸湿。

② 打开蛋白质转移槽,按照从负极到正极的顺序依次放入:海绵、滤纸、凝胶、硝酸纤维素膜、滤纸、海绵。合上胶板,放入转移槽中,倒入转移缓冲液,加上冰盒。

③ 120 mA 恒流电泳 1 h,之后两组颠倒胶板,再电泳 1 h。转移结束,取出硝酸纤维素膜。

(2) 免疫印迹:

① 用 TTBS 缓冲液洗膜 10 min,在摇床上轻轻摇动。

② 用封闭液封闭膜,摇床摇动 60 min。

(3) 移去封闭溶液,用 TTBS 缓冲液洗膜两次,各 10 min。
(4) 将几块湿润的滤纸置于大平皿中,在上面放一块洗净的塑料板,塑料板上放着和板等大的封口膜。取 500 μL 一抗溶液,点在封口膜上,将硝酸纤维素膜面朝下铺在一抗上,注意不要有气泡,室温下过夜。
(5) 去掉一抗,用 TTBS 缓冲液洗膜 3 次,每次 10 min,摇床上轻轻摇动。
(6) 同一抗加入方法加入二抗,37℃结合 2 h。
(7) 去掉二抗,用 TTBS 缓冲液洗膜 3 次,每次 10 min,最后用 TBS 洗一次。
(8) 取 BS 10 mL,预热到 40℃,加入硝酸纤维素膜,加过氧化氢 10 μL 混匀,取少量四氯萘酚,溶于 1 mL 甲醇中,将以上两者迅速混合至小平皿中,摇动 2~3 min。
(9) 加重蒸水终止反应。观察,拍照。

【实验结果】

### 1. 提取 pEGFP-N3 和 pGEX-4T-1 质粒

琼脂糖凝胶电泳分析结果见图 15-6。

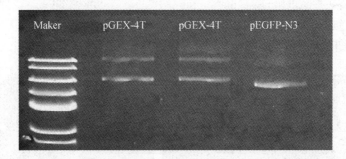

**图 15-6  pEGFP-N3 和 pGEX-4T-1 质粒 DNA 电泳图谱**

### 2. 质粒双酶切

pGEX-4T-1 只切掉了大约 10 bp 的长度,所以从大小上无法判断是否酶切成功(图 15-7)。以超螺旋状态的该质粒为对照(图 15-6),可见酶切后的载体已经线性化。

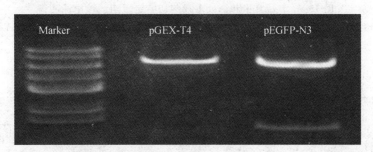

**图15-7  pEGFP-N3 和 pGEX-4T-1 双酶切(BamH I /Not I)产物电泳图谱**

在本实验中,提取的 pGEX-4T-1 和 pEGFP-N3 质粒大小分别为 5 kb 和 4.7 kb 左右;pGEX-4T-1 和 pEGFP-N3 双酶切产物中回收的目的片段分别为 5 kb 和 700 bp 左右(同时这两个片段是线性化的,迁移速度慢);pGEX-4T-1-EGFP 重组质粒大小约为 5.7 kb。

### 3. 菌液 PCR 鉴定重组菌落

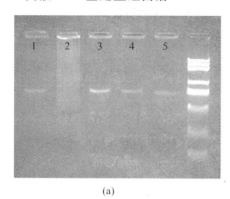
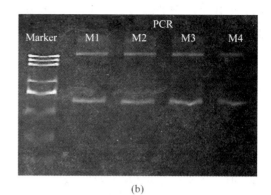

图 15-8 菌液 PCR 鉴定重组质粒电泳图谱

从 PCR 结果(图 15-8)初步判定：(a) 1、3、4、5 号样品对应的菌落为阳性重组克隆；(b) M1、M2、M3、M4 号样品对应的菌落为阳性重组克隆。但是 PCR 的结果有时并不完全可靠，还需要用酶切的方式进一步验证。

### 4. 酶切鉴定重组质粒

(1) 用 *Bam*H I 和 *Not* I 双酶切鉴定(图 15-9)：

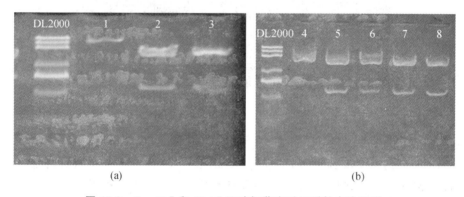

图 15-9 *Bam*H I 和 *Not* I 双酶切鉴定重组质粒电泳图谱

1.5% 琼脂糖凝胶，DL2000 上样 5 μL，1~8 表示酶切样品编号，与 PCR 相对应，每个酶切样品上样 8 μL

从图 15-9 可以得出结论：样品 2、3、5、6、7、8 所对应的质粒为阳性重组质粒。

(2) 用 *Bam*H I 和 *Pst* I 双酶切鉴定：

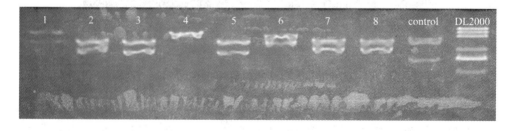

图 15-10 *Bam*H I 和 *Pst* I 双酶切鉴定重组质粒电泳图谱

1.5% 琼脂糖凝胶，DL2000 上样 5 μL，1~8 表示酶切样品编号，与 PCR 相对应，control 表示切 pGEX-4T-1 空质粒作对照；每个酶切样品上样 8 μL

结果分析(图15-10):

用 BamH I 和 Pst I 双酶切,最好以切开 pGEX-4T-1 空质粒作对照,因为不管是不是重组质粒,都可以切出条带,只是重组质粒切出的条带更大一些,约为1700 bp;而非重组质粒或空质粒只能切出一条约1000 bp 的条带。但我们不能仅凭 Marker 判断切出的条带是否为1700 bp,若以切开的空质粒作对照,可以更加肯定样品是否是重组质粒。

将前8个泳道切出的条带与第9泳道的对照作对比,可以得出结论:样品2、3、5、7、8所对应的质粒为阳性重组质粒。

## 5. 综合图谱

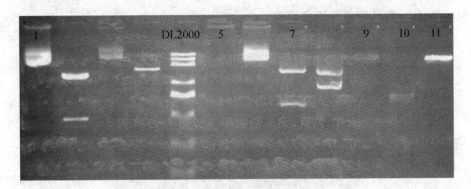

图15-11 实验全过程综合图谱

1.5%琼脂糖凝胶,DL2000 上样 5 μL;1~12 为泳道编号;泳道 1 为 pEGFP-N3 质粒,2 为 pEGFP-N3 质粒 BamH I 和 Not I 双酶切结果,3 为 pGEX-4T-1 质粒,4 为 pGEX-4T-1 质粒 BamH I 和 Not I 双酶切结果,5 为阳性重组质粒菌液 PCR 结果,6 为重组质粒,7 为重组质粒 BamH I 和 Not I 双酶切结果,8 重组质粒 BamH I 和 Pst I 双酶切结果,9 为 pGEX-4T-1 空质粒 BamH I 和 Pst I 双酶切结果,11 为切胶回收 EGFP 基因片断结果。由于连接产物全部用于转化,所以没有连接产物的电泳结果。

## 6. 重组质粒转化 BL21 结果

图15-12 重组质粒转化 BL21(DE3)结果(凝胶成像仪在荧光激发下照片)

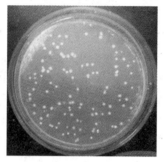
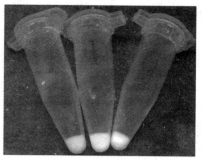

图 15-13　重组质粒转化 BL21(DE3)结果(照相机在荧光激发下照片)

**7. SDS-PAGE,考马斯亮蓝染色结果**

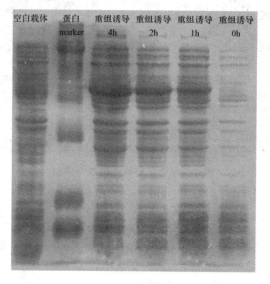

图 15-14　SDS-PAGE 图谱(数码相机拍摄)

相对分子质量标准分别是：94 000,62 000,53 000,40 000,20 000。GST 相对分子质量为 53 000。

图 15-14 的电泳结果显示非常明显的梯度效果：随诱导时间加长,融合蛋白的表达量明显增加。

**8. Western 印迹结果(图 15-15)**

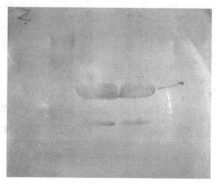

图 15-15　Western 印迹结果

图 15-15～15-14 对照来看,硝酸纤维素薄膜上出现相对应的 GST 表达蛋白的条带

【问题分析及思考】

（1）pGEX-4T-1 表达载体有什么重要特性？与 pEGFP-N3 载体筛选标志有何区别？

（2）克隆和表达 GSTs（谷胱甘肽转硫酶）有何应用价值？

（3）怎样分析 GFP-GST 融合蛋白的正确性？

## 参 考 文 献

1. 郝福英. 生命科学实验技术. 北京：北京大学出版社，2004.
2. 萨姆布鲁克 J，费里奇 EF，曼尼阿蒂斯 T. 分子克隆实验指南. 2 版. 金冬雁，黎孟枫译. 北京：科学出版社，1993.
3. Strugnell SA，Wiefling BA，DeLuca HF. A modified pGEX vector with a C-terminal Histidine tag：recombinant double-tagged protein obtained in greater yield and purity.
4. http：//catalog.takara-bio.co.jp/en/

# 实验16 携带温度敏感型基因表达载体的构建及其鉴定*

目前越来越多的研究使用温度敏感型表达载体表达目的蛋白,尤其是药用蛋白。与诱导物诱导目的基因表达相比,温度诱导型调控方式更加方便经济,但现在还无法较准确地控制表达量。对于 cI857 阻遏蛋白,在较低温度下目的基因表达量随温度增加缓慢且线性较好,如果能确定其表达蛋白与诱导温度之间的准确定量关系,这项技术将拥有广阔的应用前景。

本实验设计是通过 DNA 重组将 EGFP 基因片段插入到含有 $P_LP_R$ 启动子的高效表达载体 pBV220 中,构建载体 pBV220-EGFP,并得到了含有 pBV220-EGFP 质粒的 BL21(DE3)菌株,分别经 30、37、39、40、41、42℃热诱导,研究温度对表达载体 pEBV220-EGFP 的影响。结果表明,绿色荧光蛋白在 40℃时已经大量表达,在 42℃时表达效果较好。实验测定了在不同温度下诱导产生的荧光强度。考察以温度来代替诱导物控制目的基因表达的方法。

【实验目的】

在实验中我们选用温度敏感型表达载体来表达 EGFP 绿色荧光蛋白,改变以往实验选用化学诱导型载体 pET-28a 来表达 EGFP 绿色荧光蛋白的方式,使学生掌握温度诱导这个概念,同时对温度敏感型表达载体 pBV220 的前期探索有很重要的意义。

【实验原理】

**1. 温度诱导型调控方式**

自 1980 年以来,这种通过温度变化来诱导目的基因表达的调控系统开始建立起来,并日益广泛地用于科研中。现在很常用的一种方法是在一个质粒上将 cI857 阻遏蛋白的基因和 λ 噬菌体 $P_L$ 启动子重组,建立一个基因调控系统。携带该质粒的 E. coli 菌株在 30℃培养,此时,cI857 阻遏蛋白具有活性,与 $P_L$ 启动子结合,使目的基因转录不能起始;当温度升至 42℃时,cI857 阻遏蛋白失去活性,脱离 $P_L$ 启动子,从而使目的基因得以转录与表达。相对于化学诱导,通过温度诱导进行精确基因调控的 cI857-PL 启动子调控系统将是非常方便的。

**2. 质粒 pBV220**

pBV220 是我国预防医学科学院病毒研究所自行构建的。使用了很强的 $P_RP_L$ 双启动子,含有编码温度敏感性阻遏蛋白的 cI857 基因,在 30~32℃时产生的阻遏蛋白能阻止 $P_RP_L$ 的转录起始,细菌可以正常生长繁殖,42℃时该阻遏蛋白发生构象变化而失活,基因开始转录而表达。整个质粒仅为 3.66 kb,利于增加其拷贝数及容量,可以插入较大片段的外源基因;pBV220 的宿主广泛,质粒拷贝数较多,因此,小量简便快速提取即可满足需要。同时外源基因表达量占细胞总蛋白的 20%~30%,产物以包含体形式存在,不易降解,均一性良好。

---

* 本实验所用 pBV220 质粒由中国预防医学科学院病毒学研究所张智清教授友好赠送,特此致谢。

## 实验16 携带温度敏感型基因表达载体的构建及其鉴定

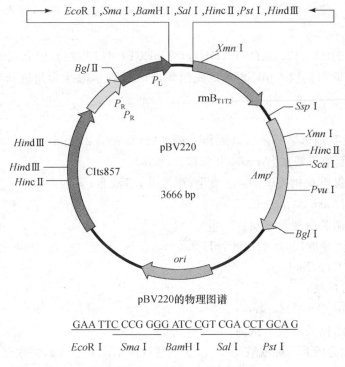

图 16-1 质粒 pBV220 物理图谱

### 3. 构建重组质粒 pBV220-EGFP

实验使用的 EGFP 蛋白取自原核-真核穿梭质粒 pEGFP-$N_3$ 的蛋白质编码序列。此质粒原本被设计于在原核系统中进行扩增,并可在真核哺乳动物细胞中进行表达。

本质粒主要包括位于 $P_{CMV}$ 真核启动子与 SV40 真核多聚腺苷酸尾部之间的 EGFP 编码序列与位于 EGFP 上游的多克隆位点;一个由 SV40 早期启动子启动的卡那霉素/新霉素抗性基因,以及上游的细菌启动子可启动在原核系统中的复制与卡那霉素抗性。本实验中作为 EGFP 的来源质粒,在 591~665 位置有一个多克隆位点,在载体末端有与卡那霉素抗性相关的基因,转化后可以在添加了卡那霉素的培养基上进行筛选。本实验中仅仅需要切下 EGFP 基因(约 700 bp),并在两端加入酶切位点,再连接到载体质粒上。在扩增菌株中进行质粒的扩增后转入表达质粒,以获得温度敏感菌株。

## 【实验仪器与材料】

### 1. 实验仪器

台式高速离心机,微型瞬间离心机,PCR 扩增仪,DNA 电泳槽,蛋白质电泳槽,高压电泳仪,凝胶自动成像仪,超声破碎仪,高压灭菌锅,超净台,水浴锅,培养箱,摇床,紫外灯,200、1000 μL 微量移液器,Modulus™ 微孔板型多功能光度计。

荧光检测模块规格:光源:波长匹配的 LED;检测器:PIN-光电二极管;检测方式:顶部检测;检测波长:4 个嵌入式荧光模块,包括紫外(Ex:365±10 nm,Em:410~460 nm),蓝光(Ex:460±10 nm,Em:515~580 nm),绿光(Ex:525±10 nm,Em:580~640 nm),红光(Ex:625±10 nm,Em:660~720 nm);灵敏度:0.5 fmol/200 μL 或 1 ppt 荧光素/孔(96 孔板);线性

范围:6个数量级。

**2. 实验材料**

菌株:E. coli DH5a,BL21(DE3),DH5a(含 pEGFP-N3 质粒),由北京大学生命科学学院分子生物学教学实验组提供。pBV220 是我国预防医学科学院病毒研究所自行构建,张智清教授友好赠送。

**3. 实验试剂**

(1) 培养基:LB 液体培养基;LB 固体平板。121℃灭菌 20 min。

(2) 抗生素:氨苄青霉素(Amp),卡那霉素(Kan)。

(3) 碱裂解法提质粒相关试剂:溶液Ⅰ;溶液Ⅱ;溶液Ⅲ;异丙醇,70%乙醇,无菌重蒸水,无菌重蒸水(含 RNAase 20 μg/mL)。

(4) 核酸电泳相关溶液及试剂:

① TAE 电泳缓冲液(50×贮存液,pH 8.5);

② 核酸染料:Genefinder;

③ 10×上样缓冲液;

④ DL2000 Plus DNA Marker。

(5) 蛋白质电泳相关溶液及试剂:

① 丙烯酰胺贮存液:丙烯酰胺 29.2 g,亚甲基双丙烯酰胺 0.8 g,加水至 100 mL,过滤。

② 4×分离胶缓冲液:称取 Tris 碱 18.2 g,用盐酸调至 pH 8.8,加入 SDS 0.4 g,用重蒸水定容至 100 mL,4℃储存。

③ 4×浓缩胶缓冲液:称取 Tris 碱 6.05 g,用盐酸调至 pH 6.8,加入 SDS 0.4 g,用重蒸水定容至 100 mL,4℃储存。

④ 10%过硫酸铵(AP)。

⑤ 5×电泳缓冲液:Tris 碱 15.1 g,SDS 5 g,甘氨酸 72 g,用蒸馏水定容至 1 L。

⑥ 2×样品缓冲液:50 mmol/L Tris-HCl (pH 6.8),2%SDS,0.1%溴酚蓝,10%甘油。

⑦ 考马斯亮蓝染色液:考马斯亮蓝 R-250 0.5 g 溶于 500 mL 甲醇,加入 100 mL 冰乙酸,用蒸馏水定容至 1 L。

⑧ 1 L 脱色液:甲醇 50 mL,冰乙酸 100 mL,用蒸馏水定容至 1 L。

⑨ 预染蛋白分子量标准。

(6) PCR 相关试剂:

① DNA 聚合酶及相应缓冲溶液:Taq DNA 聚合酶;10×Taq 酶缓冲液。

② dNTP 混合液,各 2.5 mmol/L。

③ 引物(由上海生工生物工程技术服务有限公司合成,各 10 μmol/L)

a) R 引物(引入 BamHⅠ酶切位点):

$$5'\text{GCAT}\underline{\text{GGATCC}}\text{CTTGTACAGCTCG } 3'$$
$$BamH\text{ Ⅰ}$$

23 bp,G/C%=56.5%,$T_m$=60.9℃

b) F 引物(引入 EcoRⅠ酶切位点):

$$5'\text{GTCC}\underline{\text{GAATTC}}\text{ATGGTGAGCAAGG } 3'$$
$$EcoR\text{ Ⅰ}$$

23 bp，G/C％＝52.2％，$T_m$＝59.4℃

(7) 其他试剂：

① DNA 限制性内切酶及相关试剂：*Eco*R Ⅰ和 *Bam*H Ⅰ及相应缓冲液，牛血清白蛋白（BSA）；

② DNA 胶回收试剂盒（离心柱型）；

③ DNA 连接试剂盒。

## 【实验步骤】

### 1. 碱裂解法提质粒

(1) 挑取转化后的单菌落，接种到 LB 培养液中，37℃剧烈振荡培养过夜（如果是携带 pBV220 的菌株，则在 30℃培养）。

(2) 将菌液 1.5 mL 倒入离心管，13 200 r/min 离心 1 h，弃上清液。

(3) 将细菌重悬于 100 μL 的 GET 溶液中，剧烈振荡。

(4) 加新配制的 NaOH(含 1％SDS)200 μL，快速轻柔颠倒 5 次，冰置 3 min。

(5) 加预冷的 KAc 溶液 150 μL，快速轻柔颠倒数次，冰置 5 min。

(6) 最大转速离心 6 min，上清液转移至新管中。

(7) 用 0.7 体积的异丙醇沉淀核酸，振荡混合，室温静置 3 min。

(8) 最大转速离心 5 min，收集沉淀，弃上清液。

(9) 加预冷(−20℃)70％乙醇 500 μL 于沉淀中，颠倒数次。最大转速离心 5 min，去上清液，室温放置，使乙醇挥发掉。

(10) 用无菌重蒸水(含 RNase 20 μg/mL)30 μL 溶解核酸，−20℃保存。

(11) 取 5 μL 进行 DNA 电泳，判断所提取的质粒的大概浓度和形态。

### 2. PCR 扩增目的 DNA 片段

(1) 根据目的基因序列，设计两端引物，根据载体序列加上合适的酶切位点。

正向引物：GTCCGAATTCATGGTGAGCAAGG

反向引物：GCATGGATCCCTTGTACAGCTCG

(2) 用无菌蒸馏水溶解引物，使引物浓度为 10 μmol/L。

(3) PCR 克隆基因片段 EGFP，按照表 16-1 配方配制 PCR 反应液。

表 16-1　PCR 体系

| 试　剂 | 体积/μL |
| --- | --- |
| Easy Pfu *Taq* DNA 聚合酶 | 1 |
| 10×Easy Buffer | 5 |
| 引物 F(10 μmol/L) | 1 |
| 引物 R(10 μmol/L) | 1 |
| 模板 | 0.5 |
| dNTP(各 2.5 mmol/L) | 5 |
| 重蒸水 | 36.5 |
| 总体积 | 50 |

(4) PCR 条件：

| | | |
|---|---|---|
| 预变性 | 94℃ | 5 min |
| 变性 | 94℃ | 30 s |
| 退火 | 55~60℃ | 30 s |
| 延伸 | 72℃ | 90 s |
| 最后一步延伸 | 72℃ | 10 min |

变性、退火、延伸 30 次循环

**3. 酶切质粒 pBV220 和基因片段 EGFP 双酶切系统（表 16-2）**

表 16-2　酶切质粒 pBV220 和基因片段 EGFP

| 试　剂 | 体积/μL |
|---|---|
| 10×K 缓冲液 | 3 |
| EcoR Ⅰ | 1.5 |
| BamH Ⅰ | 1.5 |
| 重蒸水 | 4 |
| 质粒或基因片段 | 20 |
| 总体积 | 30 |

选用对两种限制性内切酶都适宜的 K 缓冲液。将样品置于 37℃恒温箱内，反应 3 h。

**4. 用琼脂糖凝胶 DNA 回收试剂盒，从琼脂糖凝胶中分离纯化目的 DNA 片段**

(1) 用干净的刀片将需要的 DNA 条带从凝胶上切下来，称取重量。

(2) 以 0.1g 凝胶对应 300 μL PN 的比例加入 PN；50℃水浴 10 min，其间不断温和上下翻动离心管至胶完全融化。

(3) 将融化的凝胶加入到吸附柱中，再将吸附柱放入收集管中，室温静置 1 min，13 000 r/min 离心 30 s，弃废液。

(4) 加入漂洗液 PW 700 μL，13 000 r/min 离心 60 s，弃废液。

(5) 加入漂洗液 PW 500 μL，13 000 r/min 离心 60 s，弃废液。

(6) 将离心吸附柱放回收集管，13 000 r/min 离心 2 min。

(7) 取出吸附柱，置于室温数分钟，彻底晾干，以防止残留的漂洗液影响下一步的实验。

(8) 将吸附柱放入干净的离心管中，在吸附膜的中间位置加入适量洗脱缓冲液 EB（洗脱缓冲液先在 65℃水浴预热），室温放置 2 min，13 000 r/min 离心 2 min，然后将离心的溶液重新加入离心吸附柱中，13 000 r/min 离心 2 min。

(9) 置于-20℃保存。

**5. 连接质粒 pBV220 和基因片段 EGFP（表 16-3）**

表 16-3　连接体系

| 试　剂 | 体积/μL |
|---|---|
| 10×缓冲液 | 1 |
| T$_4$ DNA 连接酶 | 1 |
| 酶切质粒 pBV220 片段 | 2 |
| 重蒸水 | 0 |
| 基因片段 EGFP 片段 | 6 |
| 总体积 | 10 |

以 3∶1 的体积比连接基因片段 EGFP 片段和酶切质粒 pBV220 片段,16℃连接过夜。

**6. 转化**

(1) 感受态细胞的制备（$CaCl_2$ 法）：

① 将第一天摇床培养的菌液以 1∶50 二次活化培养至 $A_{600}$ < 0.7,然后取 3 mL 转入离心管中,冰上放置 10 min,4 000 r/min 离心 5 min。

② 弃上清液,用预冷的 0.1 mol/L 的 $CaCl_2$ 溶液 600 μL 轻轻悬浮细胞,冰上放置 20 min,4℃,4 000 r/min 离心 5 min。

③ 弃上清液,加入预冷的 0.1 mol/L 的 $CaCl_2$ 溶液 500 μL,轻轻悬浮细胞,冰上放置 5 min,即成感受态细胞悬液。

(2) 转化涂平板：

① 取感受态细胞悬液 100 μL,加入质粒 DNA 溶液 2 μL,轻轻摇匀,冰上放置 30 min。

② 42℃水浴中热激 90 s,热激后迅速置于冰上冷却 5 min。

③ 向管中加入 LB 液体培养基 100 μL,混匀后在 37℃振荡培养 60 min。

④ 将上述菌液摇匀后梯度稀释后,然后取 100 μL 涂布于含抗生素的平板上,正面向上放置,待菌液完全被培养基吸收后于 37℃倒置培养 18 h。如果是 pBV220 质粒,则在 30℃培养。

**7. 转化子的检测（菌落 PCR）**

正向引物：GTCCGAATTCATGGTGAGCAAGG

反向引物：GCATGGATCCCTTGTACAGCTCG

按表 16-4 分别取试剂装入 0.2 mL PCR 专用离心管,每管 10 μL。用吸头挑取单菌落,在检测液中吹吸几下,瞬时离心,反应液置于 PCR 仪中进行 PCR 反应。

表 16-4 菌落 PCR 体系

| 试　剂 | 体积/μL |
| --- | --- |
| *Taq* DNA 聚合酶 | 0.2 |
| 10×缓冲液 | 1 |
| 上游引物（10 μmol/L） | 0.5 |
| 下游引物（10 μmol/L） | 0.5 |
| 模板（吸头挑取单菌落） | 1 |
| dNTP（各 2.5 mmol/L） | 1 |
| 重蒸水 | 5.8 |
| 总体积 | 10 |

PCR 反应条件：

| | | |
| --- | --- | --- |
| 预变性 | 94℃ | 10 min |
| 变性 | 94℃ | 30 s |
| 退火 | 60℃ | 30 s |
| 延伸 | 72℃ | 60 s |
| 终延伸 | 72℃ | 10 min |

变性、退火、延伸 30次循环

**8. 对 PCR 阳性克隆菌液提取质粒,双酶切进一步鉴定重组体**

鉴定重组质粒酶切体系见表 16-5。

表 16-5　鉴定重组体的酶切体系

| 试　剂 | 体积/μL |
| --- | --- |
| 10×缓冲液 | 1 |
| EcoR Ⅰ | 0.5 |
| BamH Ⅰ | 0.5 |
| 重蒸水 | 6 |
| 重组质粒 | 2 |
| 总体积 | 10 |

**9. 质粒 pBV220-EGFP 的细胞转化**

重组质粒 pBV220-EGFP 对 E. coli BL21(DE3) 进行转化,取得阳性克隆。

**10. 全细胞检测目的蛋白表达情况**

(1) 挑取阳性克隆放置液体培养基中,30℃摇床培养过夜。

(2) 将含有阳性克隆的过夜培养的菌液 30℃ 摇荡培养 3 h,使 E. coli 达到生长指数期(菌液的 $A_{600}$ 约为 0.5)。

(3) 各取 3 mL 菌液分别在 30、34、37、39、40、41、42℃下诱导 4 h。

(4) 6000 r/min 离心 5 min,用 PBS 重悬将菌体转移到 2 mL 离心管中,4℃,13000 r/min 离心 5 min,再加 PBS 1 mL 重悬菌体,测菌液的 $A_{600}$,然后超声波破碎细胞(8 s、8 s、100 W、30 次)提取蛋白,4℃、13000 r/min 离心 5 min,取上清液,用紫外分光光度计测上清液蛋白含量,然后稀释 100 倍测上清液中绿色荧光蛋白的荧光强度。

(5) 沉淀加入 2×SDS 样品溶解液 100 μL,吹吸重悬。

(6) 沸水浴 10 min,13000 r/min 离心 10 min,取上清液用于 SDS-聚丙烯酰胺电泳检测表达蛋白。

**11. SDS-聚丙烯酰胺电泳检测表达蛋白**

(1) SDS-PAGE 胶的配制:

① 按照以下配方,配制 12% 的 SDS-PAGE 分离胶:

| | |
| --- | --- |
| 重蒸水 | 3.5 mL |
| 4×分离胶缓冲液(pH 8.8) | 2.5 mL |
| 30%丙烯酰胺贮存液 | 4 mL |
| TEMED | 10 μL |
| 10%AP | 80 μL |

总体积为 10 mL,混匀后,快速加入玻璃板中,水封。室温静置 20 min 以上。凝胶凝固后倾去水层,吸干残留水分。

② 按照以下配方,配制 3% 浓缩胶:

| | |
|---|---|
| 重蒸水 | 2.3 mL |
| 4× 浓缩胶缓冲液(pH 6.8) | 1 mL |
| 30% 丙烯酰胺贮存液 | 0.67 mL |
| TEMED | 10 μL |
| 10% AP | 50 μL |

(2) 灌胶:总体积为 4 mL,混匀后,快速加入玻璃板内,插入梳子。室温静置 10 min 以上,均匀用力拔出梳子,加入电泳缓冲液。

(4) 上样。

(5) 电泳:先恒压 50 V,待溴酚蓝迁移至浓缩胶分离胶界面时,将电压调至 80 V,恒压至溴酚蓝完全跑出胶。

(6) 小心取出凝胶,考马斯亮蓝染色 1 h。

(7) 用脱色液脱色,直至背景脱至无色。

**12. 菌体中可溶蛋白的提取**

(1) 平板挑取一阳性带有重组质粒的 E. coli BL21(DE3) 菌落,接入含有 Amp 的 LB 培养基的试管中,30℃ 培养过夜。

(2) 将培养的菌液以 1:50 比例接种于含有 Amp 的 LB 培养液的锥形瓶中,共 200 mL,30℃ 培养至 $A_{600}$ 约为 0.7。

(3) 迅速升温至所需温度,诱导培养 6 h。

(4) 将菌液于 4℃,13 000 r/min 离心 15 min,取菌体,并使用 0.01 mol/L PBS 将菌体重悬浮清洗一次。然后于 4℃,13 000 r/min 离心 15 min,取菌体保存于 30 mL 离心管中。

(5) 将湿菌体冻存于液氮中,4 h 后取出以 37℃ 融化,反复 2 次以初步破菌。

(6) 使用 0.01 mol/L PBS 溶液(pH 7.2)悬浮湿菌体,总体积约 6 mL。

(7) 加入粉状溶菌酶,使终浓度为 1 mg/mL,混匀,冰置 30 min。

(8) 使用带钛钢钻头的超声波菌体粉碎器破菌,频率为 5 s 起动、5 s 暂停,功率为 300 W,循环 99 次,其间使用冰盒降温。

(9) 4℃,13 000 r/min 离心 15 min,观察是否仍有绿色沉淀,如仍有绿色沉淀则重复破菌。

(10) 4℃,13 000 r/min 离心 30 min,以除去菌体碎片,收集上清液。

(11) 上清液于 4℃,100 000 g 离心 1 h,以彻底除去不溶物,取上清液,量取体积,并记录,4℃ 保存。

(12) 表达受体菌荧光强度的检测。使用多功能荧光仪测定不同温度下诱导菌悬液的荧光强度数据(表 16-6)。

【实验结果】

(1) 质粒(pBV220 和 pEGFP-N3)电泳图谱,见图 16-2:

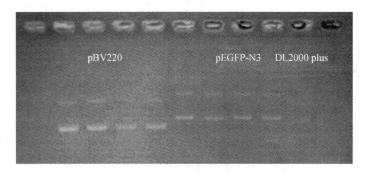

图 16-2 质粒电泳图谱

（2）克隆基因片段 EGFP，pBV220 和基因片段酶切情况，见图 16-3，16-4：

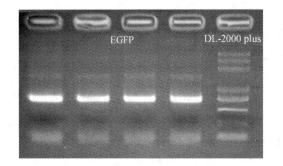

图 16-3 PCR 克隆基因片段 EGFP 电泳图谱

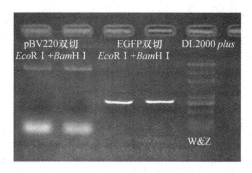

图 16-4 酶切质粒 pBV220 和基因片段 EGFP 电泳图谱

（3）重组分子鉴定，见图 16-5，16-6，16-7：

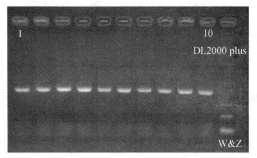

图 16-5 菌液 PCR 筛选电泳图谱（DH5a）

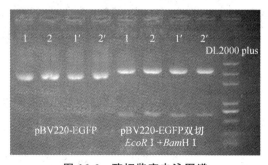

图 16-6 酶切鉴定电泳图谱

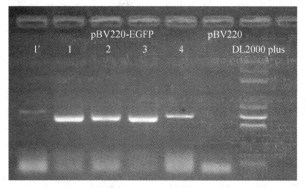

图 16-7 菌液 PCR 筛选电泳图谱（BL21）

（4）综合图谱，见图16-8：

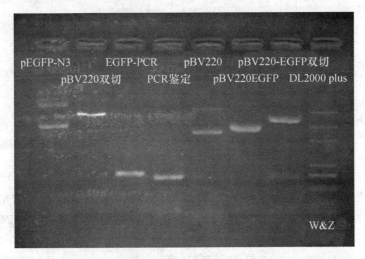

图16-8 综合图谱

（5）荧光蛋白质表达情况，见图16-9：

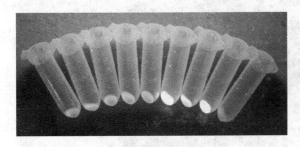

A. 菌液离心后沉淀物　　　　　　　　B. 菌液离心后上清液

图16-9 菌液离心后在紫外下的图片

（6）表达受体菌荧光强度的检测，见表16-6和图16-10：

表16-6 不同温度下诱导破碎菌体溶液荧光强度数据表

| 组别 | I | | | II | | | | 空白对照 |
|---|---|---|---|---|---|---|---|---|
| 温度/℃ | 34 | 37 | 42 | 30 | 34 | 37 | 42 | |
| 荧光强度 | 93 | 200 | 2700 | 75 | 110 | 190 | 4000 | 22 |
| | 110 | 200 | 2700 | 76 | 110 | 190 | 3900 | |
| 平均值 | 101.5 | 200 | 2700 | 75.5 | 110 | 190 | 3950 | 22 |
| 荧光强度（减空白值，×1000） | 0.795 | 0.1775 | 2.6775 | 0.053 | 0.875 | 0.1675 | 3.9275 | |

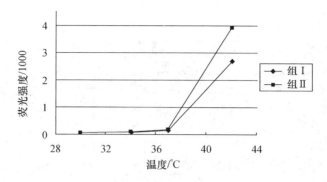

**图 16-10　破碎菌体后上清液荧光强度随温度变化曲线图**

实验考察 4 个不同温度下的荧光强度,因而得到的数据只能大致看出荧光变化的趋势,从结果看,荧光强度随温度升高逐渐增加。30～37℃范围内上升非常缓慢,而在 42℃有剧烈上升。

(7) SDS-PAGE 电泳鉴定 EGFP 表达情况,见图 16-11:

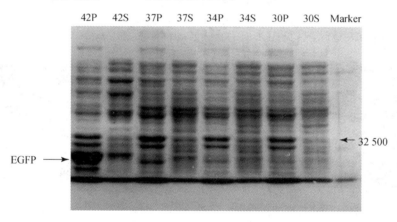

**图 16-11　SDS-PAGE 鉴定 EGFP 表达**

注:S 代表上清液,P 代表沉淀

在 42℃时,我们发现不论在上清液还是沉淀中,EGFP(27 000 附近)都得到了富集,但是大多数 EGFP 存在于沉淀中,这可能是由于 42℃下,蛋白质折叠可能存在一定的困难,降低了其溶解性,而且有可能已经形成包涵体。

## 【问题分析及思考】

(1) 选用温度敏感型表达载体来表达目的蛋白有什么应用价值?
(2) 将 EGFP 基因克隆到温度敏感型质粒 PBV220 中的主要步骤是什么?

## 参 考 文 献

1. 杨岐生. 分子生物学. 杭州:浙江大学出版社,2004.
2. Casadaban MJ, Chou J, Cohen SN. *In vitro* gene fusions that join an active 3-galactosidase segment to aminoterminal fragments of exogenous proteins: *Eschenichia coli* plasmid vectors for detection and cloning of

translational initiation signals. J. Bacteriol, 1980, 143: 971—980.
3. Caulcott CA, Rhodes M. Temperature-induced synthesis of recombinant proteins. Trends Biotechol, 1986, 2: 88—93.
4. Lowman HB, Bina H. Temperature-mediated regulation and downstream inducible selection for controlling gene expression from the bacteriophage lambda $P_L$ promoter. Gene, 1990, 96: 133—136.
5. Benito A, Vidal M, Villaverde A. Enhanced production of $P_L$-controlled recombinant proteins and plasmid stability in *Escherichia coli Rec* $A^+$ strains. J Biotechnol, 1993, 29: 299—306.
6. Poindexter K, Gayle III RB. Induction of recombinant gene expression in *Escherichia coli* using an alkaline pH shift. Gene, 1991, 97: 125—130
7. Villaverde A, Benito A, Viaplana E, et al. Fine regulation of cI857-controlled gene expression in continuous culture of recombinant *Escherichia coli* by Temperature. Applied and Environmental Microbiology, 1993, 10: 3485—3487.
8. 张智清,姚立红,侯云德. 含PRPL启动子的原核高效表达载体的组建及其应用. 病毒学报,1990,6(2): 110—115.
9. 夏仁品,沈文律. 大鼠MHC-Ⅰ类基因cDNA的克隆. 免疫学杂志,1999,15(3): 161—163.
10. 陈萍萍,吴逸明,张朝武,吴拥军. 人GSTM1 TV2基因的克隆及温控表达. 中国公共卫生,2003,19(6): 644—645.
11. 马巍,刘淼,杨广笑,王全颖. 人神经生长因子成熟蛋白基因片段在 *E. coli* 中的表达和生物活性鉴定. 西安交通大学学报(医学版),2005,26(1): 33—36.
12. Shimomura O, Johnson FH, Saiga Y. Extraction, purification and properties of aequorin, a bioluminescent protein from the luminous protein from the luminous hydromedusan, aequorea. Journal of Cellular and Comparative Physiology,1962.
13. Prasher DC, Eckenrode VK, Ward WW, et al. Primary structure of the aequorea victoria green-fluorescent protein. Gene, 1992, 111(2): 229—233.
14. Chalfie PTM, Tu Y, Euskirchen G, et al. Prasher, green fluorescent protein as a marker for gene expression. Science, 1994, 263(5148): 802—805.
15. Matz M, Fradkov A, Labas YA, et al. Fluorescent proteins from nonbioluminescent Anthozoa species. Nat Biotechnol, 1999, 17: 969—973.
16. Yang F, Moss LG, Phillips GN Jr. The molecular structure of green fluorescent protein. Nat Biotechnol, 1996, 14(10): 1246—1251.

# 实验 17  *Pfu* DNA 聚合酶基因的克隆与表达及其分离纯化

DNA 聚合酶 *Pfu* 是一种极其重要的 DNA 聚合酶,由于其较高的保真性,常应用于 PCR 中,比普遍使用的 *Taq* 酶更有优势。在实验中设计一对引物(含有 *Pfu* 基因和 His-tag 编码序列),将此基因体外扩增并成功克隆到载体 pET-28a 中,被表达的 *Pfu* 酶可以方便地利用亲和层析技术分离纯化。

## 【实验目的】

本实验通过修饰引物使 *Pfu* 基因末端引入 His-tag 编码序列,从已有 *Pfu* 基因的载体上把其扩增出来,重新连接入更易表达的 pET-28a 载体中,并在 *E. coli* BL21 中大量表达,通过纯化使其与商用 *Pfu* 酶活性相当。学生通过完成实验内容,有利于他们将所学的分子生物学技术与生物化学技术相结合,更好地提高解决实际问题的能力。

## 【实验原理】

**1. *Pfu* DNA 聚合酶**

(1) *Pfu* DNA 聚合酶的特性:

*Pfu* DNA 聚合酶是从生长在海底地热沉积物中的超嗜热古细菌 *Pyrococcus furiosus* 内提取出来的一种 DNA 聚合酶,该古细菌的最适生长温度约为 100℃ (Kristjansson,1992)。*Pfu* DNA 聚合酶基因已被全部测序,全长为 2785 碱基对,可以被转录并翻译成具有 775 个氨基酸,相对分子质量为 90 109 的 DNA 聚合酶(Uemori, et al, 1993)。多年的研究发现,相对于实验室常用的 *Taq* DNA 聚合酶等其他 DNA 聚合酶而言,*Pfu* DNA 聚合酶具有以下几个优点:

① 在迄今所有热稳定的 DNA 聚合酶中,*Pfu* DNA 聚合酶在 PCR 过程中的出错率是最低的(Flaman, et al, 1994;Chine, et al, 1996)。研究发现,相对于实验室常用的 *Taq* DNA 聚合酶等其他 DNA 聚合酶,*Pfu* DNA 聚合酶具有 $3'\rightarrow 5'$ 的外切酶活性,可以在 DNA 扩增过程中进行序列校对,从而显著地降低了 PCR 出错的概率,出错率大约为 $1.3\times10^{-6}$ 突变/bp/cycle(Lundberg, et al,1991;Chine, et al, 1996)。*Pfu* 的这种特性使之适用于那些高保真 PCR 过程,并被广泛应用于基因克隆、表达、测序等各种生物学研究中。

② *Pfu* DNA 聚合酶有着非常好的热稳定性,并且需要较高的温度(75℃)以发挥最佳催化活性(Lundberg, et al,1991; Mroczkowski, et al,1994)。这种优良特性可以使 *Pfu* DNA 聚合酶在不需要加入那些会损害 DNA 模板或聚合酶保真性的试剂的情况下有能力催化 GC 丰富的 DNA 模板的复制(Dutton, et al,1993;Chong, et al,1994)。而且,这种优良的特性能保证 PCR 95℃变性过程中 *Pfu* DNA 聚合酶不会因为变性时间过长而损害了酶活性,从而保证了 PCR 的正常进行。

③ *Pfu* DNA 聚合酶可以用来扩增长度达到 12 甚至 25 kb 的 DNA 模板(Nielson, et al,

1995)。这对于大片段 DNA 或载体的扩增非常有用,并由此促进了分子克隆的发展。

④ 相对于其他 DNA 聚合酶,$Pfu$ DNA 聚合酶在 22～50℃低温情况下的活性较低。这有利于减少 PCR 退火过程中因为延伸而带来的错配,提高了 PCR 的保真性。

综合以上所有优点,$Pfu$ DNA 聚合酶已经在生物学及相关领域的研究中得到了广泛应用,成为一种非常重要的工具酶(Chong, et al,2005;Qian, et al,2007;Nielsen, et al,2007)。

(2) $Pfu$ DNA 聚合酶的结构

Kim 等人用 X 射线衍射的方法研究了 $Pfu$ DNA 聚合酶的晶体结构,发现其为一个圆环状分子,体积大约是 5 nm×8 nm×10 nm(Kim, et al, 2008)。$Pfu$ DNA 聚合酶共由 5 个结构域构成,其中氨基酸残基 1-130 和 327-368 构成 N 末端结构域,131-326 构成 3′→5′外切酶结构域,369-450 构成手掌结构域,451-500 构成手指结构域,589-775 构成大拇指结构域(Kim, et al,2008;Hashimoto, et al,2001;Hopfner, et al,1999)。手指结构域和大拇指结构域的位置取决于 $Pfu$ DNA 聚合酶是否处于结合底物的状态(Li, et al,1998;Kim, et al,2008)。当底物未结合 $Pfu$ DNA 聚合酶时,手指结构域和大拇指结构域处于开放的构象;当 DNA 模板和引物结合到 $Pfu$ DNA 聚合酶上时,手指结构域和大拇指结构域就开始向手掌结构域移动,牢牢地将底物固定在 $Pfu$ DNA 聚合酶上(Brautigam and Stieitz,1998;Kim, et al,2008)。$Pfu$ DNA 聚合酶的外切酶结构域也随着 DNA 复制或错误修正的不同情况而改变构象,发挥校正功能(Hopfner, et al,1999)。总之,通过外切酶结构域和大拇指结构域的相互作用,$Pfu$ DNA 聚合酶可精确调节 DNA 复制和碱基错配修复功能(Kuroita, et al,2005)。

**2. $Pfu$ DNA 聚合酶的纯化方法**

$Pfu$ DNA 聚合酶的纯化常通过以下几个步骤:硫酸铵沉淀除非蛋白组分,透析除盐,柱色谱分离目的蛋白。柱色谱又可以分为好几种,有离子交换柱、分子筛以及亲和层析柱。离子交换柱的原理是不同的 pH 或者盐浓度下蛋白带电不同,结合力也不同。实验中通过不断改变盐浓度可分离不同蛋白质;分子筛的原理是根据蛋白质的分子大小来纯化分离蛋白;亲和层析柱的原理是根据目的蛋白和层析柱的亲和吸附作用从而将目的蛋白分离出来。实验中操作者常常在柱体上偶联上单克隆抗体,或者在目的蛋白上加上 His-tag 或 GST 等标签蛋白。

His-tag 标签法纯化蛋白由 Roche 公司发明,并已广泛应用于科学研究和实际生产的各个领域。His-tag 标签法纯化蛋白的优点是操作简单,目的蛋白纯度高,可在目的蛋白变性和非变性两种情况下使用(Woestenenk, et al,2004;Klose, et al, 2004)。在 $Pfu$ DNA 聚合酶的纯化过程中,在目的蛋白上加上 His-tag 标签蛋白来帮助纯化目的蛋白是一种较为简便的方法,而且这样处理可以使蛋白在纯化过程中省去硫酸铵沉淀和透析除盐两个步骤,节约了大量的时间和试剂。实验者只需要把含有偶联 His-tag 的目的蛋白粗提液用含有镍或钴的亲和吸附柱吸附,除去杂蛋白后直接洗脱即得纯化的 $Pfu$ DNA 聚合酶(Hazra, et al,2002;Wilson, et al,2002)。

在不影响目的蛋白结构和活性的前提下,在实验中操作者可以根据实际情况将 His-tag 加在目的蛋白氨基酸链的 N 端或 C 端。科学界现在有两种常用方法使目的蛋白偶联上 His-tag。第一种方法就是将目的基因插入带有 His-tag 的载体中,His-tag 基因和目的基因被安排在同一个编码框中,那么被编码的蛋白就会自动在末端带上 His-tag 标签(Lin, et al, 1997;Hazra, et al,2002)。第二种方法是通过 PCR 突变的方法在目的基因一侧加入 His-tag 的编码基因。在 PCR 过程中,在目的基因的起始密码子或终止密码子处加入带有 His-tag 编码基因的引物,这样 PCR 完成后目的基因也就带上了 His-tag 编码基因(Kashani-Poor, et al, 2001)。

由于 His-tag 标签法的诸多优点,其在蛋白质相互作用研究、蛋白分离纯化等领域已得到了极其广泛的应用。

## 【器材与试剂】

**1. 实验仪器**

台式高速离心机,微型瞬间离心机,PCR 扩增仪,DNA 电泳槽,蛋白质电泳槽,高压电泳仪,凝胶自动成像仪,高压蒸汽灭菌锅,超净工作台,水浴锅,培养箱,摇床,微量移液器。

3 mL Eppendorf 离心管,PCR 管,离心管架,PCR 管架,吸头,锥形瓶,烧杯,试管,量筒,玻璃平皿,染色盘,剪刀,镊子,刀片,一次性手套,封瓶膜,普通滤纸等。

**2. 实验材料**

(1) 引物设计:

  正向:5′ AGATCATGATTTTAGATGTGGATTA 3′ 25 bp, $T_m$ = 55℃;
  反向:5′ ATACTCGAGGGATTTTTTAATGTTAAG 3′ 27 bp, $T_m$ = 59℃。

(2) *E. coli* DH5a,BL21;pET-28a 质粒;

(以上均由北京大学生命科学院分子生物学教学实验组提供)。

(3) 含有 *Pfu* 基因的原菌株(生命科学研究所柴继杰教授友好赠送)。

(4) 北京全式金公司提供的 Easy*Pfu* DNA Polymerase(2.5 U/μL);限制性内切酶 BspH Ⅰ,Xho Ⅰ,Nco Ⅰ。

**3. 实验试剂**

(1) LB 培养基。

(2) 抗生素(见下表):

| 抗生素 | 溶剂 | 储存液浓度 | 终浓度 | 保存方式 |
| --- | --- | --- | --- | --- |
| 卡那霉素 | 无菌水 | 50 mg/mL | 50 μg/mL | 避光,4℃ |

(3) DNA 琼脂糖凝胶电泳相关溶液:

① 5×TAE 电泳缓冲液贮存液(pH 8.5):Tris 碱 24.2 g,乙酸 5.71 mL,EDTA-$Na_2$ · $2H_2O$ 3.72 g,加水至 1 L。临用前,用蒸馏水稀释至 1×工作液(40 mmol/L Tris-HAc,1 mmol/L EDTA)。

② 琼脂糖凝胶的配制:1×TAE 电泳缓冲液若干体积(根据电泳胶板大小而定),1% 琼脂糖。

③ 核酸染料:Genefinder,上样缓冲液。

④ DNA 分子标准:5000,3000,2000,1500,800,500,300 bp。

(4) 提取菌体中可溶性蛋白的相关试剂:

① 裂解液 A:50 mmol/L Tris 碱,1 mmol/L EDTA,1% 葡萄糖,pH 8.0,用前加溶菌酶至 4 mg/mL。

② 裂解液 B:50 mmol/L Tris 碱,1 mmol/L EDTA,1% 葡萄糖,0.5% Triton X-100,

0.5% NP40,pH 8.0。

(5) 亲和层析相关试剂：

① 结合缓冲液(pH 8.0)：20 mmol/L Tris-base，30 mmol NaCl，10 mmol/L 咪唑；

② 洗脱缓冲液：20 mmol/L Tris-base，30 mmol/L NaCl，250 mmol/L 咪唑；

③ 次氮基三乙酸脂(NTA)$Ni^{2+}$-琼脂糖。

【实验步骤】

**1. 实验流程(见图 17-1)：**

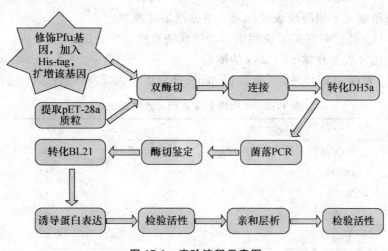

图 17-1 实验流程示意图

**2. 制备 $Pfu$ 质粒 DNA 和载体 pET-28a**

(1) 分别将含有 $Pfu$ 质粒的菌和含有载体 pET-28a 的菌，37℃培养 16 h。

(2) 用碱法提取 $Pfu$ 质粒和 pET-28a 质粒，$Pfu$ 质粒作为 PCR 反应模板。

**3. $Pfu$ 基因的获得**

(1) PCR 扩增 $Pfu$ 基因，反应体系见表 17-1：

表 17-1 PCR 扩增 $Pfu$ 基因反应体系

| 试 剂 | 体积/μL |
| --- | --- |
| NEB phusion 高速超保真 DNA 聚合酶 2.5U/μL | 1 |
| Buffer(5×) | 10 |
| 模板质粒 1μL | 1 |
| 正向引物 | 1 |
| 反向引物 | 1 |
| dNTP | 5 |
| 无菌重蒸水 | 31 |
| 总体积 | 50 |

(2) 将样品放置 PCR 仪中扩增 $Pfu$ 基因，其 PCR 反应程序为：

| | | | |
|---|---|---|---|
| 预变性 | 98℃ | 30 s | |
| 变性 | 98℃ | 10 s | |
| 退火 | 60℃ | 45 s | 35次循环 |
| 延伸 | 72℃ | 1 min | |
| 终延伸 | 72℃ | 10 min | |

(3) DNA 琼脂糖凝胶电泳：

① 取 DNA 样品 10 μL 混合染料 2 μL。

② 使用 1% 的琼脂糖凝胶，120 V 电泳 15～30 min。

③ 在蓝色激发光下用凝胶成像仪观察电泳结果并照相。

④ 在 2300 bp 处的明亮条带说明引物能够成功克隆修饰后的 *Pfu* 基因。

### 4. 目的基因片段与载体 pET-28a 的酶切

(1) 双酶切 *Pfu* 基因片段，在无菌 Eppendorf 管中加入反应体系（表 17-2）：

表 17-2　双酶切 *Pfu* 基因片段的反应体系

| 反应物 | 体积/μL |
|---|---|
| *Pfu* 基因片段（PCR 产物） | 20 |
| *Bsp*H I | 1 |
| *Xho* I | 1 |
| 缓冲液（10×） | 3 |
| 无菌重蒸水 | 5 |
| 总体积 | 30 |

(2) 双酶切质粒 pET-28a，在无菌 Eppendorf 管中加入反应体系（表 17-3）：

表 17-3　双酶切质粒 pET-28a 的反应体系

| 反应物 | 体积/μL |
|---|---|
| 质粒 pET-28a | 5 |
| *Nco* I | 1 |
| *Xho* I | 1 |
| 缓冲液（10×） | 3 |
| 无菌重蒸水 | 20 |
| 总体积 | 30 |

(3) 反应物混匀后，在 37℃ 进行双酶切反应，过夜。

### 5. 酶切产物回收

使用北京全式金生物技术有限公司提供的 EasyPure PCR Purification Kit。所有离心均在室温下进行。

(1) 取 50～100 μL PCR 产物，加入 5 倍体积的溶液 EB，混匀后加入吸附柱中（为提高纯化产量可以选择静置 1 min），10 000×g 离心 1 min，弃流出液。

(2) 加入 650 μL 溶液 WB，10 000×g 离心 1 min，弃流出液。

(3) 10 000×g 离心 1~2 min,去除残留的 WB。

(4) 将吸附柱置于一干净的离心管中,在柱的中央加入 30~50 μL EB。为提高纯化产量,可选择 65~70℃ 预热 EB 或重蒸水(pH>7.0),室温静置 1 min,10 000×g 离心 1 min,洗脱 DNA。得到的 DNA 于 −20℃ 保存。

### 6. 重组 pET-28a-*Pfu* 质粒及其转化

(1) 连接,反应体系见表 17-4:

表 17-4 连接反应体系

| 反应物 | 体积/μL |
|---|---|
| T₄ 连接酶 | 1 |
| 10× 缓冲液 | 1 |
| insert(PCR 产物经酶切回收) | 6.5 |
| vector(pET-28a 经酶切回收) | 1.5 |
| 总体积 | 10 |

在 16℃ 下连接 3~4 h。

(2) 转化:

① 将重组质粒 10 μL 加入商用 DH5a 感受态细胞 50 μL 中,冰上放置 30 min;

② 42℃ 水浴热击 90 s,然后迅速在冰上放置 4 min;

③ 继续将其加入 100 μL 液体 LB 培养基中,37℃ 温浴 30 min 活化;

④ 最后取菌液涂平板(卡那霉素抗性),于 37℃ 培养 12 h。

### 7. 重组体鉴定

(1) 对转化产物进行菌落 PCR 筛选:

表 17-5 连接反应体系

| 反应物 | 体积/μL |
|---|---|
| MasterMix 聚合酶体系(含酶;dNTP;缓冲液) | 10 |
| 模板菌落 | 用无菌牙签挑一点(1~2) |
| 正向引物 | 1 |
| 反向引物 | 1 |
| 无菌重蒸水 | 8 |
| 总体积 | 20 |

(2) 将反应管放入 PCR 仪中,设定如下反应程序:

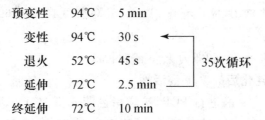

预变性　94℃　5 min
变性　94℃　30 s
退火　52℃　45 s　　35次循环
延伸　72℃　2.5 min
终延伸　72℃　10 min

(3) DNA 琼脂糖凝胶电泳鉴定片段大小：
① 取 DNA 样品 10 μL 混合染料 2 μL。
② 制作 1% 的琼脂糖凝胶，120 V 电泳 30 min。
③ 在蓝色激发光下用凝胶成像仪观察电泳结果并照相。

**8. 提取重组体 DNA**

使用北京全式金生物技术有限公司提供的 Easy Pure Plasmid MiniPrep Kit。

(1) 取过夜培养的细菌 1～4 mL 以 10 000×$g$ 离心 1 min，尽量吸尽上清液。

(2) 加入无色溶液 RB(含 RNase A)250 μL，振荡悬浮细菌沉淀，不应留有小的菌块。

(3) 加入蓝色溶液 LB 250 μL，温和地上下翻转混合 4～6 次，使菌体充分裂解，形成蓝色透亮的溶液，颜色由半透亮变为透亮蓝色，指示完全裂解(不宜超过 5 min)。

(4) 加入黄色溶液 NB 350 μL，轻轻混合 5～6 次(颜色由蓝色完全变成黄色，指示混合均匀，中和完全)，直至形成紧实的黄色凝集块，室温静置 2 min。

(5) 15 000×$g$ 离心 5 min，小心吸取上清液加入吸附柱中。

(6) 15 000×$g$ 离心 1 min，弃流出液。

(7) 加入溶液 WB 650 μL，15 000×$g$ 离心 1 min，弃流出液。

(8) 15 000×$g$ 离心 1～2 min，彻底去除残留的 WB。

(9) 将吸附柱置于一干净的离心管中，在柱的中央加入 EB 或重蒸水(pH>7.0)30～50 μL 室温静置 1 min。(EB 或重蒸水在 60～70℃ 水浴预热，使用效果更好)。

(10) 10 000×$g$ 离心 1 min，洗脱 DNA，得到的 DNA 于 −20℃ 保存。

**9. 测序**

将重组质粒进行测序，以确定 $Pfu$ 基因是否已成功重组到载体 pET-28a 上。

**10. 重组质粒在 BL21 中的表达**

(1) 将重组质粒 1 μL 加入到 50 μL 商用 BL21 感受态细胞中，冰上放置 30 min，42℃ 水浴热击 90 s，然后迅速在冰上放置 4 min。继续加入液体 LB 培养基 100 μL，37℃ 温浴 30 min 活化，最后取菌液涂平板(卡那霉素抗性)，于 37℃ 培养 12 h。

(2) IPTG 诱导重组蛋白的表达：将单菌落挑入 3 mL 液体 LB 培养基中，培养过夜。将过夜菌 1∶50 接入 100 mL LB 液体培养基中活化 1～2 h，使细菌生长到对数生长期，检测 $A_{600}$ 应约为 0.6，使用终浓度为 1 mmol/L 的 IPTG 诱导 3h。

**11. $Pfu$ 酶的提取与初步纯化**

(1) 3000 r/m 离心 5 min 收集菌体。

(2) 按原始菌液 20∶1 加入裂解液 A，室温放置 15 min。

(3) 加入同体积裂解液 B，42℃ 水浴 10 min，52℃ 水浴 10 min，62℃ 水浴 10 min，72℃ 水浴 10 min。

(4) 离心得到 10 mL 上清液，即为 $Pfu$ 酶粗提液。

**12. PCR 检验初步纯化后的 $Pfu$ 酶活性**

(1) 分别使用 4 种 $Pfu$ 酶进行 PCR，扩增绿色荧光蛋白(EGFP)基因，以进行酶活性对比。将酶命名为。商用 $Pfu$ 酶、带有 His-tag 的 $Pfu$ 酶(新)、无 His-tag 的 $Pfu$ 酶(旧)和提

## 实验 17 *Pfu* DNA 聚合酶基因的克隆与表达及其分离纯化

供的带有 *Pfu* 片段的菌株所产生的 *Pfu* 酶(原始)。

(2) 分别使用不同 *Pfu* 酶浓度 0.5,1.0,5.0 μL 进行活性对比。

表 17-6 初步纯化的 *Pfu* 酶活性对比

| 反应物 | 体积/μL |
| --- | --- |
| EGFP 模板质粒 | 1 |
| *Pfu* 缓冲液(10×) | 5 |
| 上游 EGFP 侧正向引物 F | 1 |
| 下游 EGFP 侧反向引物 R | 1 |
| dNTP | 5 |
| 重蒸水(根据酶量调整体积) | 36.5~32 |
| *Pfu* DNA 聚合酶 | 0.5~5 |
| 反应液体系总体积 | 50 |

(3) PCR 反应程序:

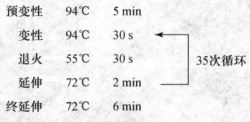

13. $Ni^{2+}$ 亲和层析进一步纯化及鉴定、检验活性

(1) $Ni^{2+}$ 亲和层析进一步纯化:

① 用重蒸水 2 mL 冲洗层析柱 3 次,并用结合缓冲液 2 mL 平衡 3 次。

② 颠倒混匀次氮基三乙酸脂(NTA)$Ni^{2+}$-琼脂糖,取 100 μL 装入层析柱中。

③ 用结合缓冲液 800 μL 重悬琼脂糖 3 次。

④ 将 *Pfu* 酶粗提液 10 mL 离心,取上清液加入层析柱中,振荡结合 30 min。

⑤ 用重蒸水 600 μL 冲洗 2 次。

⑥ 用洗脱缓冲液 500 μL 洗脱 4 次,收集流出的液体 2 mL。

(2) 用 SDS-PAGE 鉴定相对分子质量大小:步骤同实验 9。

(3) PCR 验证活性,在 *Pfu* 酶作用下,扩增绿色荧光蛋白(EGFP)基因,约 700 bp。

制作 4 种反应体系(参考表 17-7),互相比对,PCR 反应基本成分相同,只是使用的 *Pfu* 酶不同:

① 商用 *Pfu* 酶,1 μL;

② 已保存 1 个月的初步纯化的 *Pfu* 酶,1 μL;

③ $Ni^{2+}$ 柱再纯化的 *Pfu* 酶,1 μL;

④ 原始的 *Pfu* 酶。分别在 50 μL 体系中 PCR,反应体系见表 17-7。

表 17-7 Ni$^{2+}$亲和层析再纯化反应体系

| 反应物 | 反应体积/μL |
| --- | --- |
| EGFP 模板质粒 | 1 |
| Pfu 缓冲液(10×) | 5 |
| 上游 EGFP 侧正向引物 F | 1 |
| 下游 EGFP 侧反向引物 R | 1 |
| dNTP | 5 |
| 重蒸水 | 36 |
| Pfu DNA 聚合酶 | 1 |
| 反应液体系总体积 | 50 |

【实验结果】

**1. Pfu 基因获得**

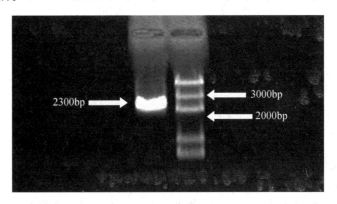

图 17-2 PCR 扩增 Pfu 片段

DNA 大小标准(bp)(从上至下):5000,3000,2000,1500,800,500,300

图 17-2 显示,在 2300 bp 处的明亮条带说明成功克隆修饰后的 Pfu 基因。

**2. 菌落 PCR 鉴定重组克隆**

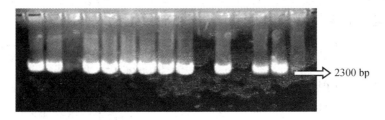

图 17-3 菌落 PCR 鉴定重组克隆

挑取 15 个菌落进行 PCR 鉴定,电泳结果显示(图 17-3):其中 11 个在 2300 bp 处出现明亮的条带,初步说明这 11 个菌落已成功转入了 $Pfu$ 基因片段。

**3. 重组质粒测序结果(图 17-4)说明 $Pfu$ 基因已经成功重组到 pET-28a 上**

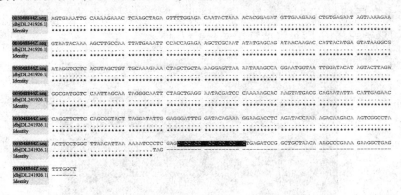

图 17-4　部分测序结果比照图

**4. 初步纯化后活性检测**

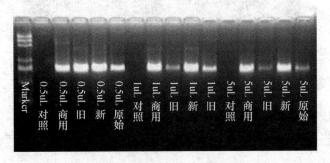

图 17-5　PCR 鉴定 $Pfu$ 酶的活性

DNA 大小标准(bp)(从上至下):5000,3000,2000,1500,800,500,300

(1) 在几种 $Pfu$ 酶作用下,在约 700 p 处活性检测结果显示(图 17-5):都出现明亮的条带,即产生绿色荧光蛋白基因产物。

(2) 新的 $Pfu$ 酶(带有 His-tag)的活性与商用的相当,其余活性均较弱。

**5. $Pfu$ 酶纯化后 SDS-PAGE 电泳鉴定(图 17-6)**

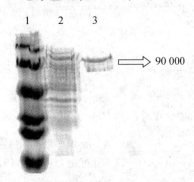

图 17-6　SDS-PAGE 鉴定再次纯化后的 $Pfu$ 酶

1. 蛋白质相对分子质量标准(从上至下):94 000,62 000,40 000,30 000,20 000,16 000;2. 亲和层析前样品;3. 亲和层析后样品

电泳结果显示：
(1) 约 90 000 为目的蛋白条带。
(2) 对比亲和层析前后的样品，发现 Ni 柱可有效除去样品中的杂蛋白。

**6. 经亲和层析纯化的 $Pfu$ 酶活性鉴定（图 17-7）**

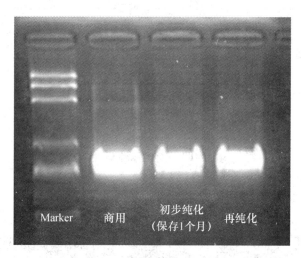

**图 17-7 再纯化的 $Pfu$ 酶活性鉴定**
DNA 大小标准(bp)(从上至下)：5000,3000,2000,1500,800,500,300

在 700 bp 处出现明亮的条带，即绿色荧光蛋白基因产物。结果说明：
(1) 在 50 μL 体系中，1 μL 商用 $Pfu$ 酶、已保存 1 个月的初步纯化的 $Pfu$ 酶和再纯化的 $Pfu$ 酶的活性相当。
(2) 实验显示再纯化和初步纯化的两者酶活性区别不大，可以通过实验进一步对二者的杂蛋白含量和酶的活性保存时间进行比较。
(3) 0.5 μL 再纯化后的 $Pfu$ 酶的活性与商用的 $Pfu$ 酶的活性相当，即酶活性约为 2.5 U/μL。
(4) 100 mL 菌液培养诱导后，得 10 mL 酶粗提液，过镍柱后得 2 mL 纯化的 $Pfu$ 酶，相当 5000 U 纯净的 $Pfu$ 酶。
(5) 初步纯化的 $Pfu$ 酶至少可在 −20℃ 中保存 1 个月而活性无显著降低。

【实验讨论】

**1. 克隆 $Pfu$ 酶的引物设计与优化**
(1) 正向引物设计：
对于没有成功表达出 $Pfu$ 酶，可考虑检测它们的引物。如正向引物为：

    Nco I           Pfu 编码序列
5'-ATACC ATG G ATG ATTTTAGATGTGGATTACATAA-3'

即为移码突变导致表达失败。
考虑到核糖体结合位点和 Nco I 的识别序列中含有 $Pfu$ 基因的前三个碱基对，所以可考

## 实验 17 Pfu DNA 聚合酶基因的克隆与表达及其分离纯化

虑将重组后 Nco I 中的 ATG 作为 Pfu 的第一个编码框,即

<u>Nco I</u>
5'-ATACCATGG
　　　　ATGATTTTAGATGTGGATTACATAA-3'
　　　　Pfu 编码序列

但是 ATG 后的碱基,Nco I 与 Pfu 的是不同的,所以考虑采用 BspH I 同尾酶。因为 BspH I 既具有 CATG 识别序列,其 ATG 序列后的碱基又是 A,与 Pfu 相同。

所以新设计的正向引物为:

<u>BspH I</u>
5'-AGATCATGATTTTAGAGTGGATTA-3'
　　　　Pfu 编码序列

(2) 反向引物设计:

为了使表达出的 Pfu 酶便于纯化,因此希望将表达出的 Pfu 蛋白的 C 端带有 His-tag。通过 pET-28a 的序列可知,将不带终止密码子的 Pfu 基因连入载体之后,其后面本身带有一个 His-tag 基因序列,而 His-tag 序列后又恰有一个终止密码子 TGA。经过对比,Pfu-His tag 的编码框正确,所以反向引物为:

5′ ATA<u>CTCGAG</u>GGATTTTTTAATGTTAAG 3′　27bp,$T_m=59℃$。

(3) 一对完整引物设计为:

正向引物:5′ AGATCATGATTTTAGATGTGGATTA 3′　25 bp,$T_m=55℃$。
反向引物:5′ ATACTCGAGGGATTTTTTAATGTTAAG 3′　27 bp,$T_m=59℃$。

**2. 亲和层析中的实验条件摸索**

由于蛋白质结构的影响,不同蛋白质的 His-tag 与镍柱的亲和力不同,所以要首先摸索 Pfu-His tag 的洗脱条件。

(1) 先根据 GST-His tag 的洗脱条件,即依次用含有 20、30、40 mmol/L 咪唑的缓冲液冲洗杂蛋白,然后用含有 250 mmol/L 咪唑的洗脱缓冲液收集目的蛋白。用此种条件收集到 Pfu 酶很稀,以致检测不出活性。

(2) 推测 Pfu-His tag 与镍柱的亲和力很弱,所以在前几次冲洗的过程中,大量的 Pfu 酶已随杂蛋白一起冲出。最后采用重蒸水冲洗杂蛋白,然后用含有 250 mmol/L 咪唑的洗脱缓冲液收集目的蛋白。采用此条件收集到的 Pfu 酶浓度与体积适宜,且活性与商用 Pfu 酶的相当。

**3. 后续可完善的工作**

(1) His-tag 对于 Pfu 酶的结构影响:

根据图 17-5 可知,在 Pfu-His tag 未过镍柱前,其活性已大大超过自制的未带 His-tag 的 Pfu。可见 His tag 本身就影响了 Pfu 的三维结构,进而提高了活性。

Pfu 酶的近 C 端具有手指结构域和大拇指结构域,手指结构域和大拇指结构域的位置取决于 Pfu DNA 聚合酶是否处于结合底物的状态,直接影响催化活性。而 His tag 就加在 Pfu 的 C 端,很有可能稍改变 C 端的三维结构,进而提高酶的活性。这些实验验证可通过蛋白晶体结构的研究方法来进行。

(2) 再纯化后的 Pfu 酶的保存时间:再纯化后的 Pfu 酶,杂蛋白明显减少,其保存时间

应该长于初步纯化的 $Pfu$ 酶,这可在其他生物大分子实验中进一步验证。

## 【问题分析及思考】

(1) $Pfu$ 酶基因如何克隆进 pET-28a 载体中?

(2) 如何设计扩增 $Pfu$ 酶基因的两条引物?

(3) $Pfu$ 酶可以用哪些方法进行分离纯化?

(4) 为提高 His-tag 对于 $Pfu$ 酶的亲和作用还需作哪些改进?

## 参 考 文 献

1. Kristjansson JK. In thermophilic bacteria. Boca Raton, Florida: CRC Press, 1992, 7.
2. Uemori T, Ishino Y, Toh H, et al. Organization and nucleotide sequence of the DNA polymerase gene from the archaeon Pyrococcus furiosus. Nucleic Acids Res, 1993, 21: 259—265.
3. Flaman JM, Frebourg T, Moreau V, et al. Nucleic Acids Res, 1994, 22: 3259—3260.
4. Cline J, Braman JC, Hogrefe HH. PCR fidelity of $Pfu$ DNA polymerase and other thermostable DNA polymerases. Nucleic Acids Res, 1996, 24: 3546—3551.
5. Lundberg KS, Shoemaker DD, Adams MWW, et al. High-fidelity amplification using a thermostable DNA polymerase isolated from Pyrococcus furiosus. Gene, 1991, 108: 1—6.
6. Mroczkowski BS, Huvar A, Lernhardt W, et al. Secretion of thermostable DNA polymerase using a novel baculovirus vector. J Biol Chem, 1994, 269: 13522—13528.
7. Dutton CM, Christine P, Sommer SS. General method for amplifying regions of very high G + C content. Nucleic Acids Res, 1993, 21: 2953—2954.
8. Chong SS, Eichler EE, Nelson DL, et al. Robust amplification and ethidium-visible detection of the fragile X syndrome CGG repeat using Pfupolymerase. Am J Med Genet, 1994, 51: 522—526.
9. Nielson K, Braman J, Kretz K. High fidelity long PCR amplifications with $Pfu$ DNA polymerase. Strategies, 1995, 8: 26—33.
10. Chong SS, Eichler EE, Nelson DL, et al. Robust amplification and ethidium-visible detection of the fragile X syndrome CGG repeat using $Pfu$ polymerase. Am J Med Genet, 2005, 51: 522—526.
11. Qian YW, Schmidt RJ, Zhang YY, et al. Secreted PCSK9 downreg$\mu$Lates low density lipoprotein receptor through receptor-mediated endocytosis. J Lipid Res, 2007, 48: 1488—1498.
12. Nielsen KB, Serensen S, Cartegni L, et al. Seemingly neutral polymorphic variants may confer immunity to splicing-inactivating mutations: a synonymous SNP in exon 5 of MCAD protects from deleterious mutations in a flanking exonic splicing enhancer. Am. J. Hum. Genet, 2007, 80: 416—432.
13. Kim SW, Kim DU, Kim JK, et al. Crystal structure of $Pfu$, the high fidelity DNA polymerase from Pyrococcus furiosus. Int. J. Biol. Macromol. 2008, 42: 356—361.
14. Hashimoto H, Nishioka M, Fujiwara S, et al. Crystal structure of DNA polymerase from hyperthermophilic archaeon Pyrococcus kodakaraensis KOD1. J Mol Biol, 2001, 306: 469—477.
15. Hopfner KP, Eichinger A, Engh RA, et al. Crystal structure of a thermostable type B DNA polymerase from Thermococcus gorgonarius. Proc Natl Acad Sci, 1999, 96: 3600—3605.
16. Li Y., Korolev S, Waksman G. Crystal structures of open and closed forms of binary and ternary complexes of the large fragment of Thermus aquaticus DNA polymerase I: structural basis for nucleotide incorporation. EMBO J, 1998, 17: 7514—7525.
17. Brautigam CA, Steitz TA. Structural and functional insights provided by crystal structures of DNA poly-

merases and their substrate complexes. Curr Opin Struct Biol,1998,8: 54—63.

18. Kuroita T, Matsumura H, Yokota N, et al. Structural mechanism for coordination of proofreading and polymerase activities in archaeal DNA polymerases. J Mol Biol,2005,351: 291—298.

19. Woestenenk EA, Hammarstr? m M, van den Berg S, et al. His tag effect on solubility of human proteins produced in Escherichia coli: a comparison between four expression vectors. J Struct Funct Genomics, 2004,5: 217—229.

20. Klose J, Wendt N, Kubald S, et al. Hexa-histidin tag position influences disulfide structure but not binding behavior of in vitro folded N-terminal domain of rat corticotropin-releasing factor receptor type 2a. Protein Sci,2004,13: 2470—2475.

21. Hazra TK, Kow YW, Hatahet Z, et al. Identification and characterization of a novel human DNA glycosylase for repair of cytosine-derived lesions. J Biol Chem,2002, 277: 30417—30420.

22. Wilson HL, Wilson SA, Surprenant A,et al. 2002. Epithelial membrane proteins induce membrane blebbing and interact with the P2X7 receptor C terminus. J Biol Chem, 2002,277: 34017—34023.

23. Lin CT, Yang HY, Guo HW,et al. Enhancement of blue-light sensitivity of Arabidopsis seedlings by a blue light receptor cryptochrome 2. Proc Natl Acad Sci, 1997,95: 2686—2690.

24. Kashani-Poor N, Kerscher S, Zickermann V,et al. Efficient large scale purification of his-tagged proton translocating NADH:ubiquinone oxidoreductase (complex I) from the strictly aerobic yeast Yarrowia lipolytica. Biochim. Biophys Acta, 2001,1504: 363—370.

提 高 篇

# 实验18　cDNA文库的构建

本实验以棉花为材料,采用异硫氰酸胍-苯酚-氯仿抽提法提取总RNA,经PolyTract mRNA试剂盒分离出mRNA,以带接头的寡聚(dT)为引物,经反转录合成双链cDNA,将双链cDNA末端补平后与EcoRⅠ接头连接,然后克隆到载体λ-ZAPⅡ EcoRⅠ位点上。将构建好的载体进行体外包装,用包装产物侵染宿主菌 E. coli XL 1-blue MRF′,构建出一个含重组子的cDNA文库。通过构建野生型和无毛突变体棉花cDNA文库,筛选出特有基因,从而进行棉花纤维伸长分子机制和纤维品质改良研究。

【实验目的】

目的基因的获得是分子生物学实验技术重要内容之一,通过实验学会如何构建cDNA文库并筛选出特有的基因。在实验过程中学习总RNA和mRNA的分离纯化技术。

【实验原理】

把带多腺苷酸的mRNA[poly(A)$^+$mRNA]经酶促反应转变为双链cDNA群体,并插入到适当载体分子上,然后再转化到 E. coli 中,构成了理论上包含所有基因编码序列的cDNA基因文库。首先用反转录酶催化合成第一条cDNA链,通过碱降解作用除去RNA模板后,用 E. coli DNA聚合酶,以第一条链cDNA的3′末端发夹式结构为引物合成互补链。最后,用SI核酸酶消化掉链接第一和第二cDNA链的发夹结构,形成双链cDNA,并将此DNA与质粒载体组成重组分子,转化到 E. coli 中进行扩增。

cDNA基因文库具有许多优点和特殊用途:

(1) cDNA克隆以mRNA为起始材料,这对于有些RNA病毒来说非常适用。因为它们的增殖并不经过DNA中间体。研究这样的生物有机体,cDNA克隆是唯一可行的方法。

(2) cDNA基因文库的筛选简单易行。恰当选择mRNA的来源,使所构建的cDNA基因文库中,某一特定序列的克隆达到很高的比例,简化了筛选特定基因序列克隆的工作量。

(3) 每一个cDNA克隆都含有一种mRNA序列,在选择中出现假阳性概率比较低,从阳性杂交信号选择出来的阳性克隆一般含有目的基因序列。

(4) cDNA克隆的另一用途是进行基因序列的测定,读码框(ORF)的界定只有通过对mRNA 5′核苷酸序列分析才能获得。

【器材与试剂】

**1. 实验仪器**

0.5、1.5 mL Eppendorf管,20、200和1000 μL微量移液器及灭菌的加样吸头,水浴锅,低温超速离心机,恒温摇床,恒温培养箱,琼脂糖凝胶电泳仪及电泳槽。

**2. 实验材料**

棉花:徐州142(源自南京农业大学);PolyTract mRNA Kit:Promeg 公司产品;ZAP-cDNA Synthesis Kit:STRATAGENE 公司;DEPC:Sigma 公司产品;pH 试纸:Sigma 公司产品;其他试剂均为国产分析试剂,所有用具都经 DEPC 处理。

**3. 实验试剂**

(1) LB 液体培养基,LB 固体培养基。

(2) 10×TBE 缓冲液:Tris-HCl 108 g;硼酸 55 g;0.5 mol/L EDTA(pH 8.0)40 mL;加水至 1000 mL。

(3) 异硫氰酸胍变性溶液(SD):异硫氰酸 50 g;经 DEPC 处理的水 59.9 mL;1 mol/L 柠檬酸钠(pH 7.0)2.64 mL;10% N-十二烷基肌氨酸(Sarkosyl)5.28 mL;储于棕色试剂瓶中,用前加 β-巯基乙醇,使其终浓度为 0.2 mmol/L。

(4) TE 缓冲液:EDTA 1 mmol/L;Tris-Cl 10 mmol/L,pH 8.0。

(5) 5×甲醛凝胶电泳缓冲液:3-(N-吗啉代)丙磺酸(MOPS)0.1 mol/L,用 NaOH 调至 pH 7.0;乙酸钠 40 mmol/L;EDTA 5 mmol/L。定容后,用 0.2 μm 微孔滤膜过滤除菌,装入棕色试剂瓶,避光室温保存。光照或高压灭菌后逐渐变黄,淡黄色可正常使用,深黄色则不能使用。

(6) 甲醛凝胶上样缓冲液:甘油 50%;EDTA(pH 8.0)1 mmol/L;溴酚蓝 0.25%。

(7) 20×SSC。

(8) LB 顶胶:Oxoid-蛋白胨 10 g;酵母提取物(yeast extract)5 g;氯化钠(NaCl)10 g;琼脂糖 12 g,加水至 1000 mL,pH 7.5。

(9) SM 缓冲液:NaCl 5.8 g;$MgSO_4 \cdot 7H_2O$ 3.6 g;1 mol/L Tris-Cl(pH 7.5)50 mL;明胶 5.0 mL,2%(m/V);加重蒸水至 1000 mL。

(10) 6×上样缓冲液:溴酚蓝 0.25%;蔗糖 40%(m/V)。

(11) 20% 麦芽糖:20 g 麦芽糖溶于 1000 mL 重蒸水。

【实验步骤】

**1. 提取棉花总 RNA**

取新鲜棉花叶片 5 g,在液氮中快速充分研磨成粉状,加入 15 mL SD 溶液,混匀;加入 2 mol/L NaAc 1.5 mL,混匀;加入水饱和酚 15 mL,混匀;最后加入氯仿-异戊醇(49/1)3 mL,混匀,冰上放置 15 min,4℃ 10 000 r/min 离心 30 min,取出上清液,加入等体积异戊醇(约 15 mL),置于 -20℃ 冰箱中 1 h,4℃ 13 000 r/min 离心 20 min,弃上清液,用 75% 乙醇洗涤沉淀,抽干后溶于 500 μL 水中。

注意:提取总 RNA 时,对与 RNA 有关的仪器进行 DEPC 处理。操作时应使用一次性手套,所用的溶液都必须是 RNA 专用,以防 RNase 污染。

**2. 甲醛-琼脂糖凝胶电泳**

(1) 制备 1.2% 甲醛-琼脂糖凝胶:先加入 40 mL DEPC 重蒸水和 0.6 g 琼脂糖,微波炉中融化,水浴锅中冷至 65℃,加入 5×甲醛凝胶电泳缓冲液 10 mL,37% 甲醛 0.9 mL。充分混匀,然后倒胶。电泳前,在 1×甲醛凝胶电泳缓冲液中平衡至少 30 min。

(2) RNA 样品的处理:RNA 中加入 1/5 体积的 5×甲醛凝胶电泳缓冲液,65℃温育 3～5 min,冰上冷却,上样至平衡好的凝胶中。

(3) 凝胶电泳:在 1×甲醛凝胶电泳缓冲液中,以 4 V/cm 进行恒压电泳。每半小时用吸头吸取两极的电极液混匀,以避免电泳过程中产生的碱性梯度降解 RNA。

将电泳结束的凝胶取出,用 DEPC-重蒸水浸泡 1 h,每 20 min 换水一次,然后再用 0.1 mol/L $NH_4Cl$ 浸泡 1 h,每半小时换 1 次。将胶转移至含 0.1 mol/L $NH_4Cl$,0.5 μg/mL EB 的溶液中染色 1 h,在紫外灯下观察。若颜色太深,可用 0.1 mol/L $NH_4Cl$ 脱色 1 h。

### 3. mRNA 的分离与纯化

(1) 试剂配制:

① 0.5×SSC 1.2 mL:20×SSC 30 μL+重蒸水 1.170 mL

② 0.1×SSC 1.4 mL:20×SSC 7 μL+重蒸水 1.393 mL

(2) 洗涤 SA-PMPs:

① 轻弹管底 SA-PMPs 重悬于 300 μL 0.5×SSC 中至均一混合物,将管放于磁柱上捕获磁珠。

② 小心移去上清液。

③ 用 0.5×SSC 300 μL 洗涤 SA-PMPs,每次用磁柱捕获磁珠,并小心移去上清液,共重复 3 次。

④ 用 0.5×SSC 100 μL 重悬洗净的 SA-PMPs。

(3) 探针退火:用 RNase-free 重蒸水调整总 RNA 至终体积 500 μL,用封口膜封住 Eppendorf 管口,65℃热激 10 min。加入 Biotinylated-Oligo(dT) 探针 3 μL 和 20×SSC 13 μL,轻轻混匀,室温放置至完全冷却。

(4) 捕获和洗涤:将反应物加入到装有洗净的 SA-PMPs 的管中,室温放置 10 min,每 1～2 min 轻轻颠倒混匀。用磁柱捕获磁珠,并小心移去上清液,勿搅动 SA-PMPs。用 0.1×SSC 300 μL 洗涤 4 次,每次轻弹管底至所有磁珠重悬。最后一次洗涤后,尽可能移尽水相,勿搅动 SA-PMPs。

(5) 洗脱 mRNA:加入 RNase-free 重蒸水 100 μL,轻弹管底至所有磁珠重悬。用磁柱捕获磁珠,将洗脱下的 mRNA 水相转入无菌的离心管中。加入 RNase-free 重蒸水 150 μL,重复上述过程。合并两次洗脱液。4℃ 10 000 g 离心 5～10 min,小心转移 mRNA 至新离心管。

(6) mRNA 的沉淀和浓缩:加入 3 mol/L NaAc(pH 5.2) 0.1 体积和异丙醇 1 体积,-20℃过夜。4℃ 12 000 g 离心 10 min,小心吸出上清液。用 75%乙醇 1 mL 重悬 mRNA 沉淀,离心同上。真空抽干 15 min,用 RNase-free 重蒸水溶解成浓度为 0.5～1.0 μg/μL,-70℃保存。若总浓度小于 0.5 mg 总 RNA,-20℃冷冻 15 min,真空抽至合适体积。

### 4. cDNA 的合成

(1) 第一条链的合成:

① 融化所有合成第一条链所需的非酶试剂,简单振荡,离心收集,放于冰上(MMLV-RT 对温度敏感,应置于-20℃,使用时最后取出)。

② 第一条链反应的终体积为 50 μL,试剂和酶为 12.5 μL,mRNA + DEPC-H$_2$O 为 37.5 μL。在 PCR 管中按顺序加入下列试剂:

| | |
|---|---|
| 10×第一条链缓冲液 | 5 μL |
| first-strand methyl nucleotide mixture | 3 μL |
| linker-primer(1.4 μg/μL) | 2 μL |
| DEPC-H$_2$O | X μL |
| RNase Block Ribonuclease Inhibitor(40 U/μL) | 1 μL |

③ 混匀反应物,加入 poly(A)$^+$RNA 5 μg,轻轻混匀。室温放置 10 min,使引物和模板退火。加入 MMLV-RT 1.5 μL(50 U/μL),并使终体积为 50 μL。轻轻混匀,简单离心。37℃温育 1 h 后取出并置于冰上。

(2) 第二条链的合成:

① 融化所有合成第二条链所需的非酶试剂,简单振荡,离心收集,放于冰上。在上述第一条链合成反应中顺序加入下列成分:

| | |
|---|---|
| 10×第二条链缓冲液 | 20 μL |
| 第二条链 dNTP 混合液 | 6 μL |
| 重蒸水 | 115 μL |

加入下列酶:

| | |
|---|---|
| RNase H(1.5 U/μL) | 2 μL |
| DNA 聚合酶 I(9.0 U/μL) | 10 μL |
| 总体积 | 203 μL |

② 轻轻混匀,简单离心。16℃温育 2.5 h 后置于 72℃水浴中 2.5 h,反应结束后迅速置于冰上。

(3) cDNA 末端补平:

① 加入下列成分:

| | |
|---|---|
| Blunting dNTP 混合物 | 23 μL |
| pfu DNA Poly(2.5 U/μL) | 2 μL |
| 总体积 | 228 μL |

② 迅速混匀,简单离心。72℃温育 30 min。取出反应物,加入酚:氯仿(1:1)200 μL,振荡。室温下 13 000 r/min 离心 2 min,转出上层水相至 1.5 mL 离心管中(勿吸中层)。

③ 加入等体积的氯仿,振荡。室温下 13 000 r/min 离心 2 min,转出上层水相至 1.5 mL 离心管中。加入 3 mol/L NaAc 20 μL 和 100%乙醇 400 μL,振荡混匀,-20℃沉淀过夜,标出沉淀聚集方向。4℃,13 000 r/min 离心 60 min。小心移弃上清液,勿搅沉淀(此合成和沉淀条件下会产生白色沉淀)。

④ 从对应于沉淀的管侧加入 70%(V/V)乙醇 500 μL,轻轻洗涤沉淀。室温下 13 000 r/min 离心 2 min(对应于沉淀的管侧朝外)。吸出乙醇,蒸发沉淀至干。加入 EcoR I adapter 9 μL 重悬沉淀,4℃放置至少 30 min。

⑤ 取出第二条链合成反应物 1 μL 放入另一管中(第二条链合成反应物可-20℃保存过夜)。

**5. cDNA 与 EcoR Ⅰ 接头连接，连接产物的磷酸化及 Xho Ⅰ 消化**

（1）连接 EcoR Ⅰ 接头：

① 向第二条链合成反应物中顺序加入下列成分：

| | |
|---|---|
| 10×连接酶缓冲液 | 1 μL |
| 10 mmol/L rATP | 1 μL |
| T4 DNA 连接酶（4 U/μL） | 1 μL |
| 总体积 | 11 μL |

② 转入 PCR 小管中。吸打混匀，简单离心，8℃ 温育过夜或 4℃ 放置两天。70℃ 热激 30 min，灭活连接酶。

（2）磷酸化 EcoR Ⅰ 末端：

① 简单离心 2 s，室温放置 5 min。顺序加入下列成分：

| | |
|---|---|
| 10×连接酶缓冲液 | 1 μL |
| 10 mmol/L rATP | 1 μL |
| 重蒸水 | 6 μL |
| $T_4$ 聚核苷酸激酶（10 U/μL） | 1 μL |
| 总体积 | 20 μL |

② 吸打混匀，简单离心。37℃ 温育 30 min，70℃ 灭活 30 min。简单离心 2 s，室温平衡 5 min。

（3）Xho Ⅰ 消化：

① 顺序加入下列成分：

| | |
|---|---|
| Xho Ⅰ buffer supplement | 27 μL |
| Xho Ⅰ（40 U/μL） | 3 μL |
| 总体积 | 50 μL |

② 37℃ 温育 1.5 h。加入 10×STE 缓冲液 5 μL，100% 乙醇 125 μL，−20℃ 沉淀过夜。4℃，13 000 r/min 离心 60 min。弃上清液，彻底干燥沉淀，用 1×STE 缓冲液 14 μL 重悬沉淀。加入 Column loading dye 3.5 μL。

**6. cDNA 的分级分离**

（1）装柱：装柱与洗脱 cDNA（应在同一天进行）。

① 取出 Sepharose CL-2B 和 10×STE 缓冲液，平衡至室温。10×STE 缓冲液按 1∶10 加入重蒸水稀释至 50 mL。

② 按下列步骤装柱（戴手套进行）：从 1 mL 无菌的一次性塑料移液管顶端移去塑料盖。用一带钩无菌针头小心地从每个移液管中撕出棉花塞，留下约 3～4 mm 在里面，剪去外面部分。用铁丝将剩下的 3～4 mm 棉花塞推入移液管的顶端，用带钩针头将棉塞钩至尖端。剪下约 8 mm 的连接管，将一端连上 1 mL 移液管，另一端连上 10 mL 注射器，两者之间不要有空隙。

③ 快速用力将活塞推入注射器，将棉塞挤入移液管头部（可能需推几次才能将棉塞一直推入移液管头部，尽可能将棉塞推入移液管头部，对获得 cDNA 最佳分离是至关重要的）。移出活塞（在整个分离过程中，一定要保持注射器与移液管的紧密接合）。

将柱子用铁架台和蝴蝶夹固定好。

(2) 上柱：

① 加入均一化的 Sepharose CL-2B（在上柱前轻轻颠倒混匀 Sepharose CL-2B 直至形成均一的混合物）。

② 将柱子放在支架上，用 1 mL 移液器吸入 1×STE 缓冲液 2 mL，尽可能伸入到连结管底部，加满 STE 缓冲液。若缓冲液流得太快，将一黄色吸头插入柱子末端，切记在 Sepharose 上柱前取下它；若产生气泡，用枪轻轻吸打，直至气泡从柱子顶端冒出，一定在 Sepharose 上柱前排除。

③ 用移液器吸取 Sepharose CL-2B 尽可能伸入连接管底，快速加入。待凝胶沉积后继续加入，直至沉积的柱床表面位于注射器与移液管接口处以下 0.635 cm。若产生气泡，按上一步所述排除（气泡会阻碍柱子水流，导致 cDNA 损失）；若 Sepharose CL-2B 沉积太黏而难以移出，加入 1×STE 缓冲液 1~5 mL 重悬。

④ 加入 1×STE 缓冲液至注射器洗涤柱子，用量应大于 10 mL。当洗柱时，缓冲液以平稳的速度沿柱子流下，至少需 2 h 完成整个洗涤过程。洗完后，要防止柱子干掉，否则会损失样品，得重装柱子；若缓冲液流动不畅，可能有气泡存在，也必须重装，否则也会损失样品。

⑤ 当胶面上有 50 μL 1×STE 缓冲液时，用移液器吸取样品迅速上样，轻轻释放到柱床表面，勿搅动胶。一旦样品加入凝胶，用枪加满缓冲液到连接管中（勿搅动凝胶），沿注射器内壁轻轻加入 1×STE 缓冲液 3 mL。当 cDNA 在柱中穿过洗脱时，染料也随迁移而分开，追踪染料的变化，收集产物。

(3) 收集分级分离的组分：标准 cDNA 分级分离（>400 bp）。

① 准备新管收集每个组分，当染料前沿到达移液管 4 mL 刻度时，开始收集，每个组分取三滴。收集组分，直至染料末端到达 3 mL 处，最少收集 12 组分。未电泳检测前，勿扔掉任何组分。

② 取组分 8 μL 进行 1.2% 琼脂糖/EtBr 电泳，检测大小分离效率及决定选取哪些组分进行连接，将大、小片段分别混合回收。

(4) 回收 cDNA 分级分离组分：

① 加入等体积酚-氯仿（1∶1）抽提。剧烈振荡，室温下 13 000 r/min 离心 2 min，转移上清液至新管中。加入等体积的氯仿。剧烈振荡，室温下 13 000 r/min 离心 2 min，转移上清液至新管中。加入 100% 乙醇 2 体积，−20℃ 沉淀过夜。

② 4℃，13 000 r/min 离心 60 min，移弃上清液。用 80% 乙醇 200 μL 小心洗涤沉淀，勿搅动沉淀。室温下，13 000 r/min 离心 2 min，移弃乙醇，真空抽 5 min 至刚干（勿太干，否则 cDNA 难再次溶解）。溶于重蒸水 3.5~5 μL 中，吸打混匀。

(5) cDNA 的定量（EB 板显色法）：

① 倒 EB 板：用 TAE 缓冲液配制 0.8%（$m/V$）琼脂糖 20 mL，冷至 50℃，加入 EtBr（10 mg/mL）2 μL，混匀。10 mL 分装入试管中，倒入 10 cm 平板中，待凝结后，37℃ 温育至干。

② 准备标准样品：用 100 mmol/L EDTA 稀释一已知浓度的 DNA 样品（λDNA/*Eco* Ⅰ+*Hind* Ⅲ）至以下梯度：500、200、150、100、75、50、25、10 ng/μL，点样。用记号笔标示点样处。

③ 吸取标准样 0.5 μL,让毛细管作用拉下样品由吸头尖转入平板表面,勿产生气泡,每次换新吸头。点完所有标准样品后,迅速于邻近一行点上 cDNA 样品 0.5 μL。室温吸收 10~15 min。取下盖子,紫外灯下观察,与标准样品比较,确定 cDNA 样品的浓度。

**7. cDNA 与 λ-ZAP Ⅱ 的连接**

连接体系如下:

| | |
|---|---|
| 10×$T_4$ DNA 连接酶缓冲液 | 0.5 μL |
| cDNA(50 ng) | 1.0 μL |
| ATP(1 mmol/L) | 0.5 μL |
| λ-ZAP Ⅱ 臂(1 μg/μL) | 1.0 μL |
| $T_4$ DNA 连接酶 | 0.5 μL |
| 重蒸水 | 1.5 μL |
| 总体积 | 5.0 μL |

15 ℃连接 10 h。

**8. 体外包装**

(1) 准备宿主菌:

① 在 LB-四环素(25 mg/mL)划线接菌 XL1-Blue MRF′,37 ℃温育过夜。宿主菌的活力对铺板是至关重要的,因此每周需传代一次。侵染的前一天下午重新划线一次。四环素是脂溶性且光照敏感,应用 70%乙醇溶解并避光保存于−20 ℃。

② 选取单克隆,接种于适当体积的 LB 液体培养基中,加入终浓度为 10 mmol/L $MgSO_4$ 和 0.2%(m/V)麦芽糖。先用试管培养,长起来后转接入锥形瓶中。37 ℃下在 200 r/min 摇床中培养 4~6 h,至 $A_{600}$ 为 0.5~0.7;或 30 ℃摇床过夜。500 g 离心 10 min,收集细胞,弃上清液。用合适体积的无菌 10 mmol/L $MgSO_4$,轻轻重悬细胞。用 10 mmol/L $MgSO_4$ 稀释至 $A_{600}$ 为 0.5(一经稀释,马上使用)。

(2) Gigapack Ⅲ Gold Packaging Extracts 包装:

① 调好 22 ℃水浴锅或保温桶,打开超净工作台,取出连接产物,调好连接产物,调好移液器至 1、25 μL,取出 1.5 mL 离心管(作为平衡管)。从−80 ℃冰箱中取出包装提取物,放于冰上。

② 将管放于手指间搓,快速融化包装提取物至刚刚融化。迅速加入连接产物 1~4 μL(勿超过 4 μL,以免增大体积,改变包装蛋白浓度)。吸头轻轻搅动混匀(也可以轻轻吸打混匀,避免产生气泡)。平衡好后,快速离心 3~5 s,收集产物至管底。室温(22 ℃)温浴 2 h。加入 SM 缓冲液 500 μL 和氯仿 20 μL,轻轻混匀。离心收集。上清液含噬菌体,可以侵染,也可 4 ℃保存。

(3) 库容量的测定:

① 取活化的 XL1-Blue MRF′ 单菌落转接于 10 mL LB 培养基(含有 0.2%麦芽糖和 10 mmol/L $MgSO_4$)中,37 ℃培养直至 $A_{600}$ 为 1.0,将菌转入离心管,离心备用。将包装产物用 SM 缓冲液稀释为不同梯度($10^{-4}$~$10^{-7}$),各取 1 μL 与 200 μL 的 XL1-Blue MRF′ 混合。

② 37 ℃温育 15 min 使噬菌体与细胞结合(每 5 min 轻轻摇匀)。加入 NZY 顶层琼脂 3 mL(48 ℃液相保温)。立刻将其铺至预热的 NZY 平板上,等待 10 min。37 ℃,倒置培养过夜。

(4) 计算滴度：

$$滴度(pfu/mL)=\frac{噬菌斑数目(pfu)\times 稀释倍数}{涂板体积(L)}\times 1000\,\mu L/mL$$

【结果讨论】

(1) 从棉花中提取的总 RNA 以及纯化得到的 mRNA 的甲醛变性凝胶电泳观察(图 18-1，18-2)：可以看出总 RNA 有多条条带，除了 28S，18S，5S 三条 rRNA 外，由于叶片中含有大量的叶绿体，总 RNA 中还包括多条叶绿体 rRNA 的条带，而且 28S 条带以上还有明显条带，说明总 RNA 还未降解。mRNA 中没有小条带，说明 mRNA 也未降解。电泳条件：电压 60 V，电流 12 mA，时间 3 h。

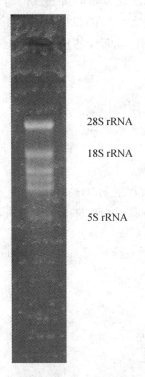

图 18-1 1.2%甲醛变性琼脂糖电泳检测提取的棉花叶片 RNA

图 18-2 1.2%甲醛变性琼脂糖电泳检测提取的棉花叶片 mRNA

样品为 2 μg 棉花叶片总 RNA，28S/18S rRNA 估计值介于 1.5~2.5 之间，表明 RNA 完整性符合建库的标准。18S rRNA 下面条带为叶绿体。

【注意事项】

构建 cDNA 文库须注意以下事项：

(1) 保证获得数量足够的高质量的起始 RNA。构建 cDNA 文库比 Race 或者 Northern 印迹要求更高的 RNA 质量，如果采用纯化总 mRNA 后反转录，则对总 RNA 的杂质方面要求稍低些，但对 RNA 的完整性则要求很高，必须未降解。如果直接采用总 RNA 进行反转录，则对总 RNA 的质量要求非常高,不仅要求 RNA 相当完整、无降解,而且要求多酚、多糖、蛋白、盐、异硫氰酸胍等杂质含量少。

(2) mRNA 反转录效率是 cDNA 文库构建中的关键步骤。反转录是将易降解的 RNA 变成了不易降解的 cDNA。反转录效率高不高主要体现在以下两方面:

① 只有部分 mRNA 被反转录,但仍有一定量的 mRNA 未被反转录;

② 只有少部分 mRNA 被反转录达到转录起始位置,而很大一部分 mRNA 没有反转录完全,总的全长 cDNA 太少,这就难以构建好的全长 cDNA 文库。

(3) 噬菌体文库或质粒文库均对载体与 cDNA 的连接效率要求很高,也对连接产物转染或转化 *E. coli* 的效率要求很高。连接效率高低直接关系到文库构建是否成功,更要注意的是文库连接与一般的片段克隆的连接不一样。一般的片段克隆连接是固定长度的载体与固定长度的目的片段连接,而文库连接是固定长度的载体与非固定长度的目的片段连接,目的基因 cDNA 长的有 10 kb 以上,短的只有 500 bp 或更短,不同长度 cDNA 的连接效率就不一样。

## 【问题分析及思考】

(1) 构建 cDNA 文库主要步骤有哪些?构建 cDNA 文库的注意事项是什么?

(2) 在总 RNA 和 mRNA 的分离纯化过程中需要注意哪些事项?

## 参 考 文 献

1. 朱玉贤,李毅,郑晓峰. 现代分子生物学. 3 版. 北京:高等教育出版社,2007,172—176.
2. Sambrook J, Russell DW. Molecular Cloning:A Laboratory Manual. 3 ed. New York. Cold Spring Harbor Laboratory, 2001.
3. cDNA Synthesis Kit,ZAP-cDNA® Synthesis Kit and ZAP-cDNA® Gigapack® Ⅲ Gold Cloning Kit Instruction Manual,STRATAGENE,2004.

# 实验 19  cDNA 文库的筛选

将克隆在 λZAPⅡ载体上的 DNA 文库进行平板扩增,然后转至硝酸纤维素薄膜上,用已知基因片段为探针,进行杂交筛选,以得到完整的读码框。

## 【实验目的】

通过本实验的学习,了解 cDNA 文库的筛选方法,学会使用 DNA 探针筛选 DNA 文库以期获得新的同源基因。

## 【实验原理】

分子生物学实验中经常需要根据已有的 DNA 片段,找到与其有一定同源性的其他 DNA 片段或包含该片段的全长 cDNA 等,在这种情况下,一般将该 DNA 制成探针,筛选 DNA 文库以期获得新的同源基因。

λ噬菌体侵染宿主菌后,在宿主菌体内复制包装,并裂解菌体形成噬菌斑。在噬菌斑中,既有完整的噬菌体,又有未包装的噬菌体 DNA。用硝酸纤维素滤膜覆盖在这些噬菌斑上,即可将噬菌体 DNA 吸附在滤膜上,同时保持各噬菌斑 DNA 间相对位置不变(所以称为噬菌斑原位杂交,参见实验 25)。然后用 NaOH 处理滤膜,使吸附的 DNA 变性为单链。烤干滤膜或用低能量紫外线交联使 DNA 固定于滤膜上,即可与同位素标记的探针进行杂交。探针将特异地吸附于膜上与其同源的 DNA 处,放射自显影后显出黑斑,将此结果与原来培养噬菌斑的培养皿重叠即可找到目的噬菌斑(图 19-1)。为了提高实验的可靠性,可以从同一噬菌斑平板上连续印几张同样的硝酸纤维素膜,进行重复实验。

探针的标记采用随机引物法,该法使用混合的随机六核苷酸为引物,变性单链 DNA 为模板,用 Klenow 酶合成互补链,由于反应体系中加入了同位素标记的脱氧核苷三磷酸,故新合成链即为标记好的探针。

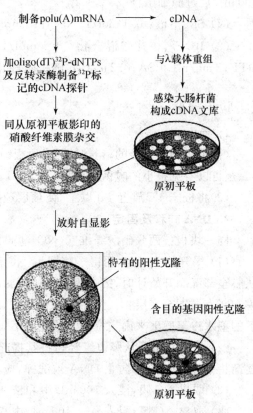

图 19-1  原位杂交实验原理示意图

【器材与试剂】

**1. 实验仪器**

恒温水浴,摇床,读片机,烘箱,培养箱。

**2. 实验材料**

随机六核苷酸引物;dNTP 混合物;EcoR I 接头;Klenow 酶;硝酸纤维素(NC)薄膜;α-$^{32}$Pd-CTP。

**3. 实验试剂**

(1) 变性液:0.5 mol/L NaOH;NaCl 1.5 g。

(2) 中和液:1.5 mol/L NaCl;0.5 mol/L Tris-Cl(pH 7.5~8.0)。

(3) 漂洗液:2×SSC。

(4) 预杂交液:6×SSC;5×Denhardt 试剂;0.5% SDS;100 μg/mL 变性鲑精 DNA 片段(100℃保温 10 min,再骤冷至 0℃)。

(5) 20×SSC:3 mol/L NaCl;0.3 mol/L 柠檬酸钠;NaOH 调 pH 7.0。

(6) 50×Denhardt 试剂:5 g Ficoll;PVP(polyoinglpyrolidore)5 g;BSA 5 g;加水至 500 mL 后过滤细菌;−20℃保存。

(7) SM 溶液:0.1 mol/L NaCl;15 mmol/L MgSO$_4$·H$_2$O;0.1‰(m/V)明胶;灭菌。

(8) 10×六核苷酸混合物:0.5 mol/L Tris-Cl(pH 7.2);0.1 mol/L MgCl$_2$;1 mmol/L DTE;2 mg/mL BSA;0.2 μg/μL 随机六核苷酸引物。

【实验步骤】

**1. 铺板**

(1) 用 90 mm 直径的培养皿铺板,每板铺 1×10$^4$ pfu(phang forming unit),在 37℃温浴 7~8 h 至可以看见很小的噬菌斑(直径 0.5~1 mm)。

(2) 将板于 4℃放置 1 h 以上,使顶层琼脂糖固化。

**2. DNA 转移及固定**

同一块板接两张硝酸纤维素(NC)薄膜。

(1) 揭开培养皿盖,用镊子将圆形 NC 膜轻轻平铺在噬菌斑上,应可见 NC 膜迅速湿润。从膜全部湿润开始计时,第一张膜转接 30 s,第二张膜转接 120 s。同时,用针头醮防水墨水从膜上竖直向下至底层扎 3 个不对称标记点,以用于定位。第二张膜的标记点应根据第一次点下的墨水渗至膜上来确定位置。接完膜后,培养皿于 4℃保存备用。

(2) 用平头镊子从膜边缘轻轻将其揭起,DNA 面朝上使其漂浮于 100 mL 变性液液面上,逐渐将 DNA 变性,为防止 DNA 被洗掉,应在漂浮 30 s 后再将膜沉入变性液继续变性 30 s。

(3) 取出 NC 膜,浸入 100 mL 中和液 30 s。

(4) 取出 NC 膜,浸入另一 100 mL 中和液中 4.5 min。

(5) 在漂洗液中浸 5 min。

(6) 取出 NC 膜,放置在滤纸上使其干燥。然后夹在滤纸中于 65~80℃烘烤 30~60 min,再在长波紫外下交联 3 min,即可进行预杂交和杂交。

**3. 预杂交**

(1) 将 NC 膜漂浮于 200 mL 6×SSC 液面,待其湿透后浸入溶液中 2 min。

(2) 将 15 mL 预杂交液倒入 90 mm 空培养皿中,取出 NC 膜依次放入培养皿叠齐,保证膜与膜之间无气泡并保证最上面一张膜也完全浸入预杂交液中(一般 20 张膜/培养皿)。

(3) 42℃,30 r/min 轻摇 1 h 以上。

**4. 标记探针**

(1) DNA 变性:取预备做探针的 DNA 25 ng 溶于 10 μL 重蒸水中,100℃ 水浴煮沸 2 min,迅速放置冰上使其冷却。

(2) 标记反应:

| | |
|---|---|
| 变性 DNA(25 ng) | 10 μL |
| 10×六核苷酸混合物 | 2.0 μL |
| dNTP 混合物 | 3.0 μL |
| $Eco$R I 接头 | 1.0 μL |
| Klenow 酶 | 1.0 μL |
| ($\alpha$-$^{32}$P)dCTP | 5.0 μL |
| 总体积 | 22 μL |

混匀,37℃ 保温 30 min,加入 0.2 mol/L EDTA(pH 8.0)2 μL 终止反应。−20℃ 贮存或直接用于杂交。

**5. 杂交**

(1) 探针变性:将标记好的探针于 100℃ 煮沸 2 min 后,迅速置于冰上冷却。

(2) 杂交:将变性探针加入杂交液中后,42℃ 温育并以 40 r/min 振摇过夜。

(3) 洗膜:杂交结束后取出 NC 膜依次进行下列洗膜操作。

① 用含 2×SSC 和 0.5%SDS 溶液 200 mL 室温漂洗 5 min;用含 2×SSC 和 0.1% SDS 溶液 200 mL 室温浸洗 15 min;

② 用含 0.1×SSC 和 0.5%SDS 溶液 200 mL 37℃ 浸洗 30 min;用含 0.1×SSC 和 0.5% SDS 溶液 200 mL 65℃ 浸洗 30 min。用含 0.1×SSC 溶液 200 mL 漂洗后,晾干。

(4) 放射自显影:将滤膜固定在滤纸上(注意同一板上的两张膜对称放置)。在滤纸上不对称地用放射性墨水点 3 个点。用保鲜膜包住滤纸。在暗室中将滤膜及滤纸用 X 射线胶片覆盖并包上黑布,曝光 30 h 后冲片。

**6. 第二轮筛选**

(1) 将 X 射线胶片与滤纸上对应的放射性墨水的点对准,确定位置,描下 NC 膜的轮廓及膜上 3 个不对称点的位置。

(2) 将同一板的两张膜的自显影结果进行对比,在两张膜的同一位置上均有信号的则认为是阳性斑。

(3) 在读片机上放上 X 射线胶片及相应的培养皿,根据不对称点定位培养皿。

(4) 用切去尖端的 1 mL 吸头取出确定的阳性杂交信号及周围约 0.2 cm$^2$ 的顶层琼脂,放于 250 mL SM 溶液中,加入 CH$_3$Cl 50 mL。

(5) 振荡 30 s,离心(可于 4℃ 保存 6 个月)。

(6) 取上清液适当稀释再次铺板,密度约 200 pfu/板。

(7) 重复步骤 2~6。
(8) 得到单个阳性噬菌斑。

**注意**：所有涉及同位素的操作都应在防护下进行。

### 【结果和讨论】

(1) 最佳的 cDNA 文库应构建自 mRNA 高水平转录的组织。在高度分化的细胞中,某种特殊的 mRNA 分子可能占总 poly(A)$^+$mRNA 的 1/20,而有些 mRNA 则根本不存在或者在众多 poly(A)$^+$mRNA 分子中仅有一个,丰度极低。因此,我们应尽量获得待筛基因表达丰度较高的组织,从中提取 mRNA 来构建 cDNA 文库。

(2) 由于探针丰度的不同,第一轮筛选时,每块板上阳性噬菌斑的个数会有较大差别。第二轮中则每块板基本上应有 3~4 个阳性斑。第二次铺板时应尽量做到每个阳性斑各铺一块板,以免首次筛选的部分结果在第二轮被丢失。

### 【问题分析及思考】

(1) 文库筛选的主要步骤是什么？
(2) 如何采用随机引物法标记探针？

### 参 考 文 献

1. Sambrook J, Fritsch EFT. Molecular cloning. 2nd. NY: Cold Spring Harbor Laboratory Press, 1989, 120—140.
2. 萨姆布鲁克 J,费里奇 EF,曼尼阿蒂斯 T. 分子克隆实验指南. 金冬雁,黎孟枫译. 2 版. 北京：科学出版社, 1993, 592—594.

# 实验 20　在酵母中表达高等真核生物基因

基因表达是从 DNA 到蛋白质的过程,目前主要有 E. coli 表达系统、酵母表达系统、昆虫表达系统和哺乳动物细胞表达系统。酵母作为一类单细胞的真核生物,有着完整的亚细胞结构和严密的基因表达调控机制。随着 2 μm 环质粒(简称 2 μ 质粒)的发现和全基因组测序的完成,酵母本身以及作为真核细胞基因的研究日益广泛,因此,高等真核生物基因在酵母细胞中的克隆、表达及其鉴定是生物科学研究中的重要课题之一。

## 【实验目的】

要求学生学习高等真核生物基因克隆到酵母表达载体中的基本原理,掌握酵母表达载体的克隆,重组基因转化入酵母细胞和诱导表达产物及其分离纯化表达产物的一系列方法,获得一定量高等真核生物基因所编码的目的蛋白,进行下一步功能性实验。

## 【实验原理】

在很多情况下,我们需要一定量的功能性蛋白,才能进行生物学实验。由于真核基因产物存在稀有密码子、二硫键和糖基化等特点,通过选择合适的酵母表达载体和相应的宿主菌,我们就可以实现从 cDNA 克隆到 mRNA 转录,再到蛋白质的正确翻译。常用的酵母表达系统有酿酒酵母表达系统和甲醇酵母表达系统。

酿酒酵母表达系统所用的宿主酵母一般都是营养缺陷型酵母,不同的基因型酵母对应不同的表达载体。该系统表达载体主要有自主复制型、整合型和酵母人工染色体三种。自主复制型质粒具有自主复制序列(ARS),只要具有一定的选择压力就能够独立于酵母染色体外进行复制,在细胞中通常可复制产生 30 个或更多的拷贝。整合型质粒不含 ARS,必须整合到染色体上,随染色体复制而复制。整合过程是高特异性的,但是拷贝数很低。酵母人工染色体则用于克隆大片段 DNA。

甲醇酵母表达系统最主要用的是毕赤酵母,能在以甲醇为唯一能源和碳源的培养基上生长,甲醇可以诱导它们表达甲醇代谢所需的酶,如醇氧化酶 I(AOX I)、二羟丙酮合成酶(DHAS)、甲酸脱氢酶(FMD)等。AOX I 的甲醇诱导表达量可占到胞内总蛋白质的 20%~30%,AOX I 启动子具有较高的调控功能,可用于外源基因的表达调控。该系统表达载体包括自我复制型游离载体和整合型载体,前者极不稳定,因此一般采用整合型载体。

酵母表达载体,既可以在酵母中复制,又可以在 E. coli 中复制,称其为穿梭载体。一般首先在 E. coli 中得到含有目的基因的克隆载体,然后在酵母中进行目的蛋白的表达。酵母表达载体常以 E. coli 质粒为基本骨架,具有以下构件(图 20-1):

(1) DNA 复制起始区:是一小段具有 DNA 复制起始功能的 DNA 序列,它来自酵母 2 μ 质粒的复制起始区及酵母基因组中的自主复制序列(ARS)。DNA 复制起始区是酵母细胞核内 DNA 复制起始复合物的结合位点,赋予酵母表达载体在细胞每个分裂周期的 S 期自主复制一次的能力。

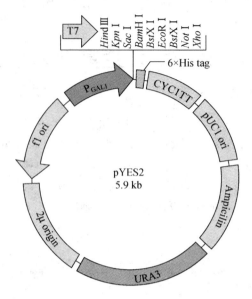

**图 20-1 改造过的 pYES2 表达载体-PEP4**

（2）启动子和终止子：表达载体都需要强的启动子，像酿酒酵母的 PGK1、PHO5、CUP1 等启动子，毕赤酵母的 AOXⅠ启动子。

（3）选择标记：它与宿主酵母的基因型相配对，用来筛选酵母转化子。常用的选择标记是营养代谢途径中的 URA3、TRP1、LEU2 和 HIS3 等基因，分别对应相应的营养缺陷型酵母。另外还有一类显性选择标记，如 G418、CHY 和 Zeocin，这些载体可以直接转化野生型酵母。

（4）肠杆菌质粒 pBR322 的一些片段：主要是 Col E1 起始区和抗生素抗性基因，它们是 *E. coli* 宿主菌增殖和筛选所必须的。

（5）克隆位点：用于目的基因的插入。

（6）分泌信号：有些载体上有分泌信号，用于将表达的目的蛋白分泌到胞外，便于分离纯化。常用的酵母分泌信号序列有 α 因子的前导肽序列、蔗糖酶和酸性磷酸酯酶的信号肽序列。

酵母的 DNA 转化主要有电穿孔法、LiAc-PEG 法和原生质体法。其中 LiAc-PEG 法最为快速方便。

## 【器材与试剂】

**1. 实验仪器**

小离心机，恒温水浴，恒温培养箱，摇床，电泳系统。

**2. 实验材料**

酵母 *Saccharomyces cerevisiae* PEP4；棉花 KCR3 基因的 PCR 产物；酿酒酵母表达载体 pYES2。

**3. 实验试剂**

（1）酵母转化试剂：10×TE 缓冲液（0.1 mol/L Tris-HCl，10 mmol/L EDTA，pH 7.5），10 mol/L LiAc（乙酸锂，pH 7.5），50% PEG3350（聚乙二醇，$M_w$ 3350）。

（2）蛋白电泳试剂：

① 5×Tris-Gly：将 Tris 碱 15.1 g，甘氨酸 94 g 溶于 900 mL 重蒸水中，加入 10%（$m/V$）

电泳级 SDS 50 mL,用重蒸水补至 1000 mL。

② 2×上样缓冲液:100 mmol/L Tris-HCl(pH 6.8),200 mmol/L 二硫苏糖醇,4%(m/V) SDS(电泳级),0.2%溴酚蓝,20%(V/V)甘油。

(3) Western 印迹试剂:

电转移缓冲液:48 mmol/L Tris 碱,39 mmol/L 甘氨酸,20%甲醇,0.375%SDS。

ECL 发光液(商品化试剂)。

## 【实验步骤】

### 1. 表达载体的构建

用 BamH Ⅰ 和 Xho Ⅰ 将目的基因(如本实验中用棉花 KCR3 基因的 PCR 产物)和载体 pYES2 分别双酶切,经回收后进行连接。连接产物转化 TOP10 感受态细胞,筛选和鉴定阳性转化子。

### 2. 酵母感受态的制备

用 YPD(20 g/L Difco 蛋白胨,10 g/L 酵母浸出物,20 g/L Agar)摇床培养酵母 PEP4,30℃培养 24 h,1:20 转接入 20 mL YPD 中,培养至 $A_{600}$ 为 0.6~0.7。离心收获细胞,并用无菌重蒸水洗涤细胞,置冰上。用 1×TE/LiAc(10×TE 100 μL,10 mol/L LiAc 100 μL,800 μL 灭菌重蒸水)1 mL 悬浮细胞,100 μL 分装,置于冰上。

### 3. 酵母转化

将载体 DNA(10 mg/mL),煮沸 10 min,立即置冰上冷却。在 100 μL 感受态细胞中加入要转化的质粒 DNA 约 10 ng,同时加入载体 DNA 10 μL,弹匀置冰上。加入 1×PEG/TE/LiAc (10×TE 100 μL,10 mol/L LiAc 100 μL,50% PEG 800 μL) 600 μL,振荡混匀。30℃振摇 30 min。加入 DMSO 70 μL,颠倒混匀。42℃水浴热击 15 min,立即置于冰上。1000 r/min 离心 30 s,弃上清液。用 1×TE 100 μL(10×TE 100 μL,灭菌重蒸水 900 μL)悬浮细胞,并涂于 SC-ura 平板,30℃培养。

### 4. 真核基因的诱导表达

挑出转化的单克隆酵母细胞,用 SC-ura+2%葡萄糖(50%储液,过滤除菌)液体培养基 1.5 mL 30℃培养 24 h。1:50 转接入 SC-ura+2%棉子糖(20%储液,过滤除菌)液体培养基 3 mL 中,继续培养 16~18 h 至 $A_{600}$=0.6~1.0。加入 2%半乳糖(40%储液,过滤除菌),诱导表达 4 h(如做大量表达,则再 1:50 稀释后转接入 1 L SC-ura+2%半乳糖+0.03%葡萄糖中,诱导表达 24 h)。离心收获细胞。

### 5. 表达产物的鉴定

用转化空载体的酵母做对照,将诱导表达的酵母细胞用 TCA 丙酮沉淀法制备蛋白电泳样品,和预染蛋白 Marker 一起上样进行 12%SDS-PAGE,做 Westen 印迹鉴定(图 20-2)。

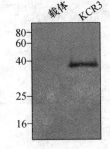

图 20-2 基因的诱导表达后 Westen 印迹鉴定结果

## 【结果与讨论】

1. 由于酵母细胞对真核基因具有一定的翻译后加工能力,得到的外源蛋白具有一定程度上的折叠加工和糖基化修饰,性质较原核表达的蛋白质稳定,更接近于该蛋白的自然状态,所以适合于表达真核生物基因和制备有功能的蛋白质。此外,某些酵母表达系统还具有外分泌信号序列,能够将所表达的外源蛋白质分泌到细胞外,使蛋白易于纯化。

**2. 酵母表达系统的局限性**

(1) 表达蛋白容易在酵母体内降解,可以通过以下方式解决:

① 培养基中加入富含氨基酸和多肽的蛋白胨或酪蛋白水解物。

② 培养基的 pH 调成酸性(酵母可在 pH 3.0~8.0 的范围内生长),以抑制中性蛋白酶的活性。

③ 用蛋白酶缺失酵母突变体进行外源基因的表达。

(2) 表达产物的过度糖基化:糖链上可以带有多达 40 个甚至更多的甘露糖残基,产物的抗原性明显增强,该特性适合用来制备抗原表位亚单位疫苗。

【问题分析及思考】

(1) 为什么称酵母表达载体为穿梭载体?它在分子克隆中的重要作用是什么?

(2) 酵母细胞的 DNA 转化主要有几种方法?酵母细胞的 DNA 转化与 E. coli 细胞的转化有哪些不同?

## 参 考 文 献

1. 朱玉贤,李毅,郑晓峰. 现代分子生物学. 3 版. 北京:高等教育出版社,2007.
2. Shi YH, et al. Transcriptome profiling, molecular biological, and physiological studies reveal a major role for ethylene in cotton fiber cell elongation. Plant Cell, 2006,18:51—64.
3. Qin YM, et al. Cloning and functional characterization of two cDNAs encoding NADPH dependent 3-keto-acyl-CoA reductase from developing cotton fibers. Cell Research, 2005,15:65—73.

# 实验 21 植物基因敲除

利用土壤农杆菌转化系统将一段带有报告基因的 DNA 序列标签(T-DNA)整合到植物基因组 DNA 上。通过 PCR 及测序确定 T-DNA 插入的位置。如果这段 DNA 插入到目的基因内部或附近,就会影响该基因的表达,使该基因"失活"。再通过 PCR 筛选获得含有该 T-DNA 插入的纯和突变体,即实现了目的基因的敲除。

## 【实验目的】

本实验学习利用花序浸入法或真空渗透法进行土壤农杆菌介导的拟南芥转化,利用 TAIL-PCR 确定转化子的插入位置以及纯合突变体的筛选。

## （一）土壤农杆菌介导的拟南芥基因转化

## 【实验原理】

植物基因转化是实现基因敲除的第一步,土壤农杆菌法是最常用也是最简单的植物转化方法,主要转化双子叶植物,少数单子叶植物和某些裸子植物。土壤农杆菌(*Agrobacterium tumefaciens*)是一种革兰氏阴性菌,能够感染植物的受伤部位,使之产生冠瘿瘤,由于冠瘿瘤在生长过程中能合成多种激素,因此,它可以在植物体外不添加任何激素的情况下持续生长。此外,冠瘿瘤合成正常植物体内所没有的冠瘿碱(opine)。冠瘿碱主要包括章鱼碱(octopine)、胭脂碱(nopaline)等,这些生物碱为土壤农杆菌生长提供碳源和氮源。由于冠瘿碱的合成是冠瘿瘤中带有正常植物组织所不具备的基因所致,因此人们猜测土壤农杆菌能将它的基因整合到植物染色体上。以后的研究表明土壤农杆菌内存在 Ti 质粒,质粒上的 T-DNA 区序列能够转移并整合到植物染色体 DNA 上。

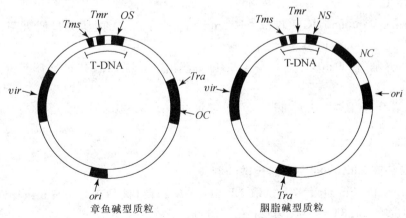

图 21-1 两种 Ti 质粒图谱

*ori*:复制起始点;*vir*:毒性区;*Tms*:控制茎分化;*Tmr*:控制根分化;
*OS*:章鱼碱合成酶;*OC*:章鱼碱代谢;*NS*:胭脂碱合成酶;*NC*:胭脂碱代谢

Ti 质粒约为 150～200 kb,其结构如图 21-1 所示。其中最重要的两个区域为 T-DNA 区和毒性区。T-DNA 是 Ti 质粒上唯一能够整合到植物染色体上的序列,而毒性区上一系列基因则帮助 T-DNA 整合到植物的染色体上。T-DNA 两端各有一段长约 25 bp 的末端重复序列,分别为左端序列(LB)和右端序列(RB)。实验证明,右端序列对 T-DNA 整合到植物染色体上至关重要。人们对 Ti 质粒进行了改造,去掉冠瘿碱合成等致癌基因,产生了一系列用于植物基因转化的载体。本实验主要用到的载体 pROK2,其 T-DNA 结构如图 21-2 所示。

**图 21-2　质粒载体 pROK2 的 T-DNA 示意图**

土壤农杆菌转化植物方法有多种,目前广泛应用于拟南芥转化的是花序浸入法或真空渗透法。这两种方法都是要将植物的花序浸染上携带有外源质粒的农杆菌菌液,菌液会进入植物的生殖细胞。收集这些植物种子,播种到具有抗性的选择培养基上,未经转化的种子不能萌发,整合有外源基因的种子则会长成完整植株。

## 【器材和试剂】

**1. 实验仪器**

光照培养箱,液氮罐,恒温摇床,小离心机,恒温水浴,超净工作台,低温冰箱。

**2. 实验材料**

农杆菌 LBA4404 菌株,拟南芥:在短日照下(每天光照 8～12 h)土壤中生长至开花的拟南芥植株。

**3. 实验试剂**

(1) 250 mmol/L $CaCl_2$。

(2) 链霉素(streptomycin, Sm)母液:10 mg/mL 溶于水,无菌滤膜过滤灭菌,于 −20℃ 保存,使用终浓度为 10 mg/L。

(3) 卡那霉素(kanamycin, Kan)母液:100 mg/mL 溶于水,无菌滤膜过滤灭菌,于 −20℃ 保存,使用终浓度为 100 mg/L。

(4) 利福平(rifampicin, Rif)母液:100 mg/mL 溶于水,无菌滤膜过滤灭菌,于 −20℃ 保存,使用终浓度为 100 mg/L。

(5) LB 培养基(1000 mL):蛋白胨 10 g,酵母浸出物 5 g,NaCl 10 g,高压蒸汽灭菌,121℃,15 min。

(6) 渗透培养基(1000 mL):5%(m/V) 蔗糖,50 μL/L SilwetL-77。

## 【实验步骤】

**1. 土壤农杆菌 LBA4404 菌株感受态的制备**

(1) 从 LB 平板($Sm^+ Rif^+$)上挑取 LBA4404 单菌落,接种于含有 3 mL LB 液体培养基($Sm^+ Rif^+$)的试管中,28℃振荡培养 24 h。

(2) 从上述培养液中取出菌液 400 μL 接种于含 40 mL LB 液体培养基($Sm^+ Rif^+$)的锥形瓶中,培养 4～6 h 至对数生长期。

(3) 取菌液 1.5 mL 加入到 1.5 mL 无菌离心管中,室温下 3000 r/min 离心 5 min,弃上清液。

(4) 用 250 mmol/L $CaCl_2$ 溶液 800 μL 重新悬浮沉淀,室温下 3000 r/min 离心 5 min,弃上清液,沉淀用 250 mmol/L $CaCl_2$ 溶液 100 μL 重新悬浮(至少做两份)。

**2. 冻融法转化农杆菌 LBA4404**

(1) 向每管感受态细胞中混入 20 ng 质粒 DNA,冰上放置 30 min。

(2) 放置液氮中冷冻 2 min,立即取出,置于 37℃ 水浴中 2 min。

(3) 向管中加入 LB 培养基 800 μL,28℃ 恒温摇床缓慢振荡 4~6 h。

(4) 置于离心机中,5000 r/min 离心 6 min,弃上清液。

(5) 用约 100 μL LB 培养基重悬细胞,涂布于 LB 筛选平板上($Sm^+ Rif^+ Kan^+$)上,28℃ 培养 2 天后可见菌落长出。

(6) 为了验证是否污染,可以用无菌水代替 DNA 做负对照,其操作步骤与以上相同(无细菌长出)。

**3. 农杆菌转化株的鉴定**

实验室常采用 PCR 法,菌落杂交法或酶切鉴定法鉴定土壤农杆菌转化株。本实验采用酶切鉴定法。

(1) 从三抗($Sm^+ Rif^+ Kan^+$)平板上挑一个单菌落,接种于 3 mL LB 液体培养基($Sm^+ Rif^+ Kan^+$)中,28℃,250 r/min 振摇培养 36 h。

(2) 采用小量碱法制备质粒 DNA。

(3) 提取的质粒用构建载体时所用的内切酶进行酶切鉴定,酶切体系(20 μL):

| | |
|---|---|
| 质粒 | 0.5~1 μg |
| 10×NEB 缓冲液 | 2 μL |
| 内切酶 | 1 U |
| 重蒸水 | 补足,使总体积为 20 μL |

能切出外源基因的克隆为阳性克隆。

**4. 花序浸入法(floral dip method)**

(1) 拟南芥转化前处理:

当大部分植株形成顶端花序后,剪掉顶端花序,去除顶端优势以便产生更多侧枝花序。将光照调成长日照(16 h/天)4~6 天后,植物用于转化实验。

(2) 配制花序浸入液:

① 挑取鉴定好的阳性单克隆农杆菌于 20 mL LB 液体培养基($Sm^+ Rif^+ Kan^+$)中,28℃ 振摇培养 24 h。

② 1∶100 转接于 1 L LB 液体培养基($Sm^+ Rif^+ Kan^+$)中,28℃ 振摇培养 18~24 h 至平台期。

③ 培养液 5000 r/min 离心 20 min,弃上清液。用 5% 的蔗糖溶液重悬农杆菌沉淀,悬液 A 约为 0.8。

④ 在悬液中加入 SilwetL-77 至终浓度 50 μL/L,每 2~3 盆拟南芥用浸入液 100~200 mL。

(3) 拟南芥转化:

① 将拟南芥上部的花序部分浸入浸入液 5 min,用塑料罩罩住转化完的拟南芥,保湿,暗

中放置 24 h。

② 转入长日照光照培养箱，转化的花序结荚后，停止浇水，继续培养至种子成熟，收集种子。

③ 为了提高转化率，常以 7 天为间隔重复转化 2～3 次，收获种子。

**5. 真空渗透法**

真空渗透法（vacuum infiltration method）的步骤与花序浸入法基本相同，为了提高转化率，在将拟南芥上部的花序部分没入浸入液后，把它们放入一个大的干燥器中，干燥器与一个真空泵相连通，抽真空 2 min 后迅速释放，使气压突然增大，促使菌液进入植物组织。

**6. 抗性筛选得到转基因拟南芥**

(1) 收集的种子消毒后，重新播种在含卡那霉素的 MS 培养基（1/2 Murashige & Skoog Basal Medium (MS) (sigma)，0.8% 琼脂和 100 μg/mL 卡那霉素）平板上，

(2) 4℃ 冰箱中放置 3 天，然后将平板移入光照培养箱中培养。转入卡那霉素抗性基因的种子可以萌发，并正常生长。而其他种子都不会萌发或萌发后渐渐死掉。

(3) 2～3 周后将发育正常的幼苗移入土壤中继续生长。

(4) 开花前，用透明塑料板把每株植物间隔开，防止相互杂交。

(5) 6～8 周后分别收集每株的种子，并作标记。

# （二）利用 PCR 方法确定 T-DNA 的插入位置

【实验原理】

通过上述方法得到的转基因植物，其 T-DNA 插入位置是随机的，随机插入突变的最终目标是获得所有基因的敲除突变体，因此，对所有敲除突变体的旁侧序列进行系统测序是基因组水平上大规模产生随机插入突变体的要求。而测序的前提是要获得每个插入突变体 T-DNA 插入位置旁侧的 DNA 片段。TAIL-PCR（thermal asymmetric interlaced polymerase chain reaction）就是通过已知序列设计引物扩增出旁侧未知序列的一种方法。该方法使用的引物一条是与已知的序列（T-DNA 上的序列）特异结合的引物，另一条是一系列短的随机序列引物，它们可能与未知序列结合。以植物总 DNA 为模板，通过提高退火温度及使用特殊的 PCR 程序，经过 2～3 轮巢式 PCR，可以获得目的片段。

另外一种 PCR 的方法，先对模板进行了处理，提取的植物总 DNA 用双酶切后，连接设计好的接头序列。PCR 的一条引物是与 T-DNA 上的序列特异结合的引物；另一条是与接头序列特异结合的引物。经过两轮 PCR，可以获得目的片段。本实验中使用的是这种方法。

当每个插入品系的 T-DNA 的旁侧序列得到鉴定，就可以建立数据库，研究者们只需根据目的基因的序列检索数据库就可以找到并进而索取目的基因被敲除的突变体品系。目前，已经可以登录到 Salk 研究所（The Salk Institute Genomic Analysis Laboratory，SIGnAL）的网站检索敲除目的基因的 T-DNA 插入突变体。如果相关的突变体已经发布，就可以向有关机构（ABRC 或 NASC）索要或购买。

【器材与试剂】

**1. 实验仪器**

液氮罐，研钵和研杵，离心机，PCR 仪，PCR 管，DNA 电泳设备。

## 2. 实验材料

生长在 1/2 MS 培养基 6~8 天的拟南芥幼苗。

## 3. 实验试剂

(1) CTAB DNA 提取液：100 mmol/L Tris-HCl(pH 8.0)，20 mmol/L EDTA(pH 8.0)，1.4 mol/L NaCl，2% CTAB，1% PVP40 000。灭菌后室温保存。

(2) 氯仿：异戊醇(24∶1)，异丙醇，75% 乙醇。

(3) JumpStart RED Taq DNA 聚合酶(sigma)。

(4) 1×PCR 缓冲液，dNTP。

(5) 内切酶 EcoR Ⅰ，Hind Ⅲ，T₄ 连接酶。

(6) 接头：

接头序列：

① 通用长臂(common long arm)：5′- GTA ATA CGA CTC ACT ATA GGG CAC GCG TGG TCG ACG GCC CGG GCT GC 3′；

② Hind Ⅲ 短臂(shortHind)：5′- P-AGC TGC AGC CCG -NH₂ 3′；

③ EcoR Ⅰ 短臂(shortEco)：5′- P-AAT TGC AGC CCG -NH₂ 3′。

(7) 其他引物：

LBa1：5′ TGG TTC ACG TAG TGG GCC ATC G 3′；

AP1：5′ GTA ATA CGA CTC ACT ATA GGG C 3′；

LBb1：5′ GCG TGG ACC GCT TGC TGC AAC T 3′；

AP2：5′ TAC GAC TCA CTA TAG GGC ACG C 3′。

## 【实验步骤】

### 1. CTAB 法提取植物 DNA

(1) 取适当体积的 CTAB DNA 提取液，65℃预热。

(2) 取待检测拟南芥品系幼苗约 100 mg，液氮研磨，待液氮挥发干净后转移至含 1 倍体积 CTAB 提取液的离心管中。

(3) 65℃保温 30 min。加入等体积氯仿：异戊醇(24∶1)，颠倒混匀。室温，13 000 r/min 离心 2 min。将上清液转移到新的离心管中，重复上述步骤。

(4) 上清液加 2/3 体积的异丙醇，颠倒混匀，室温放置 20 min，沉淀 DNA。

(5) 室温下 13 000 r/min 离心 15 min。

(6) 弃上清液，沉淀用 75%乙醇洗涤，空气中干燥。溶于 50 μL TE 中。

(7) 跑胶检测 DNA 浓度及质量。

### 2. 植物 DNA 的酶解及与接头的连接

(1) 接头的合成：

① 反应体系(50 μL)：

| | |
|---|---|
| 10×NEB 缓冲液 2 | 5 μL |
| 通用长臂(20 μmol/L) | 2.5 μL |
| Hind Ⅲ 短臂或 EcoR Ⅰ 短臂(20 μmol/L) | 2.5 μL |
| 重蒸水 | 40 μL |

② 95℃，5 min，然后缓慢降到室温，−20℃保存。

(2) DNA 的酶解,与接头相连接:

① 取植物基因组 DNA 100 ng,加入 4 个单位的 EcoR I,4 个单位的 Hind III,80 单位的 T₄ 连接酶,1×NEB 缓冲液 2,0.25 μmol Hind III 和 EcoR I 接头混合物,总体积为 11 μL。

② 于室温反应过夜。反应后的产物即为 PCR 时使用的模板。如果有多个 DNA 样品,反应可以在 96 孔板中进行。

**3. PCR 扩增未知序列**

(1) 第一轮 PCR:

① 反应体系(10 μL):1×PCR 缓冲液,0.12 U JumpStart RED Taq 聚合酶,100 μmol/L dNTP,0.2 μmol/L LBa1,0.2 μmol/L AP1,剩余体积加 DNA 模板。

② PCR 程序:34 个循环 [94℃ 15 s,72℃ 150 min] 最后一个循环 [72℃ 3 min]。

③ 产物加入重蒸水 15 μL 稀释。

(2) 第二轮 PCR:

① 反应体系(25 μL):1×PCR 缓冲液,0.12 单位 JumpStart RED Taq 聚合酶,100 μmol/L dNTP,0.2 μmol/L LBb1,0.2 μmol/L AP2,50% 甘油 0.6 μL,第一次 PCR 产物为模板 1 μL。

② PCR 程序:

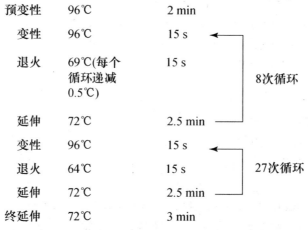

③ 反应产物用乙醇沉淀,离心后弃上清液,干燥沉淀,溶于 TE 溶液后测序。

## (三) T-DNA 插入突变体品系的纯合系筛选

**【实验原理】**

通过前面介绍的 PCR 及测序方法,我们得知该 T-DNA 插入位点的旁侧植物基因组上的一段序列,结合拟南芥全基因组序列信息,可以分析出 T-DNA 插入的位置。如果这段 T-DNA 插入到目的基因内部或附近,就会影响该基因的表达,从而使该基因"失活"。为了进一步分析突变体表型,研究该基因的功能,我们需要得到目的基因 T-DNA 插入突变体品系的纯合系。由于该基因内部或附近插入了一段已知序列的 DNA,可据此设计引物,用 PCR 方法将被破坏的靶基因序列分离出来(图 21-3)。若用靶基因两端的引物 LP、RP 及插入载体上的引物 LB 和靶基因引物 LP 或 RP 进行 PCR,理论上能得到三种类型的条带。野生型植株中,只有 LP 和 RP 引物配对扩增出来的靶基因条带;如果实验材料来自纯合型基因敲除植株,那么,只有靶基因一端的引物可以与 LB 引物配对完成 PCR 扩增;如果实验材料来自杂合型基因敲除植株,那么,PCR 扩增后会同时出现两种条带。

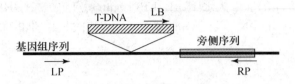

图 21-3　T-DNA 插入位置示意图

## 【器材与试剂】

**1. 实验仪器**

PCR 仪,离心机,剪刀,DNA 电泳设备。

**2. 实验材料**

2～3 周龄的拟南芥植株。

**3. 实验试剂**

(1) 拟南芥基因组 DNA 快速提取液:100 mmol/L Tris-HCl pH 8.0,250 mmol/L NaCl,25 mmol/L EGTA,0.5% SDS。

(2) 异丙醇,TE 溶液,70%乙醇。

(3) Ex Taq DNA 聚合酶,10×Ex Taq 缓冲液,dNTP。

(4) 引物:

　　　　LBb1:5′ GCG TGG ACC GCT TGC TGC AAC T 3′。

基因特异引物 LP 和 RP 的设计可以通过 SIGnAL 网站的引物设计软件 SIGnAL iSect Primer Design 进行设计。

## 【操作步骤】

**1. 植物材料准备**

(1) T-DNA 插入突变体品系的 $F_1$ 代种子消毒后播种在含卡那霉素的 1/2 MS 培养基平板上,4℃,放置 3 天后,移入光照培养箱培养。

(2) 1 周后将生长正常的幼苗移入土壤中继续培养。

(3) 约 2～3 周后将每个植株做标记,并用眼科剪刀取新鲜叶片 10～50 mg/株,放入 1.5 mL 离心管中,待用。

**2. 植物基因组 DNA 的快速提取(主要用于 PCR 检测)**

(1) 将拟南芥叶片用吸头研碎,加入拟南芥基因组 DNA 快速提取液 200 μL,用吸头混匀,13 000 r/min 离心 5 min。

(2) 取上清液 150 μL 与等体积的异丙醇混合,冰浴 5 min。

(3) 13 000 r/min 离心 10 min,沉淀在 60℃空气中干燥。

(4) 用 TE 溶液 100 μL 重新悬浮沉淀。4℃,保存。

### 3. PCR 鉴定突变体

(1) 反应体系 A(25 μL)：重蒸水 18 μL，LBb1(10 mmol/L) 0.5 μL，RP(10 mmol/L) 0.5 μL，10×Ex Taq 缓冲液 2.5 μL，dNTP(2.5 mmol/L) 2 μL，拟南芥基因组 DNA 1 μL，Ex Taq DNA 聚合酶 0.5 μL。

(2) 反应体系 B(25 μL)：重蒸水 18 μL，LP(10 mmol/L) 0.5 μL，RP(10 mmol/L) 0.5 μL，10×Ex Taq 缓冲液 2.5 μL，dNTP(2.5 mmol/L) 2 μL，拟南芥基因组 DNA 1 μL，Ex Taq DNA 聚合酶 0.5 μL。

(3) PCR 程序：

变性　　96℃　　30 s  
退火　　55℃　　30 s　　30次循环  
延伸　　72℃　　2 min

(4) PCR 结束后，将 A 管和 B 管产物进行 DNA 电泳检测，A 产物有大小合适的条带，而 B 产物没有条带的为纯合突变体。根据事先做好的标记，找到该株拟南芥，收集种子，妥善保存。

**【结果讨论】**

如图 21-4 所示：

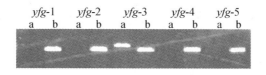

**图 21-4　植物基因 *yfg* 敲除突变体纯合系的筛选**
a，引物 LP 和 RP 的 PCR 产物；b，引物 LB 和 RP 的 PCR 产物

通过 PCR 的结果可以判断 *yfg*-1，*yfg*-2，*yfg*-4，*yfg*-5 都是纯合突变体；而 *yfg*-3 是杂合体。

通过 PCR 鉴定得到的某基因 T-DNA 插入纯合突变株系，是鉴定该基因功能的第一步。当该株系具有与野生型不同的表型时，我们需要验证该表型是由于 T-DNA 插入该基因导致它的表达异常还是不表达所引起的。应通过 Southern 杂交验证该品系只有单拷贝 T-DNA 插入，用 Northern 杂交验证目的基因的表达异常或不表达。

基因敲除并不一定就能获知该基因的功能。拟南芥许多基因在功能上是冗余的，敲除一个在功能上冗余的基因，基因家族的其他成员可以提供同样的功能，因此并不能造成容易识别的表型。另外，拟南芥中一些必需基因在细胞生长和分裂中发挥重要作用。敲除这些基因会造成配子体或早期胚的致死性，因而无法获得必需基因的纯合突变体种子，而需要利用杂合体遗传基因分离得到纯合体或者其他方法进行研究。

**【问题分析及思考】**

(1) 农杆菌介导的植物转化原理是什么？  
(2) 如何确定 T-DNA 在植物中的插入位置？  
(3) 用 PCR 方法筛选纯合突变体时，出现怎样的结果可以认为是纯合突变体？

## 参 考 文 献

1. 顾红雅等. 植物基因与分子操作. 北京：北京大学出版社，1995，191—239.
2. Alonso JM, Stepanova AN, Leisse TJ, et al. Genome-wide insertional mutagenesis of *Arabidopsis thaliana*. Science, 2003, 301: 653—657.
3. Weigel D, Glazebrook J. Arabidopsis: A laboratory manual. CSHL Press, 2002.
4. Horsch RB, Fraley RT, Rogers SG, et al. Inheritance of functional foreign genes in plants. Science, 1984, 223: 496—498.
5. Horsch RB. A simple and general method for transferring genes into plants. Science, 1985, 227: 1229—1231.
6. Van der Krol AR, Lenting PE, Veenstra J, et al. An anti-sense chalcone synthase gene in transgenic plants inhibits flower pigmentation. nature, 1988, 333: 866—869.

# 实验 22　RNAi 技术研究

RNAi 技术将对应于 mRNA 的正义 RNA 和反义 RNA 组成的双链 RNA(dsRNA)导入细胞,使 mRNA 发生特异性降解,从而导致与之相应的基因沉默,抑制其表达。

【实验目的】
1. 学会根据已知靶标基因序列设计有效的 siRNA;
2. 掌握脂质体介导哺乳动物细胞转染的方法。

【实验原理】
RNAi 是由 dsRNA 诱导的多步骤、多因素参与的过程,属于转录后基因沉默机制(post-transcriptional gene silencing,PTGS),可以抑制转录或是序列特异性的 RNA 降解,从 RNA 水平上特异性地抑制目的基因表达。

RNAi 效应的引发依赖于核酸内切酶(RNase Ⅲ)家族中一种被称为 Dicer 的酶。Dicer 具有解旋酶活性,包含 dsRNA 结合域和 PAZ 结构,能够特异识别双链 RNA,以一种 ATP 依赖的方式逐步切割由外源导入或是由转基因、病毒感染等各种方式引入的 dsRNA,将双链的长 RNA 降解为小的干扰 RNA(small interfering RNAs,siRNAs)。一般 siRNA 正义链与反义链各有 21 个碱基,其中 19 个碱基配对,每条链的 3′端都有 2 个不配对的碱基突出。

在 RNAi 效应阶段,siRNA 双链与体内一些酶(包括内切酶、外切酶、螺旋酶等)结合形成 RNA 诱导沉默复合物(RNA-induced silencing complex,RISC)。在 ATP 存在下,siRNA 解双链,使 RISC 被激活。激活的 RISC 携带单链 RNA,通过碱基配对定位到同源 mRNA 转录本上,并在距离 siRNA 3′端 12 个碱基的位置切割 mRNA。siRNA 还可作为引物,在依赖于 RNA 的 RNA 聚合酶作用下,以靶 mRNA 为模板合成 dsRNA。新合成的 dsRNA 又可切割成 siRNA 进入新循环,将 RNAi 信号级数放大,导致高效的基因沉默。

【器材和试剂】

**1. 实验仪器**

直径 2 cm 的 12 孔细胞培养皿,1.5 mL Eppendorf 管,可用于 RNA 的电泳设备及荧光检测设备以及常用玻璃器皿。

**2. 实验材料**

正义 siRNA 及反义 siRNA 的水溶液(浓度不低于 80 μmol/L);待转染哺乳动物细胞。

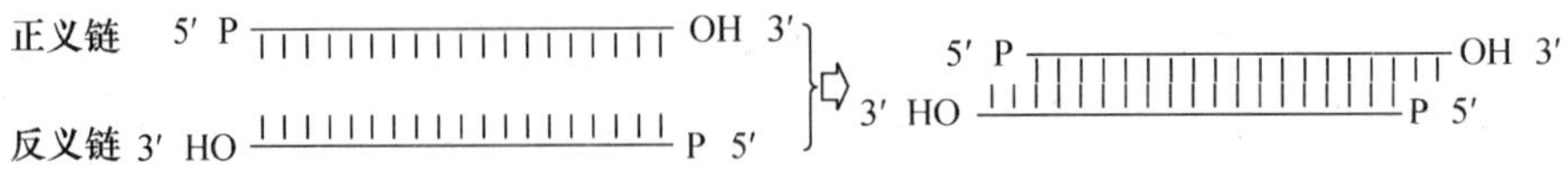

图 22-1　正义及反义 siRNA 单链在水溶液中退火形成 dsRNA

## 3. 实验试剂

(1) DMEM 细胞完全培养基(HyClone 公司)。

(2) 无血清培养基配方：0.6%($m/V$)葡萄糖，2 mmol/L 谷氨酰胺，3 mmol/L NaHCO$_3$，5 mmol/L Hepes，2.5 μg/mL 胰岛素，100 ng/mL 转铁蛋白，20 mmol/L 孕酮，60 mmol/L 丁二胺，30 mmol/L 硒酸钠，50 mg/mL 青霉素，50 mg/mL 链霉素。

(3) 脂质体转染试剂 PLUS(Invitrogen 公司)。

(4) 1% EB 溶液($m/V$)。

(5) NuSieve GTG 琼脂糖。

(6) 2×退火缓冲液(pH 7.4)：200 mmol/L 乙酸钾，4 mmol/L 乙酸镁，60 mmol/L HEPES-KOH。

(7) 5×TBE 缓冲液：450 mmol/L Tris 碱，450 mmol/L 硼酸，10 mmol/L Na$_2$EDTA。

## 【实验步骤】

### 1. siRNA 的设计

从起始密码子开始向下游搜寻 5'-AA(N$_{19}$)UU 序列(N 代表任意核糖核苷)(图 22-2(a))，作为潜在的 siRNA 靶位点，尽量使(G+C)含量在 50% 左右。如果没有合适的 5'-AA(N$_{19}$)UU 序列，也可以尝试搜寻 5'-AA(N$_{21}$) 或者 5'-NA(N$_{21}$)(图 22-2(b))。siRNA 正义链即为 5'-(N$_{19}$)UU，反义链为 5'-(N'$_{19}$)UU，N'$_{19}$ 是与 N$_{19}$ 反向互补的序列。如果用基于 pol-Ⅲ 的表达载体，可定位于 5'-NAR(N$_{17}$)YNN，R 代表嘌呤核糖核苷，Y 代表嘧啶核糖核苷(图 22-2(c))。

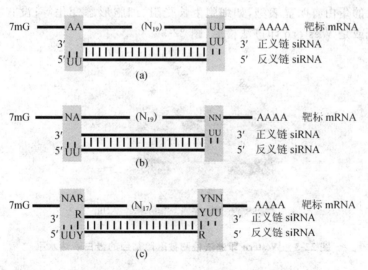

图 22-2 针对靶标 mRNA 的 siRNA 选择

### 2. siRNA 互补链退火

(1) 在 70 μL 的退火缓冲液中，分别加入正义链及反义链 siRNA 至终浓度均为 20 μmol/L，用蒸馏水补至终体积为 140 μL。操作尽量在冰上进行，以降低 RNA 的水解速率。

(2) 上述混合体系 90℃水浴 1 min，然后在 37℃保温 1 h。

(3) 配制 4% 的 NuSieve GTG 琼脂糖凝胶，分别将 20 μM 的正义链、反义链 1 μL 以及

20 μmol/L siRNA 的双链溶液 0.5 μL 与上样缓冲液混合,上样。在 0.5×TBE 缓冲液中 80 V 恒压电泳 1 h。

(4) 用 EB 染色后,在紫外光源下检测 RNA 条带。

**3. 阳离子脂质体介导转染**

(1) 将细胞在完全培养基中培养至对数生长期后期,用胰蛋白酶处理并进行细胞计数。

(2) 转至离心管中在室温下以 3000 g 离心 5 min,弃表面悬浮物,用完全培养基冲洗一次,然后用完全培养基悬浮细胞,使得每 1 mL 悬浮液中含有约 $1×10^5$ 个细胞。

(3) 将上述细胞悬浮液接种至 12 孔细胞培养皿,每孔 1 mL,培养 24 h。

(4) 转染前 4 h,换上 500 μL 新鲜培养基,继续培养。

(5) 将 20 μmol/L 退火的 siRNA 1.25 μL 与无血清培养基 43.75 μL 加入 1.5 mL 管中,与脂质体转染试剂盒中 PLUS 增强剂混合,充分振荡混匀。每个细胞培养孔里加 5 μL 混合液。

(6) 另取一支 1.5 mL 反应小管,将脂质体转染试剂 2.5 μL 用 47.5 μL 无血清培养基稀释。

(7) 两支管均在室温下放置 15 min。

(8) 将稀释后的脂质体转染试剂加入含有 siRNA 和 PLUS 增强剂的管中(共 100 μL),轻混匀,室温放置 15 min。

(9) 除去细胞培养皿中的完全培养基,每孔加入无血清培养基 400 μL。

(10) 加入步骤(8)中的 siRNA 转染混合液 100 μL。

(11) 2.5 h 后,除去转染剂,重新加入完全培养基 1 mL,培养 16~48 h。

**4. RNAi 效果检测**

某些被敲除的蛋白有明显表型,如细胞生长受阻、细胞形态变化等;没有明显表型的蛋白可以用免疫荧光或是 Western 印迹法检测(图 22-3)。

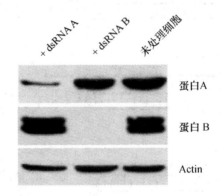

图 22-3 Western 印迹法检测被敲除基因的蛋白表达水平

【结果与讨论】

**1. siRNA 设计原则**

(1) 靶标位点应该在目的 mRNA 序列的开放阅读框(open reading frame,ORF)内,从起始密码子 AUG 开始,理想的 RNAi 靶标应该位于其下游约 50~100 核苷酸区域。

不推荐将 RNAi 靶标定位在 5'-或 3'-非翻译区(5'-,3'-UTRs),或是靠近起始密码子的地方。因为这区域富含调控蛋白结合位点,UTR 结合蛋白或是转录起始复合物会干扰 RISC 与靶标 RNA 的结合,大大降低 siRNA 的干扰效率。

(2) siRNA 的(G+C)%含量最好控制在 32%~79%范围内,过低(G+C)%含量容易导致非特异降解,而过高(G+C)%含量的序列又容易形成 G-四联体的结构。

(3) 为保证实验的可靠性,RNAi 应该设计阴性对照组,通常的做法是将实验组有效的 siRNA 乱序排列,或是针对某个研究物种内不存在的基因来设计对照序列,并使用 BLAST 方法(www.ncbi.nlm.nih.gov/BLAST/)将潜在的序列和相应的基因组 EST 数据库进行比较,排除与其他编码区或 EST 同源的序列,防止产生错配,以及避开单核苷酸多态性位点。

### 2. siRNA 的制备

除了体外制备 siRNA,也可以借助于合适的 siRNA 表达载体在体内表达所需的 siRNA,将两段有互补区的编码短发夹 RNA 序列的 DNA 单链克隆到相应载体的启动子下游,在体内转录得到的正义 siRNA 与反义 siRNA 序列互补形成双链,其间一段 8~10 nt 的非配对环状结构被剪切作用除去后,即产生有功能的双链 siRNA。

### 3. siRNA 的转染途径

根据实验使用细胞的需要选择合适的转染方法,以达到最佳传染效果。除了阳离子脂质体介导的转染方法,siRNA 转入细胞内常用的方法还有:磷酸钙共沉淀、电脉冲诱导的电穿孔法、带正电的 DEAE-葡聚糖或 polybrene 多聚体复合物介导传染以及显微注射和基因枪等机械方法。

## 【问题分析及思考】

(1) 如何设计阴性对照组 siRNA?
(2) siRNA 互补的两条单链在退火结合之前为什么要 90℃水浴?
(3) 转染前为什么需要将细胞完全培养基换成无血清培养基?

## 参 考 文 献

1. Agrawal N, et al. RNA interference: biology, mechanism, and applications. Microbiology and Molecular Biology Reviews, 2003, 67(4): 657—685.
2. Baulcombe DC, et al. RNA as a target and an initiator of post-transcriptional gene silencing in trangenic plants. Plant Mol Biol, 1996, 32: 79—88.
3. Baulcombe DC, et al. Gene silencing: RNA makes no protein. Current Biology, 1999, 9: R599—R601.
4. Fire A, et al. Potent and specific genetic interference by double-stranded RNA in *Caenorhabditis elegans*. Nature, 1998, 391: 806—811.
5. Mello CC, Conte D. Revealing the world of RNA interference. Nature, 2004, 431: 338—342.

# 实验 23　质粒 DNA 的分子杂交

经琼脂糖凝胶电泳分离的限制性内切酶酶切质粒 DNA 片段,通过 Southern 印迹法 (Southern blotting),将其吸印在硝酸纤维素薄膜上。通过缺口平移法,以同位素 $^{32}$P 标记的 pBR322 质粒 DNA 为探针,与硝酸纤维素薄膜上的 DNA 片段进行杂交,再用放射自显影方法取得分子杂交的结果。

【实验目的】

通过实验学习和掌握质粒 DNA 分子杂交的原理和技术,学会如何设计和制备探针;学会使用 Southern 印迹法分析目的基因的特异性。

【实验原理】

分子杂交是基因工程和分子生物学的重要技术之一。DNA 分子杂交是指双股 DNA 分子的变性和带有互补顺序的同源单链间的配对过程。它是鉴别阳性重组体、筛选基因、确定 DNA 同源性、研究基因定位、组建 DNA 的物理图谱以及研究 DNA 的间隔顺序等的有效手段,在现代分子生物学中得到了广泛的应用。

Southern 印迹法也译为 Southern 转膜杂交,它是 Southern EM 于 1975 年创造的杂交方法。首先,在一装有缓冲溶液的玻璃皿中放上一支架,然后在支架上放一滤纸桥,在其上依次铺上琼脂糖凝胶(带有酶切并经凝胶电泳分离的 DNA 片段)、硝酸纤维素薄膜、滤纸及吸水纸,在其上再压一重物(图 23-1)。

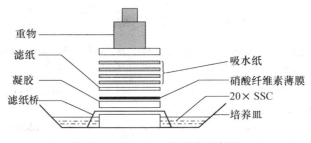

图 23-1　Southern 印迹法示意图

通过滤纸的吸附作用,缓冲溶液由下至上渗透,凝胶中的单链 DNA 条带随着缓冲液向上吸附被转移到硝酸纤维素薄膜上,同时也被牢固地吸附和固定住。DNA 转移的速度取决于 DNA 片段大小和凝胶的孔径,转移 15 kb 以上的片段需 15 h 以上。一般控制在 12～24 h。转移后用滤纸吸干硝酸纤维素薄膜上的缓冲液,在 65～80℃ 烘干后方可进行第二步的分子杂交。

其次,进行膜杂交,将吸附并固定在硝酸纤维素薄膜上的 DNA 片段与一个 $^{32}$P 标记的 DNA 或 RNA 探针杂交,用放射自显影技术确定在 X 射线胶片上所显示的一个能与探针 DNA 杂交的条带。这种分子杂交方法是以 DNA 的变性和复性为理论基础的,杂交过程是一个复性过程。DNA 分子越复杂,其相对分子质量越大,复性速度也就越慢;杂交时 DNA 的浓度越高,单链间互相碰撞的机会越多,找到互补链的概率也就越高;探针 DNA 片段越小,其扩散速度越快,复性速度也越快。此外,杂交温度、溶液体积和离子强度等条件都会影响复性过程,也因此影响了杂交效果。由于杂交过程是复性过程,所以杂交时间可用 $Cot_{1/2}$ 表示。当杂交时间达到 $Cot_{1/2}$ 的 1~3 倍时,杂交便能顺利完成。杂交时间一般为 $Cot_{1/2}$ 的 3 倍,可按下式计算分子杂交时间:

$$分子杂交时间(h/Cot_{1/2}) = \frac{YZ}{5 \times 10 X} \times 2$$

式中,$Y$ 为探针 DNA 的复杂性,即片段大小(以探针长度 kb 计算);$Z$ 为杂交溶液的体积(mL),$X$ 为探针 DNA 的用量(μg);$Cot_{1/2}$ 是 DNA 分子复性一半所需的时间。如:在 10 mL 的杂交溶液中,加 5 kb 的探针 DNA 1 μg,求完成一个 $Cot_{1/2}$ 所需要的时间。按上述公式,计算如下:

$$\frac{5 \times 10}{5 \times 10 \times 1} \times 2 = 2 \text{ (h)}$$

根据计算,杂交时间以 $2 \times 3 = 6$ (h)为宜。

缺口平移(nick translation)法是基因工程中制备 DNA 放射性探针的主要方法。先以 DNA 酶消化双链 DNA,得到具有许多缺口的双链 DNA。$E.coli$ DNA 聚合酶 I 的 $5' \to 3'$ 聚合作用能在缺口的 $3'$ 末端加入 $^{32}P$ 标记的核苷酸,并使链得以延伸。该酶又具有 $5' \to 3'$ 外切活性,能在缺口的 $5'$ 末端切去核苷酸。这样,缺口的两端一边加入 $^{32}P$ 标记的核苷酸,一边切割原 DNA 链上的核苷酸,使 $^{32}P$ 标记的核苷酸沿 $5' \to 3'$ 方向移动,这样就获得小片段的放射性探针(图 23-2)。

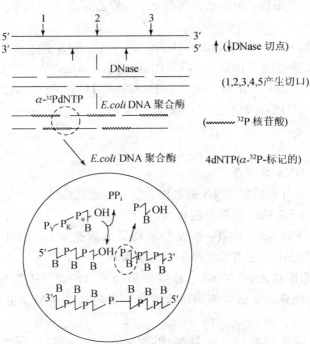

图 23-2 缺口平移原理示意图

本实验所用样品和探针都是 pBR322 质粒 DNA,利用其同源性,必然有杂交带,这样做的目的在于方法的学习和操作的训练。

本实验是使用琼脂糖凝胶电泳分离 pBR322 质粒 DNA(方法见实验 2:质粒 DNA 的限制

性内切酶酶切及琼脂糖凝胶电泳分离、鉴定),琼脂糖凝胶上显示出 DNA 大小不同的酶切片段,用碱直接变性再后用印迹法将它们转移到硝酸纤维素薄膜上。单链 DNA 片段能牢固地吸附在薄膜上,然后与 $^{32}$P 标记的 pBR322 质粒 DNA 探针杂交,用放射自显影技术确定能与探针 DNA 杂交的条带。

## 【器材与试剂】

### 1. 实验仪器

恒温水浴(14~65℃),烤箱,放射性污染监测器,台式高速离心机(20 000 r/min),玻璃平皿(直径 10、20 cm),塑料烫封机,玻璃板(5 cm×10 cm),剪刀,镊子,刀片,暗盒,增感屏,X 射线底片,塑料袋,保鲜膜,滤纸(DE.81,Whatman No.1),吸水纸,硝酸纤维素薄膜,重物(500 g)。

### 2. 实验材料

含有 pBR322 质粒 DNA 的 *E. coli*。

### 3. 实验试剂

(1) 20×SSC(500 mL):3 mol/L NaCl;0.3 mol/L 柠檬酸钠,用 1 mol/L HCl 将 pH 调至 7.0。

(2) 变性溶液(500 mL):1.5 mol/L NaCl;0.5 mol/L NaOH。

(3) 中和溶液(500 mL):0.5 mol/L Tris;3 mol/L NaCl,用 HCl 将 pH 调至 7.0。

(4) 40×缺口平移缓冲液:0.5 mol/L Tris-HCl(pH 7.4),0.1 mol/L MgSO$_4$,1 mmol/L,二硫苏糖醇,500 μg/mL,牛血清白蛋白第五组分。

(5) 100×Denhardt 溶液:牛血清白蛋白 0.2 g,聚乙烯吡咯啶 0.2 g,聚蔗糖 0.2 g,加重蒸水至 10 mL。

(6) 预杂交液:20×SSC 4 mL,100×Denhardt 液 0.2 mL,重蒸水 16 mL。

(7) 4 单位 DNA 聚合酶Ⅰ;0.1 μg/μL DNase Ⅰ;0.5 mmol/L dNTP;10 μL α-$^{32}$P-ATP;10 μL α-$^{32}$P-dCTP;10 mol/L NaOH;1 mol/L HCl;Tris-HCl(pH 7.4);20% SDS;0.2 mol/L EDTA;0.5 mol/L Na$_2$HPO$_4$;无水乙醇;显影液和定影液。

## 【实验步骤】

### 1. pBR322 质粒 DNA 的制备

采用从菌落中快速分离质粒 DNA 的方法:参见实验 1。

### 2. pBR322 质粒 DNA 的琼脂糖凝胶电泳

(1) 首先配制 TBE(5×)缓冲液:称取 Tris 13.5 g,硼酸 6.9 g,EDTA-Na 0.9 g,用少量蒸馏水溶解后定容至 250 mL。使用时稀释 10 倍,即为 0.5×TBE。

(2) 配制 1.4%琼脂糖凝胶 50 mL:称取琼脂糖 0.7 g 置于锥形瓶中,加入 0.5×TBE 50 mL,瓶口扣一个小烧杯。然后将锥形瓶放入高压锅内加热至琼脂糖融化,摇匀,待胶冷却到 65℃左右倒板。

(3) 将加样后的胶板轻轻放入电泳槽中,开始电泳。一般电压控制在 100 V,电流在 40mA 以下,当橙 G 染料移动到距凝胶前沿约 1 cm 时,停止电泳。

### 3. Southern 印迹

(1) 琼脂糖凝胶电泳完成后,用溴化乙锭染色,将凝胶照相。

(2) 用刀片切掉未用过的凝胶区域,将凝胶转至玻璃平皿中。

(3) 在室温下将凝胶浸泡在变性溶液中,放置 40 min 使 DNA 充分变性并不断摇动。

(4) 在室温下将凝胶转至另一玻璃平皿中,用中和溶液浸泡 40 min,不断摇动。

(5) 在一直径 20 cm 的玻璃大平皿中盛以 20×SSC 溶液,大平皿中央再放一直径 10 cm 小平皿,作为支撑物。支撑物上面放一块 10 cm×5 cm 玻璃板,板上铺两张 Whatman No.1 滤纸,滤纸的宽度与玻璃板宽度相同,滤纸两边垂入 20×SSC 溶液中,滤纸作为纸桥,使溶液不断地吸到滤纸上。注意玻璃板与滤纸之间不能有气泡,也不可以直接用手触摸。

(6) 将硝酸纤维素滤膜切割成与凝胶大小完全一致,然后用重蒸水浸湿,再转入 20×SSC 溶液中浸泡 30 min。**注意**:不可以直接用手接触硝酸纤维素薄膜,另外,要将膜正面标记为 N 字,以便后续操作有标记。

(7) 将中和处理好的凝胶滑到已用 Whatman No.1 铺好的玻璃板中央,赶掉凝胶和滤纸间的气泡。

(8) 用镊子小心地将硝酸纤维素薄膜准确地放在凝胶上,不能再移动。

(9) 仔细地去掉一切匿藏在凝胶和滤膜间的气泡。

(10) 滤膜上盖一张同样大小的普通滤纸,再次去掉气泡。

(11) 裁一叠吸水纸,约 3 cm 厚,大小略比滤膜小 1 mm,压在滤纸上。

(12) 在吸水纸上放置一块玻璃板,玻璃板上放一个 500 g 重的砝码。

(13) 吸水纸吸湿后不断更换 5~6 次。让凝胶上的 DNA 转移 12 h 或过夜。

(14) 将滤膜与凝胶剥离开,弃去凝胶,把滤膜浸在 6×SSC 溶液中,约 5 min 后取出。

(15) 将滤膜夹在 4 层滤纸中,置 65℃烘箱中烘烤 4 h。

(16) 将已烘干的硝酸纤维素薄膜放入塑料袋中,加入 5 mL 杂交液,把塑料袋封口后放在装有水的玻璃平皿中,置于 65℃水浴保温 4 h。

**4. 探针的制备**

以下操作均在同位素防护下进行。

(1) 在 1.5 mL 的塑料离心管中加入以下试剂:

① pBR322 质粒 DNA 溶液(含 DNA 0.2 μg)0.5 μL;

② 0.5 mmol/L dTTP 1 μL;

③ 0.5 mmol/L dGTP 1 μL;

④ $\alpha$-$^{32}$P-ATP 3.7×10$^5$ Bq;

⑤ $\alpha$-$^{32}$P-CTP 3.7×10$^5$ Bq;

⑥ DNA 聚合酶Ⅰ 4 U(0.5 μL);

⑦ DNA 酶Ⅰ 0.1 μg(2 μpL);

⑧ 10×缺口平移缓冲液 2 μL;

⑨ 无菌重蒸水 9.5 μL;

(2) 14℃恒温水浴保温 30 min。

(3) 加入 0.2 mol/L EDTA 3 μL,以终止反应。

(4) 用同位素定标器检查标记率:

① 在探针制备时,同位素加入的初始和反应结束各取 0.5 pL 反应液滴在 ED-81 滤纸上,晾干后洗去未标记的同位素;

② 用 0.5 mol/L Na$_2$HPO$_4$ 溶液洗 5 次,每次 5 min;

③ 用重蒸水洗 3 次，每次 1 min；

④ 用无水乙醇洗 2 次，每次 1 min，吹干；

⑤ 在同位素定标器上测同位素的标记率，一般标记率达 30%。

(5) 探针变性：

① 取探针 10 μL 放入塑料离心管中；

② 加入 10 mol/L 的 NaOH 2.5 μL，室温下放置 5 min；

③ 加入 Tris-HCl(pH 7.4) 600 μL；

④ 加入 1 mol/L 的 HCl 400 μL。

**5. 硝酸纤维素滤膜上的分子杂交**

(1) 将变性后的探针注入装有滤膜的塑料袋中，加入杂交液 3 mL。

(2) 用塑料烫封机将塑料袋口封住，注意滤膜上不要有气泡；若还有气泡，可以将气泡赶到塑料袋边缘，再加封一道。

(3) 把塑料袋放入装有水的玻璃平皿上，置 65℃ 恒温水浴中保温过夜。

(4) 将杂交过夜后的滤膜小心地取出，放入装有 6×SSC 溶液、0.1% SDS 溶液的玻璃平皿中，漂洗两次，每次 10 min。

(5) 再将滤膜转入 6×SSC、0.1% SDS 溶液中，将玻璃平皿置于 65℃ 恒温水浴中，继续漂洗 10 min。

(6) 把漂洗后的滤膜夹在四层滤纸中，在 65℃ 烤箱中，烘烤 20 min。

**6. 放射性自显影**

(1) 将滤膜用保鲜膜包住，固定在滤纸上。

(2) 在暗室中将滤膜上覆盖一张 X 射线胶片，并用两张增感屏将滤膜和 X 射线胶片夹住。

(3) 放在暗盒中，曝光 20 min。

(4) 取出 X 射线胶片，置显影液中显影 15 min，置定影液中定影 20 min。

(5) 用水冲洗后晾干。

## 【结果讨论】

(1) DNA 样品在 0.7% 琼脂糖凝胶上，图 23-3 为经电泳后的酶切示意图：

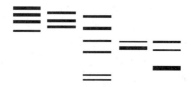

**图 23-3　电泳后的酶切示意图**

1. 实验室制备的 pBR322 质粒 DNA，未经 EcoRⅠ酶切，在超螺旋、线性、缺刻和 DNA 二聚体的位置上各呈现一条带。2. 实验室制备的 pPBR322 质粒 DNA，经 EcoRⅠ酶切，呈现出线状 DNA 和缺刻 DNA 的条带（酶切不充分）。3. 分子量标准 λDNA（经 HindⅢ酶切）。4. 标准 pBR322 质粒 DNA，经 EcoRⅠ酶切，呈现出线状 DNA 和缺刻 DNA 的条带。5. 标准 pBR322 质粒 DNA，未经 EcoRⅠ酶切，呈现出环状 DNA、线状 DNA 和缺刻 DNA 条带

(2) 分子杂交后放射自显影图谱,见图 23-4：

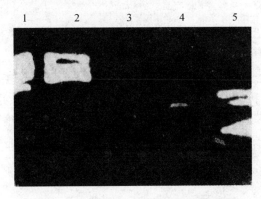

**图 23-4　分子杂交后放射自显影图谱**

1. 实验室提取 pBR322 DNA,未经 EcoR I 酶切;2. 标准 pBR322 DNA,未经 EcoR I 酶切;3. 分子量标准 λDNA 经 Hind III 酶切,X 光底片上没有条带出现(不同源 DNA 不会杂交);4. 标准 pBR322 DNA+EcoR I,经 EcoR I 酶切;5. 实验提取 pBR322 DNA 经 EcoR I 酶切

【问题分析及思考】

(1) 本实验怎样制备杂交探针？叙述缺口平移原理。
(2) 在转移过程中注意哪些问题？为什么？
(3) Southern 印迹法和 Western 印迹法有何不同和相同之处？

## 参 考 文 献

1. 北京大学生物学遗传教研室. 遗传学实验方法和研究技术. 北京：高等教育出版社,1984,95—106.
2. Leonard GD, et al. Basic methods in molecular biology. Elsevier Science Publishing Co. Inc. 1986, 62—90.
3. Maniatic I, et al. Molecular cloning：A laboratory manual. NY：Cold Spring Harbor Laboratory, 1982, 382—389.
4. Southern EM. Detection of specific sequence among DNA fragment separated by gel electrophoresis. J Mol Biol, 1978, 98：503—517.

# 实验 24  RNA 分子杂交

本实验以大鼠脑组织和鸡输卵管组织中提取的总 RNA 为基本实验材料,经 RNA 甲醛变性琼脂糖凝胶电泳分离后,通过 Northern 转移,将其吸印在硝酸纤维素薄膜上,然后利用地高辛标记的 β-actin DNA 为探针,与硝酸纤维素薄膜上的 RNA 分子进行杂交,再用酶联免疫显色方法取得分子杂交的结果。

【实验目的】

通过本实验,学生了解 RNA 的结构与特点,学会使用分子生物学经典的亲和层析方法和现代磁性分离方法分离纯化 RNA,学习和掌握 RNA 杂交及探针的非放射性标记的原理和实验技术。

## (一) mRNA 的分离纯化及鉴定

【实验原理】

RNA 纯化技术是现代分子生物学技术的基础,cDNA 文库构建、蛋白质体外翻译、RNA 序列分析及 Northern 印迹法等都需要一定纯度和一定完整性的 RNA。完整和均一是评价 RNA 质量的两个最关键的指标。要获得完整的 RNA 取决于能否最大限度地避免纯化过程中内源及外源性 RNase(核糖核酸酶)对 RNA 的降解。要获得均一的 RNA 取决于能否有效地去除混杂在 RNA 中的 DNA 和蛋白质。采用高活性 RNase 抑制剂,可以防止 RNA 的降解,采用酚-氯仿抽提可以方便地去除 RNA 提取物中蛋白质。常用的异硫氰酸胍和盐酸胍是 RNase 抑制剂之一,它能在裂解细胞的同时使 RNase 失活,而且还能使 RNA 提取过程中的蛋白质变性。

mRNA 仅占总 RNA 的 1%~5%,因此用分离一般 RNA 的方法很难获得高纯度 mRNA。但大多数真核 mRNA 具有 3′-多聚腺苷酸残基序列,且该序列足以允许人们根据杂交互补原理,采用 oligo(dT) 为配基的亲和层析法从总 RNA 中选择性分离出 mRNA。但缺点是该方法繁琐费时,易导致 RNA 降解。

采用磁性分离技术纯化 mRNA 可使上述问题得到解决。该方法先将连有生物素的 oligo(dT) 引物与 mRNA 3′端的 polyA 一起杂交,加入连有生物素结合蛋白的磁球,使杂交体与磁球结合,通过磁场作用,使连有杂交体的磁球与其他 RNA 分离,然后再将连在磁球上的 mRNA 洗脱下来,得到纯化的 mRNA。该方法简单、迅速,不易引起 mRNA 的降解。

【器材与试剂】

**1. 实验仪器和材料**

DEPC 水浸泡过的 0.5 mL Eppendorf 管和 50 mL 的离心管,离心机,琼脂糖凝胶电泳槽,

20,200 及 1000 μL 微量移液器,1.4 cm×10 cm 层析柱,紫外监测仪,自动收集器及记录仪,紫外照相装置,一次性手套,刀,剪,镊子,研钵。

**2. 实验材料**

大白鼠乳鼠,产蛋母鸡,液氮,Oligo(dT)-Cellulose,poly(A)＋RNA。链亲和素-PMPS磁性球。

**3. 实验试剂**

(1) 0.1% DEPC 水(二乙基焦碳酸酯一水):重蒸水 200 mL 与 DEPC 1 mL 混匀,37℃放置过夜,之后高压蒸汽灭菌。

(2) 20% Sarkosgl(十二烷基肌氨酸钠)50 mL 加 DEPC 500 μL,65℃保温 1 h。

(3) 3 mol/L NaAc-3$H_2$O,pH 7.0(乙酸钠):3 mol/L NaAc 加 0.1% DEPC 水,高压蒸汽灭菌。

(4) 1 mol/L(柠檬酸钠),pH 7.0:1 mol/L(柠檬酸钠)加 0.1% DEPC 水。

(5) 2 mol/L NaOAc (pH 4.0),高压蒸汽灭菌。

(6) SoLD 溶液 50 mL:23.62 g GuCNS 溶解于 20 mL 无菌重蒸水中;加入 1 mol/L 柠檬酸钠(pH 7.0)1.25 mL(相当于 25 mmol/L);加入 20% Sarkosgl 1.25 mL(相当于 0.5%),加水到 50 mL。

(7) 氯仿-异戊醇(49:1)。

(8) 10×MOP 溶液 250 mL:200 mmol/L MOPS(吗啉代丙烷磺酸,209.3)(pH 7.0),50 mmol/L NaAc(pH 7.0),50 mmol/L EDTA(pH 8.0),加 DEPC 水到 250 mL。

(9) 样品缓冲液 500 μL:10×PBS 64.3 μL,甲酰胺 321 μL,甲醛 114.4 μL。

(10) 琼脂糖电泳缓冲液(新鲜配制 250 mL):10×PBS 50 mL,甲醛 90 mL,DEPC 水 360 mL。

(11) 溴酚蓝指示剂:水 1.32 μL,85%甘油 0.73 μL,溴酚蓝(饱和)0.38 μL。

(12) 平衡缓冲液:20 mmol/L Tris-HCl(pH 7.6),0.5 mol/L NaCl,1 mmol/L EDTA。0.1%SDS,将无 RNase 的 Tris-NaCl 和 EDTA 母液混合高压蒸汽灭菌,再加入已在 65℃下处理 1 h 的 20% SDS。

(13) 洗脱液:10 mmol/L Tris-HCl(pH 7.5),1 mmol/L EDTA,0.05% SDS。

(14) SA-PMPS Promega 公司试剂盒。

(15) 预杂交液 50%甲酰胺,0.12 mol/L 磷酸氢二钠(pH 7.2),0.25 mol/L NaCl,2% SDS。

【实验步骤】

### Ⅰ 用强烈变性剂提取 RNA 以及带 poly(A)的 RNA 分离

**1. 从大鼠脑组织及鸡输卵管组织中提取总 RNA**

(1) 将 14 天大鼠断头取大脑和小脑约 1.5 g,取生蛋期的母鸡输卵管约 3 g。

(2) 在液氮中将上述材料分别研磨直至粉末状。

(3) 将组织粉末悬浮在 5 mL SoLD 溶液中。

(4) 静置几秒。

(5) 加入 2 mol/L NaAc 0.5 mL (pH 4.0)。

(6) 混匀后加重蒸酚 5 mL。

(7) 加氯仿-异戊醇(49∶1)1 mL。

(8) 摇动 10 s,在冰上放置 5 min。

(9) 8000 r/min 离心 20 min,4℃取上清液。

(10) 在上清液中加入等体积异丙醇。放置－20℃冰箱中 1 h。

(11) 8000 r/min 离心 20 min,4℃,弃上清液。

(12) 将沉淀物中加入 SoLD 溶液 1.0 mL 中溶解。

(13) 加等体积异丙醇,放置于－20℃冰箱中,约 1 h。

(14) 离心 10 min,8000 r/min,4℃,弃上清液。

(15) 用 75％乙醇洗涤。

(16) 4℃下离心 5 min,8000 r/min。

(17) 沉淀物溶解在 DEPC 水 50 μL 中。

**2. 总 RNA 的分析(用琼脂糖凝胶电泳分析总 RNA)**

(1) 配制 1‰琼脂糖凝胶 30 mL：取琼脂糖 0.3 g 加 DEPC 水 13 mL,融化。加 10× MOPS 溶液 3 mL,放置至 50℃。加甲醛 5.4 mL。加 DEPC 水 6.1 mL。倒板,放置 1 h 后,备用。

(2) 电泳：

上样：样品 2 μL＋样品缓冲液 7 μL,65℃,5 min,加溴酚蓝 2 μL。

插好电极,注意正、负极,控制电压 50 V,电泳约 1.5～2 h。

在菲啶溴红染液中染色 1 h 并在水中浸泡过夜。在紫外光下拍照并分析结果。

**3. mRNA 的分离纯化(采用 oligo(dT)-纤维素法)**

(1) 取 oligo(dT)-纤维素 0.5 g,浸泡在重蒸水中,置于冰箱中过夜,然后转移到 0.1 mol/L NaOH 中处理 30 min。用重蒸水洗至中性,置于真空干燥器中抽气后装柱。

(2) 取总 RNA 溶液 5 mL；在室温下上柱,流速为 0.2 mL/min。用平衡缓冲液淋洗至无明显吸收。用洗脱液洗脱,流速 0.2 mL/min。

(3) 分管收集,每管 2 mL,通常下只出现一个峰,合并各管为总 mRNA 溶液。

(4) 加入 3 mol/L NaAc(pH 5.3)1/10 体积,乙醇 2 倍体积,放置于－20℃冰箱中。

(5) 将寡聚(dT)-纤维素浸泡在灭菌的平衡缓冲液中。

(6) 装柱(1 mL 体积的柱)：用 3 倍体积的无菌水洗柱,约 200 mL,使柱洗脱液 pH 低于 3,再用 5 倍体积的灭菌平衡液洗柱。

(7) 将 RNA 溶于灭菌水中并加热到 65℃,冷却,上柱。用 5～10 倍体积的平衡液洗柱,再用 4 倍体积含 0.1 mol/L NaCl 的平衡缓冲液洗柱,使得 mRNA 进一步纯化。

(8) 收集每管体积分别测定 $A_{260}$。这时可能是 poly(A)$^-$RNA。用 2～3 倍体积灭菌洗脱溶液洗(A)$^+$RNA,10 mmol/L Tris-HCl(pH 7.5),1 mmol/L EDTA,0.05% SDS。洗 poly(A)$^+$RNA,收集流出液,并分别测定 $A_{260}$。

(9) 加 NaAc(3 mol/L,pH 5.3)至终浓度 0.3 mol/L。用 2.5 体积乙醇在－20℃沉淀 RNA。再用 70％乙醇洗沉淀物。将沉淀溶在无菌水中,置于－70℃冰箱中保存。一般情况下,$10^6$ 个细胞可得到 1～5 μg poly(A)$^+$RNA。

(10) 依次用 NaOH、水和平衡液洗涤,使柱再生。

## Ⅱ 磁性分离技术分离 mRNA

**1. 大量 mRNA 的分离纯化**

(1) 探针的退火:

① 在一管中(无菌且无 RNase)加入总 RNA 1～5 mg(方法同前),使溶液终体积为 2.43 mL。

② 将管放在 65℃水浴中加热 10 min。

③ 往管中加入结合有生物素的 oligo(dT)探针 10 μL 和 20×SSC 60 μL,轻轻混匀,放置室温直至完全冷却。

(2) 准备 0.5×SSC 5 mL 和 0.1×SSC 1.0 mL 备用。

(3) 洗脱生物素结合蛋白-磁球杂合体(SA-PMPS):

① 轻弹含有 SA-PMPS 的离心管,使沉在底部的 SA-PMPS 悬浮起来,将离心管置于磁场中,直至 SA-PMPS 都集中在管壁一侧,小心取出上清液。

② 用 0.5×SSC 洗 SA-PMPS 3 次,每次 1.5 mL,并将其放置磁场中使 SA-PMPS 与上清液分开,小心取出上清液,最后将 SA-PMPS 悬浮在 0.5 mL 0.5×SSC 中。

(4) 吸附和洗脱退火后的 oligo(dT)-mRNA 杂交体:

① 将退火后的反应液加入到含有 SA-PMPS 的管中,室温放置 10 min。

② 用磁场吸附 SA-PMPS,并小心取出上清液。

③ 用 0.1×SSC 洗磁球 4 次,每次 1.5 mL,每次洗脱时,轻轻将磁球悬浮起来,然后用磁场吸附磁球,取出上清液。

(5) mRNA 的洗脱:在含有磁球的管中加入无 RNase 的水 1 mL,轻轻悬浮磁球,然后用磁场吸附磁球,取出含有纯化 mRNA 的上清液。

**2. 小量 mRNA 的分离**

(1) 探针的退火:在一管中(无菌且无 RNase)加入 0.1～1 mg 总 RNA,并且使其终体积为 500 μL。

(2) 将管置于 65℃水浴加热 10 min。

(3) 加入生物素-oligo(dT)探针 3 μL 和 20×SSC 13 μL 到有总 RNA 的管中,轻轻混动直到完全冷却。

(4) 准备 0.5×SSC 1.2 mL 和 0.1×SSC 1.4 mL。

(5) 洗脱生物素结合蛋白磁球(SA-PMPS):洗脱过程与大量 mRNA 分离纯化一样,最后将 SA-PMPS 悬浮在 0.1 mL 0.5×SSC 中。

(6) 吸附和洗脱退火后的 oligo(dT)-mRNA 杂交体:洗脱过程与大量 mRNA 的分离纯化大致相同,只不过用 0.1×SSC 洗磁球时每次用 0.3 mL,而不是 1.5 mL。

(7) mRNA 的洗脱:

① 在含有磁球的管中加入去 RNase 的水 0.1 mL,轻轻悬浮磁球,用磁场吸附磁球,取出上清液。

② 再往磁球中加入去 RNase 的水 0.15 mL,重复步骤①。

## 【结果讨论】

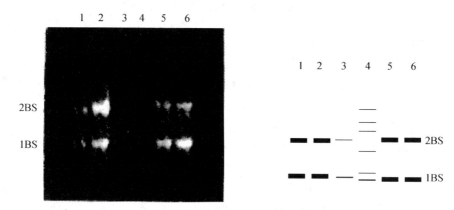

**图 24-1 总 RNA 电泳图谱及示意图**
1. 鸭输卵管 RNA(0.5 μL); 2. 鸡输卵管 RNA(1 μL); 3. 鼠脑 RNA(0.5 μL);
4. λDNA+HindⅢ; 5. 鼠脑 RNA(1 μL); 6. 鼠脑 RNA(1 μL)

# （二）RNA 分子杂交

## 【实验原理】

Northern 印迹法是用于 RNA 定量和定性分析的常用技术,它是将 RNA 分子从电泳凝胶转移到硝酸纤维薄膜或其他化学修饰的活性滤纸上,再进行核酸分子杂交的一种实验。这种方法可以鉴定总 RNA 或 poly(A)$^+$RNA 样品中是否存在同源 RNA、测定样品中特定 mRNA 分子的大小和丰度,它是分子生物学中研究基因表达在转录水平上的调节以及 cDNA 合成的重要手段。

Northern 杂交的基本原理与 Southern 杂交大致相同,但由于 Northern 杂交采用 RNA 作为实验材料,因而具有一些与 DNA 分子杂交不同的特点。RNA 是由 A、U、G、C 四种核苷酸组成的线性多聚物,组成 RNA 的核苷酸同 DNA 一样,是通过 3′,5′-磷酸二酯键彼此连接起来的,$C_{2'}$ 上的羟基并不参与磷酸二酯键的形成。由于 $C_{2'}$ 羟基的存在,使得 RNA 的性质与 DNA 有较大差异。首先,RNase 对 RNA 的降解作用是通过 $C_{2'}$ 羟基直接进行的,这一过程不需要辅助因子,因此二价金属离子螯合剂对 RNase 的活性无任何影响。另外,RNA 分子可以自发水解,特别是在强碱条件下很容易通过 $C_{2'}$ 羟基参与形成 2′,3′-磷酸二酯键环而降解,因此 RNA 的变性方法与 DNA 不同,不能用碱变性。

RNA 的电泳分析与 DNA 电泳也有一些不同之处。首先,非变性胶电泳无法测定 RNA 分子的相对分子质量,这是因为单链 RNA 分子的某些区段含有互补区的双螺旋结构,使得在未变性的条件下,RNA 的相对分子质量与泳动度的相关性较差;只有在完全变性的条件下,DNA 在凝胶中的泳动度才与相对分子质量的对数成线性比例关系。甲醛电泳是一种理想的 RNA 变性电泳方法。甲醛可以与碱基形成具有一定稳定性的化合物,同时也可以降低电泳系统的离子强度,这些有助于阻止 RNA 分子互补区的碱基配对,使 RNA 完全变性。其次,同其他有关 RNA 操作一样,RNA 电泳过程中应始终抑制 RNase 的活性,包括避免外源 RNA 酶的污染与抑制内源性 RNA 酶的活力。

在 Northern 杂交中,由于细胞中 mRNA 在总 RNA 中含量很低,只占约 1%～5%,而 rRNA 约占 75%、tRNA 约占 15%～20%,这样高丰度的 rRNA 和 tRNA 易与探针部分配对或非特异结合,造成假阳性信号干扰。解决方法为:预先分离 mRNA,以去除 rRNA 和 tRNA,用分离得到的 mRNA 进行杂交。另外,对于内源基因产物的检测,应选取与 rRNA 同源性低的探针进行杂交;而对于外源基因转录水平的检测,可将检测物种自身的 DNA 用于预杂交液中以掩盖内源的 RNA。当然,采取尽可能严紧的杂交条件,如高退火温度或高甲酰胺含量也有助于干扰信号的消除。

Northern 杂交中核酸探针的制备与 Southern 杂交相同,可分为放射性标记和非放射性标记两种方式。放射性标记的探针灵敏度高,分辨率好,是目前较为常用的一种方法,但探针的非放射性标记方法由于具有安全、快速、无同位素污染等优点被认为将会取代放射性标记方法。探针的非放射性标记方法——地高辛法。地高辛是一种类固醇,只存在于毛地黄植物中,因此,其他生物体中不含有抗地高辛的抗体,避免了采用其他半抗原作标记可能带来的背景问题。将地高辛连接于 dUTP 或 UTP 第 5 位的嘌呤环上(图 24-2)后,可用酶促反应掺入 DNA 或 RNA 中。然后用带有碱性磷酸酶、过氧化物酶或荧光素的抗地高辛抗体进行免疫反应,通过化学显色或直接在荧光显微镜下观察来进行检测。地高辛标记探针类似半抗原标记的免疫核酸探针,其过程与放射性核酸探针酶促标记法基本相同。在本实验中,我们采用随机引物延伸法将地高辛标记的 dUTP 掺入到 DNA 探针中,杂交后通过酶联免疫与抗地高辛抗体—碱性磷酸酶复合物结合,然后在 5-溴-4-氯-3-吲哚磷酸盐(BCIP)和硝基蓝四唑盐(NBT)存在下,由酶催化蓝色或紫色反应。

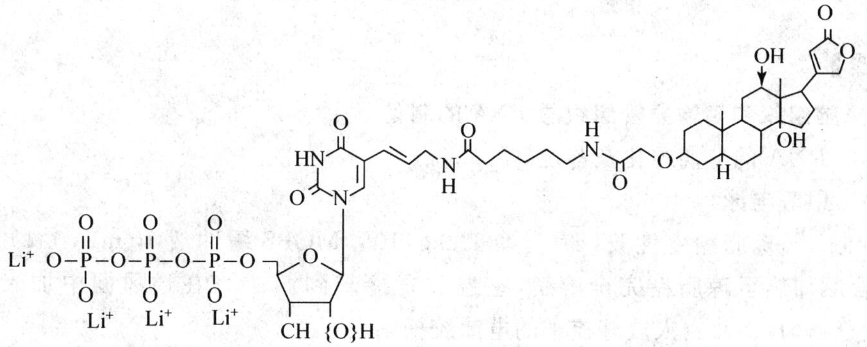

图 24-2 地高辛标记的核苷酸 dUTP(UTP)

## 【器材与试剂】

### 1. 实验仪器

DEPC 水浸泡过的 0.5 mL Eppendorf 管和 50 mL 离心管,20、200 和 1000 μL 微量移液器及 DEPC 水浸泡过的吸头,研钵,电泳仪,电泳槽,样品槽模板,橡皮膏,标尺,玻璃平皿(直径 10 cm 和 20 cm),玻璃板(5 cm×10 cm),剪刀,镊子,刀片,滤纸(DE.81,Whatman No.1),吸水纸,硝酸纤维素薄膜,重物(500 g),杂交袋。

台式高速离心机,紫外灯及照相装置,恒温水浴摇床,暗盒。

**2. 实验材料**

大白鼠乳鼠,产蛋母鸡,液氮,β-actin,随机引物,地高辛-dUTP,Klenow 酶,抗地高辛抗体,碱性磷酸酶复合物,BCIP/NBT。

**3. 实验试剂**

(1) 10×MOPS 缓冲液:0.2 mol/L MOPS(3-[EN-吗啉]丙磺酸),0.05 mol/L 乙酸钠,0.01 mol/L EDTA。配制方法为在 800 mL 0.1%DEPC 水中加入 MOPS 41.8 g,用 NaOH 或乙酸调至 pH 7.0,加 3 mol/L 乙酸钠 16.6 mL,0.5 mol/L EDTA(pH 8.0)20 mL,用 0.1% DEPC 水定容至 1L,0.22 μm 滤器过滤除菌。

(2) 菲啶溴红染色液:将菲啶溴红(溴化乙锭)溶于蒸馏水或电泳缓冲液,使终浓度达到 0.5~1 μg/mL。避光保存,临用前用电泳缓冲液稀释 1000 倍。

(3) 20×SSC:3 mol/L NaCl,0.3 mol/L 柠檬酸钠,用 1 mol/L HCl 调至 pH 7.0。

(4) 10×随机引物缓冲液:900 mmol/L HEPES(用 4 mol/L NaOH 调至 pH 6.6),100 mmol/L $MgCl_2$。

(5) dNTP 溶液:含 dATP、dCTP 和 dGTP 各 5 mmol/L。

(6) 预杂交液:5×SSC,0.1%N-十二烷基肌氨酸钠盐,0.02%SDS,0.1% BSA。

(7) 缓冲液Ⅰ:100 mmol/L Tris-HCl(pH 7.5),150 mmol/L NaCl。

(8) 缓冲液Ⅱ:缓冲液Ⅰ中加入 0.5%(m/V)脱脂奶粉。

(9) 缓冲液Ⅲ:100 mmol/L Tris-HCl(pH 9.5),100 mmol/L NaCl,50 mmol/L $MgCl_2$。

(10) 显色液:缓冲液Ⅲ 10 mL 中加入 NBT 45 μL 和 BCIP 35 μL,临用前配制。

(11) TE 溶液:10 mmol/L Tris-HCl(pH 8.0),1 mmol/L EDTA。

【实验步骤】

**1. 大鼠脑组织和鸡输卵管组织总 RNA 的制备**

见(一)mRNA 的分离纯化及鉴定。

**2. RNA 甲醛电泳**

(1) 配制 1%琼脂糖变性胶:琼脂糖 1.0 g,10×MOPS 缓冲液 10 mL,0.1% DEPC 水 85 mL,混合后加热至琼脂糖完全溶解,室温放置冷却到 500℃,在通风橱中加入 37%甲醛 5.4 mL,充分摇匀,将胶倒入放好梳子的电泳胶槽中。

(2) 制备上样缓冲液:去离子甲酰胺 0.72 mL,甲醛(37%,pH>4)0.26 mL,10×MOPS 缓冲液 0.16 mL,80%甘油 0.1 mL,溴酚蓝(10%饱和溶液,无二甲苯蓝)0.08 mL,0.1% DEPC 水 0.28 mL。

(3) 将已制备好的 RNA 样品真空干燥后,用 20 μL 上样缓冲液溶解,95℃ 2 min 充分变性,迅速置于冰浴中,防止可能的退火。

(4) 将已凝固的胶板放入装有 1×MOPS 缓冲液的电泳槽中,5 V/cm 电压预电泳 10 min。

(5) 取出梳子,上样,每一泳道加样量应不少于 10 μg 总 RNA,以 RNA 相对分子质量标准作参照,3~4 V/cm 电压进行电泳。

(6) 每 30 min 停止电泳一次,迅速取出胶板,将两极电极液混匀后放回电泳槽继续电泳。

(7) 当溴酚蓝移动约 8 cm 时停止电泳,用 0.01×SSC 浸泡胶板 10~20 min,以除去大部分甲醛,再用含 EB(2.5 μg/mL)的 0.01×SSC 浸泡染色 10~20 min。在紫外灯下测量 28S rRNA 和 18S rRNA 条带至加样孔之间的距离,并同标尺一起拍照。

### 3. RNA 印迹转移

(1) 照相后,将胶板在 500 mL 0.01×SSC 中漂洗 2~3 次,每次 20 min,以除去甲醛和 EB。

(2) 利用 20×SSC 将 RNA 转移至硝酸纤维素薄膜上,操作步骤同 Southern 杂交实验(见实验 23"3. Southern 转移"(5)~(14))。

(3) 80℃真空干燥 2 h,此时 RNA 已牢固结合于膜上,不再对 RNase 敏感。

(4) 将膜在 20 mmol/L Tris-HCl(pH 8.0)中 95℃保温 5 min,以除去残存甲醛和 EB,取出晾干。

### 4. 探针标记

(1) 取一无菌 Eppendorf 管,加入 β-actin 肌动蛋白 DNA(0.05 μg)1 μL,随机引物(0.1 μg)1 μL,无菌重蒸水 8 μL,轻弹管壁并在离心机上离心混匀。100℃变性 10 min,迅速转移至冰上冷却。

(2) 在冰浴中顺序加入 10×随机引物缓冲液 2 μL,5 mmol/L dNTP(dATP,dCTP,dGTP)1 μL,地高辛-dUTP(1 mmol/L)5 μL,Klenow 酶(10 U)2 μL,混匀。室温下放置 3 h 以上。

(3) 加 0.2 mol/L EDTA(pH 8.0)5 μL 或 75℃,保温 10 min 终止反应。

(4) 加入 4 mol/L LiCl 20 μL 和预冷的无水乙醇 500 μL,充分混匀后于-20℃放置 2 h 以上。

(5) 10 000 r/min 离心 15 min,去上清液,用 70%乙醇 50 μL 洗涤沉淀 2 次,真空干燥,加 TE 20 μL 溶解,置于-20℃下,备用。

### 5. 杂交

(1) 将待杂交的滤膜放入杂交袋中,按 20 mL/100 cm² 滤膜计算加入预杂交液,68℃水浴摇床预杂交 1~2 h。如果预杂交液中加有 50%甲酰胺,则杂交温度为 42℃。

(2) 将已标记好的 DNA 探针煮沸 5 min,迅速在冰上冷却。将探针加入预热的杂交液中,充分混匀。

(3) 倒去预杂交液,按 250 mL/100 cm² 滤膜计算向杂交袋内加入含地高辛标记探针的杂交液,68 或 42℃(杂交液中加有 50%甲酰胺)杂交 6 h 以上。

(4) 洗膜:在室温下用 50 mL 2×洗膜缓冲液(2×SSC,0.1%SDS 溶液)洗膜 2 次以上,每次 5 min;然后在 68℃下用 0.1×洗膜缓冲液(0.1×SSC,0.1%SDS 溶液)50 mL 洗膜 2 次,每次 15 min。膜可立即用于显色检测,或贮存在干燥的环境中备用。

### 6. 酶联免疫显色

(1) 在室温下用缓冲液Ⅰ洗膜 1~5 min,缓冲液Ⅱ洗膜 30 min,再用缓冲液Ⅰ洗膜 1~5 min。

(2) 用缓冲液Ⅰ稀释抗体结合物(1∶2000),稀释后的抗体溶液在 4℃只能稳定 12 h。室温下将膜在抗体稀释液中浸泡 30 min。

（3）用缓冲液Ⅱ 100 mL 洗膜 2 次，每次 15 min，以除去未结合的抗体结合物。再用缓冲液Ⅲ 20 mL 平衡膜 2～5 min。

（4）在黑暗条件下将膜与显色液 10 mL 放入密封的暗盒中显色。通常 2 min 后出现颜色，充分显色应在 16 h 以上。膜可以在弱光下短时间暴露以检测显色强度。

（5）显色完毕后用 TE 缓冲液终止显色反应，照相记录显色结果。如长期保存膜可以在室温下晾干或 80℃烤干贮存，干膜颜色会褪掉，加 TE 缓冲液后颜色会重新出现。

【实验结果】

β-actin 探针杂交结果见图 24-3。

**图 24-3　β-actin 探针杂交结果示意图**
1. 大鼠脑组织总 RNA；　2. 鸡输卵管组织总 RNA

# 参 考 文 献

1. Cox RA. Methods in Enzymology. Orland：Academic Press,1986,120—129.
2. Manistis T,et al. Molecular cloning. NY：Cold Spring Harbor Lab,1982,194—195.
3. Aviv H,Leder P. Purification of biologically active globin message RNA by chromatography on oligothymidylic acid-cellulose. Proc Natl Acad Sci,1992,69：1408—1412.
4. Promega. PolyAT tractRSystem－1000. Technical Manual,USA,1991.
5. 萨姆布鲁克 J，费里奇 EF，曼尼阿蒂斯 T 著. 分子克隆实验指南.2 版. 金冬雁，黎孟枫译. 北京：科学出版社,1993,362—372.
6. 沈同，王镜岩主编. 生物化学.2 版. 北京：高等教育出版社,1993,343—347.
7. 卢圣栋. 现代分子生物学实验技术. 北京：高等教育出版社,1993,135—139,167—170,198—209.

## 实验 24 RNA 分子杂交

8. 王重庆等.高级生物化学实验教程.北京:北京大学出版社,1994,108—114.
9. 顾红雅等.植物基因与分子操作.北京:北京大学出版社,1997,74—77,89—92.
10. 姜泊,张亚历,周殿元.分子生物学常用实验方法.北京:人民军医出版社,1996,32—34,44—46,56—64,77—82.
11. 吴乃虎.基因工程原理.2版.北京:高等教育出版社,1998,55—59.
12. 凯勒 GH,马纳克 MM 著.DNA 探针技术.孙士勇,汪洛,邹卫,王培京译.北京:科学出版社,1992,82—83,121—122,141—142.

# 实验 25　组织原位杂交技术

原位杂交(*in situ* hybridization,ISH)是固相核酸杂交技术的一种。本实验利用一个棉花 *MAPK* 基因(P3 D03)的 RNA 探针杂交检测棉花胚珠及纤维组织中该基因的表达位置,实验主要包括石蜡切片制作、地高辛标记的探针制备以及杂交显色。

## 【实验目的】

通过本实验,了解原位杂交的概念和原理,学习掌握原位杂交中石蜡切片制作、探针制备和杂交显色的方法。

## 【实验原理】

固相杂交有菌落原位杂交(colony *in situ* hybridization)、斑点杂交法(dot blot)、Southern 杂交、Northern 杂交和组织原位杂交。原位杂交,顾名思义,是指在组织、细胞、间期核及染色体上直接进行化学杂交,以实现核酸定位及相对定量。其主要原理是,在一定条件下,单链核酸分子之间碱基顺序互补,通过碱基配对,形成非共价键,得到稳定的杂交双链。与其他杂交技术相比,这种技术不但能检测菌落、病原体、细胞或组织中是否存在目标核酸,而且可以将该核酸分子精确定位到细胞或组织中,对于研究基因的功能有重要的帮助。

地高辛标记的探针具备非同位素标记方法的普遍优点,不仅安全、方便、快捷,而且在敏感性和重复性方面比其他非同位素标记技术更优越,可检测出人基因组 DNA 中的单拷贝基因。地高辛标记法的碱性磷酸酶-抗碱性磷酸酶显色系统也比较方便,显示的颜色为紫蓝色,有较好的反差背景。由 Boehringer Mannhem Bio-chemisca(后并入 Roche)于 1987 年开始投入使用的市场化的相关地高辛标记试剂盒标记系统逐渐得到认同。

原位杂交的步骤通常比较繁复,包括:① 杂交材料准备,主要是石蜡切片制作,包括取材、固定、切片。探针的制备,根据选择探针类型不同,有 RNA 探针、DNA 探针(单链,双链)等,本实验中采用体外转录合成地高辛标记的方法合成 RNA 探针。② 杂交,包括杂交前对组织的脱水处理、蛋白酶及酸处理增强核酸探针的穿透性、降低背景染色及预杂交处理及杂交。③ 杂交后处理及显色,包括组织的杂交后洗脱,RNase 处理及利用抗地高辛抗体的组织免疫显色。

## 【器材与试剂】

**1. 实验仪器**

烘箱(调至 60℃),温箱(调至 45~50℃),水浴,展片台(调至 37~42℃),切片机,载玻片(RNase-free),RNA Labeling Kit (Roche Dignostics),电泳设备。

**2. 实验材料**

棉花胚珠以及目标探针基因的模板。

### 3. 实验试剂

(1) 石蜡切片试剂：95%乙醇，100%乙醇，冰乙酸，37%甲醛，二甲苯，Eosin Y(伊红)，石蜡。

(2) 探针合成：200 mmol/L EDTA，4 mol/L LiCl，200 mmol/L $Na_2CO_3$ (pH 11.4)（10 mL DEPC-$H_2O$ 中加入 $Na_2CO_3$ 0.212 g），200 mmol/L $NaHCO_3$ (pH 8.2)（10 mL DEPC-$H_2O$ 中加入 0.164 g $NaHCO_3$），3 mol/L NaOAc(用冰乙酸调 pH 4.7)，20 mg/mL 糖原。

(3) 杂交试剂：

① 10×Hybridization Salts (3 mol/L NaCl，50 mmol/L EDTA，100 mmol/L $Na_3PO_4$)，甲酰胺。

② 20×SSC：3 mol/L NaCl，300 mmol/L 柠檬酸钠，用柠檬酸调 pH 至 7.4，用前稀释)，0.2 mol/L HCl，10×PBS (1.3 mol/L NaCl，70 mmol/L $Na_2HPO_4$，30 mmol/L $NaH_2PO_4$，$H_3PO_4$ 调 pH 至 7.4，用前稀释。

③ 蛋白酶 K 溶液：100 mmol/L Tris (pH 7.5)，50 mmol/L EDTA。

④ 1 mol/L Tris (pH 7.5)，0.5 mol/L EDTA，2 mg/mL 甘氨酸(溶于 1×PBS)，50%硫酸葡聚糖(Dextran Sulfate)，酵母 tRNA 溶液(10 mg/mL)，polyA 溶液(10 mg/mL)。

所有试剂使用前须经 DEPC 处理并灭菌，保证没有 RNase。

(4) 显色试剂：

① 10 mmol/L RNase 缓冲液(NTE)：Tris(pH 7.5)，1 mmol/L EDTA，500 mmol/L NaCl。

② anti-DIG 抗体稀释液(ADAPB)：100 mmol/L Tris(pH 7.5)，150 mmol/L NaCl。

③ 20 mg/mL RNase，2×SSC，1×SSC，0.5×SSC，0.1×SSC；

④ 封闭液(blocking solution) (0.5% $m/V$)，封闭剂溶于 1×PBS 中。

⑤ BSA 洗脱液(BSA wash solution)：1%BSA ($m/V$)，0.3%Triton-X-100($V/V$)，溶于 1×PBS。

⑥ 碱性磷酸酶缓冲液(TNM buffer)：100 mmol/L Tris(pH 9.5)，100 mmol/L NaCl，50 mmol/L $MgCl_2$。

⑦ 显色溶液(colour development solution，CDS)：0.34 mg/mL NBT，0.175 mg/mL BCIP，溶于 TNM 缓冲液。

⑧ $T_{10}E_1$：10 mmol/L Tris(pH 8.0)，1 mmol/L EDTA。

## 【实验步骤】

### 1. 石蜡组织切片制作

(1) 样品的固定：按下表所示配方配置 FAA 固定液。

|  | 混合液中的百分含量/(%) | 体积/mL |
| --- | --- | --- |
| 乙醇 | 50.0 | 50 |
| 冰乙酸 | 5.0 | 5 |
| 37%福尔马林 | 3.7 | 10 |
| DEPC-$H_2O$ | 41.3 | 35 |
| 总体积 |  | 100 |

(其他备选的固定液：4% 多聚甲醛、戊二醛等)

在 5 mL 离心管中,加入固定液 4 mL。采摘开花 2~3 天的棉花花朵,用 180℃烘烤过的解剖针解剖棉花子房,轻轻拨出棉花胚珠,立即浸入 FAA 固定液,抽气 5 min,重复 2 次。旨在抽出组织中的空气,使固定液更好地浸润。轻轻搅动固定液,释放气泡。重复,使之更好地浸润。室温放置固定 10~16 h(勿延长,过长会导致信号丢失)。倒掉固定液,加入 50%乙醇,室温下放置 30 min,重复该步骤。

(2) 样品的脱水：换 75%乙醇,室温下放置 30 min(根据需要可以置于－20℃冰箱中过夜),重复该步骤;换 85%乙醇,室温下放置 30 min;换含伊红(Eosin Y)的 95%乙醇(染色,利于切片时定位),置于 4℃冰箱中过夜。第二天,分别用无水乙醇继续脱水(30 min 两次,1 h 1 次)。

用二甲苯逐渐置换乙醇。分别用二甲苯：乙醇为 1∶3,1∶1,3∶1 的溶液浸泡 30 min,之后换二甲苯,30 min 两次,1 h 1 次。

(3) 浸蜡：将切片石蜡放入 500 mL 烘好的烧杯中,放入 60℃烘箱中,加热,需 5 个多小时融化。将组织-二甲苯放入 5 mL 小烧杯中,同时倒入等体积的融化的石蜡。置于 60℃烘箱中,至少 24 h。换融化的纯石蜡一天至少 4 次。若每次都能移尽所用的融蜡,更换 4 次就够了。否则可适当增加换蜡次数。

(4) 泼船：折叠铜版纸,使它有 1 cm 的折边,形状像船。将船放在展片机的最热处。将材料-石蜡倒到船上。用解剖针将材料排成规则形状,定位。竖放(纵切),横倒(横切)(对胚珠而言,可将长轴沿船底平放),材料之间至少距 5 mm。作好标记后将船立即放入冷水中以利于尽快硬化。硬化后的材料可置于 4℃冰箱中长期保存。

(5) 切片：修蜡块,将船蜡块按每个材料分割,修成 0.5~1.0 cm 见方的蜡块,黏在木块上。调好切片机,用二甲苯擦净刀具,将刀调至垂直方向呈 30℃,设定切片厚度(8~10 μm)。将切片带分割成 2~3 cm 长。相似大小的切片均分成两份(分别粘到两张片子上,与 anti-sense/sense 探针杂交)。将 DEPC-$H_2O$ 800 μL 加到涂有多聚赖氨酸的载玻片中间,再放上切片,每张 3~4 片,放至展片台(37~42℃)上,调好每张片子的位置。待片子快展好时,吸净 DEPC-$H_2O$,将展好的片子置于 45℃烘箱中(越快越好),至少放置 24 h。

**2. 探针的合成**

将 MAPK 基因连接到 pGEMT-easy 载体上(图 25-1),提取质粒,并用酚-氯仿抽提处理除掉 RNase,测序确定是 $T_7$ 还是 SP6 启动子在基因的上游。如果是 $T_7$,则用 SP6 聚合酶合成 anti-sense 探针;用 $T_7$ 合成 sense 探针;反之,则相反。保证获得较高浓度和质量的模板 DNA 后,按照如下体系进行探针合成反应：

| 组　分 | 体积/μL |
| --- | --- |
| 重蒸水 | 12 |
| 10×转录缓冲液(Vial 8) | 2 |
| NTP Labelling Mix (Vial 7) | 2 |
| 模板 DNA | 1(1 μg) |
| RNase 抑制剂(Vial 10) | 1(20 U) |

混匀,取 0.5 μL 用于电泳对照。加入合适的 RNA 聚合酶(SP6,$T_3$,或 $T_7$)(Vial 11 或 Vial 12)2 μL 至终体积为 20 μL,37℃温育至少 2 h,可延长至 6 h。取 0.5 μL 用于电泳检测。

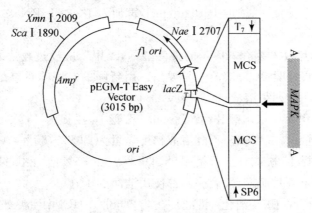

**图 25-1  用 pGEMT-easy 克隆 *MAPK* 基因**

PCR 获得的 *MAPK* 基因因为在 3′-末端带有突出的 A,可以直接与带有突出 T 的 pGEMT-easy 连接,测序之后确定插入的方向。利用多克隆位点(MCS)前的 $T_7$,SP6 启动子选择合适的聚合酶,转录出相应的正义或者反义 RNA 探针

(1) DNase 处理:加入 RNase-free DNase(Vial 9)2 μL。37℃温育 30 min。取 0.5 μL 用于电泳检测。可用 2%普通 DNA 胶代替 RNA 变性胶,加 DNA marker 帮助检测。预先在 80℃水浴中加热样品 5~10 min,先置冰上冷却后上样(三批样品)。若 DNase 起作用,模板带消失。若探针合成过程顺利,就会有大小正确的 RNA 条带出现。加入 200 mmol/L EDTA 2 μL 终止反应。

(2) 沉淀回收:加入 4 mol/L LiCl 2.5 μL(1/10 体积),乙醇 75 μL(3 倍体积),混匀,-20℃沉淀过夜。4℃,14 000 r/min,离心 30 min,用 70%乙醇洗涤 2 次,每次按前一步离心。风干(勿太干,否则易溶),用 DEPC-$H_2O$ 100 μL(可减少至 50 μL)重悬沉淀,冰上放 1~2 h,用微量移液器吸打促溶。55℃加热 5~10 min(可延长至 20 min),加速溶解。取 1 μL 电泳检测回收率。-80℃贮存,等待水解。

(3) 水解:水解的目的是缩短探针的长度使其更好地渗入组织,短探针(50~100 nt)比长探针(>150 nt)信号强。60℃下用 pH 10.2 的碳酸缓冲液可化学降解探针至平均长度 100 nt。水解之前检测缓冲液的 pH。将 $H_2O$ 5 mL 与 200 mmol/L $NaHCO_3$ 2 mL、200 mmol/L $Na_2CO_3$ 3 mL 混合,pH 为 10.2,计算温育时间 $T$:

$$T=(L_o-L_f)/(K \cdot L_o \cdot L_f)$$

式中,$L_o$ 是起始时探针长度(kb);$L_f$ 为终长度(0.1 kb);$K$ 为反应速率常数,其值为 0.11 kb/min。例如,将一起始长度为 1 kb 的探针水解至 100 nt,$T=82$ min。杂交时可采用一半水解过的探针加一半未水解过的探针共同杂交的方案。

取出探针 2 μL 作为非水解对照,再取 50 μL 水解。先加入 200 mmol/L $NaHCO_3$ 20 μL,再加入 200 mmol/L $Na_2CO_3$ 30 μL。混匀,在 60℃ PCR 仪中加热到计算时间。加入 3 mol/L NaOAc(pH 4.7)3.3 μL 终止反应。加入 20 mg/mL 糖原 1 μL,4 mol/L LiCl 10 μL,无水乙醇 300 μL,-20℃沉淀过夜。4℃,14 000 r/min,离心 30 min,用 70%乙醇洗涤 2 次,重悬于 50 μL (25 μL)RNase-free 的 TE 溶液中。

(4) 定量：取 5 μL 水解的探针电泳，与 DNA marker 比较检查其大小并进行定量。将探针 1∶50 稀释，浓度需达到 100～200 μg/mL，用 100 μL 比色皿紫外定量。若需长期贮存探针（几个月）时，应置于杂交液中，浓度为 10 ng/mL，再加入 1～2 μL RNase 抑制剂。

**3. 杂交前处理**

(1) 脱蜡：将载片放入装有二甲苯的染色缸中，二甲苯应没过载片的顶部，溶解切片上的石蜡。处理 10 min，慢慢晃动，使溶液变得混浊。用新鲜的二甲苯重复处理 1～3 次。若处理多个载片，可重复使用这两种溶液。

(2) 水化：从二甲苯中取出载片，置于 100% 乙醇中，浸提为 15 次或直至石蜡条带消失。温育 5 min，然后再重复浸提步骤。乙醇溶液梯度设置为：95%，85%，70%，50%，30%，15%，$H_2O$，$H_2O$。每次浸提 15 次或直至石蜡条带消失。若在 85% 溶液中，载片始终为黄色，应再多放置 5 min。对每个载片而言，最后一遍都使用洁净的 $H_2O$。

(3) HCl 处理和蛋白酶 K 消化：将载片在 0.2 mol/L HCl 中室温处理 20 min。浸入 $H_2O$ 中 2 min 终止反应。37℃下，2×SSC 中浸泡 30 min。预热蛋白酶 K 溶液至 37℃。配新鲜的蛋白酶 K 母液 20 mg/mL，取 2.5 μL 加入 50 mL 蛋白酶 K 溶液，使酶终浓度为 1 μg/mL，将含蛋白酶 K 的溶液加至淹没载片的顶部。每次都要更换新鲜的蛋白酶 K。37℃温育 30 min。加入含 2 mg/mL 甘油的 PBS 中，室温处理 2 min 终止反应。在 1×PBS 中处理 2 次，每次 5 min。

(4) 再固定和脱水：新配制 4%($m/V$)多聚甲醛的 PBS 溶液，微波炉中(50℃)加热助溶。冷至室温后使用，处理载片 20 min 以再次固定，浸入 1×PBS 中处理 2 次，每次 5 min。用 0.1 mol/L 三乙醇胺(TEA)新配制 0.1%($V/V$)乙酸酐(acetic anhydride)(TEA 0.75 mL+重蒸水 50 mL+乙酸酐 0.05 mL)。室温下处理载片 10 min，期间不断轻摇。浸入 1×PBS 中处理 2 次，每次 5 min。乙醇梯度脱水($H_2O$, 15%, 30%, 50%, 70%, 85%, 95%, 100%)。自然干燥后待杂交。

**4. 探针的杂交与洗脱**

(1) 探针杂交：将载片用钻石笔划开，切成 1/2 或 1/3 大小，240℃烘载片及方形盖片。观察载片，按质量排列，8 个与反义链-mRNA（+）探针杂交；2 个与正义链-mRNA（−）探针杂交。用最好的 2～3 个与反义链-mRNA（+）探针杂交，一定留几个相当好的与正义链-mRNA（−）探针杂交。

将杂交液加到载玻片上。杂交液配方如下：

| 成　分 | 体积/mL（备 10 mL 用量） |
| --- | --- |
| 50% 甲酰胺 | 5 |
| 10× Hyb Salts | 1 |
| 10 mmol/L DTT | 15.4 mg |
| 1 mg/mL tRNA | 1（10 mg/mL 储液） |
| 0.5 mg/mL PolyA | 0.5（10 mg/mL 储液） |
| 10% 硫酸葡聚糖 | 2（50% 储液） |

分装成每份 1 mL，−20℃保存。杂交液在使用前再次振荡混匀；探针首先用 70℃水浴加热 10 min 并立即置于冰上变性，再加入到杂交液中，浓度为 400～800 ng/mL。预热杂交液至 45℃，提前打开 42℃培养箱，预热湿盒。

每个片子涂含有探针的杂交液 40 μL,轻轻盖上方形盖片,两端堵上截短的载玻片,盖上大载片,形成一小室,用封口膜封紧边缘。将载片放于湿盒中,42℃过夜。

(2) 准备洗脱:预热 NTE 100 mL 至 37℃。融化 RNase 贮备液,预热 2×SSC,1×SSC,0.5×SSC,0.1×SSC 至 37℃。

(3) 洗脱自由探针:将玻片置于 37℃含 2×SSC 的冰盒中,轻轻漂去盖片(大力直接掀除盖片会导致组织脱落),再洗脱。37℃下在染色缸中用 2×SSC 洗 2 次,每次 15 min。37℃下在染色缸中用 1×SSC 洗 2 次,每次 15 min。

(4) RNase 处理:将 20 mg/mL RNase 贮备液 40 μL 加入到 40 mL NTE 中(终浓度 20 μg/mL),放入载片,37℃温育 30 min。37℃下,用 0.5×SSC(或 0.1×SSC)洗 2×15 min。放入 PBS 中,4℃过夜或直接进行下一步。

### 5. 探针的免疫显色及检测

(1) 探针的封闭:在封闭液中处理载片 45 min,轻微摇动。转入 BSA 洗脱液中处理 45 min,轻微摇动。

(2) 加抗体:在含有 1∶2000(或 1∶1000)抗体(用前离心)的 ADAPB 中,于湿盒中室温处理 1 h(或 2~3 h)。迅速转入 BSA 洗脱液中洗涤 3 次,每次 20 min,轻微摇动。

(3) 显色:在 TNM 中处理 5 min,轻微摇动。转入 CDS 中,室温下暗处反应 2~16 h,勿振动。镜检决定反应时间,当产生 NBT 结晶时,转入 $T_{10}E_1$ 中终止反应。

(4) 检测颜色反应:对典型探针,从第 6 小时开始监测反应,若信号较强,从 1 h 后开始。选择一试验片子,用 $T_{10}E_1$ 润洗,擦净背面,在显微镜下观察非封片的载玻片,若还需要长时间温育,将试验片子放回 CDS 中。对于组织和信号都较好的切片,在显微镜下拍照、封片,用于长期保存。

## 【结果与讨论】

### 1. 实验结果

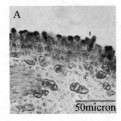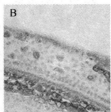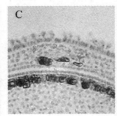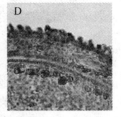

图 25-2 *MAPK* 基因在棉花胚珠及纤维组织中的表达

A,*MAPK* 反义链-mRNA 探针的杂交,深色信号表明该基因主要在纤维细胞中表达;B,负对照基因探针的杂交(如叶片特异表达基因),无深色杂交信号;C,*MAPK* 正义链-mRNA 探针的杂交,无深色杂交信号;D,正对照基因探针的杂交(如泛素基因 UBQ)

### 2. 注意事项

(1) 组织原位杂交实验步骤繁琐,时间长且无法每一步都检测结果,所以特别要求认真对待试验中的每一个步骤,较关键的几步为:

① 获得组织结构较完整清楚的切片;

② 高质量的 RNA 探针；
③ 严格的杂交条件；
④ 没有 RNase 的污染。
⑤ 可通过平行对照实验帮助分析实验中遇到的问题。比如，拟南芥中通常用 STM 基因的探针检测花序分生组织来做正对照，或者选取在需要研究的组织中已经发表的基因做探针，帮助判断探针的质量对实验结果的影响。另外，还要用正义链探针或者确定在目标组织中不表达的基因做负对照。

(2) 探针的浓度：根据以往的经验，最佳的探针浓度是指能达到与靶核苷酸饱和结合度的最低探针浓度。过量的探针会造成较高的背景，反之则会导致信号过弱。探针浓度依其种类和实验需要略有不同，非放射性标记(生物素或地高辛)实验中 RNA 探针浓度一般为 0.5～2.5 ng/μL，放射性标记 DNA 探针浓度为 1.0 ng/μL。

(3) 探针的长度：较短的探针不仅杂交效率高，且因为容易进入组织而缩短了杂交时间。但是短探针往往意味着较低的序列特异性。较长的探针能有效提高杂交序列特异性，但延长了杂交时间。试验中，可直接采用 200～500 nt 的探针，如探针长度超过 500 nt，在杂交前最好用碱或水解酶进行水解，使其变短。

(4) 杂交温度：能使 50% 的核苷酸变性解链所需的温度，叫解链温度或融解温度(melting temperature，简称 $T_m$)。原位杂交中，多数 DNA 探针需要的 $T_m$ 是 90℃，而 RNA 则为 95℃。但可通过加入盐和甲酰胺浓度来调节温度，实际采用的原位杂交的温度比 $T_m$ 低，大约在 30～60℃ 之间。根据探针的种类不同，温度略有差异。通常在我们采用的方法中，RNA 探针的 $T_m$ 一般在 37～42℃。

(5) 杂交时间：如时间过短会造成杂交不完全，而过长则会增加非特异性染色，使组织结构弥散。一般将杂交反应时间定为 16～20 h，或为简便起见可采用杂交孵育过夜。可添加适量硫酸葡聚糖(dextran sulphate)和甲酰胺。硫酸葡聚糖是一种大分子的多聚胺化合物，具有极强的水合作用，因而能大大增加杂交液的黏稠度。硫酸葡聚糖的主要作用是促进杂交率，特别是双链核酸探针的杂交率。甲酰胺的主要作用是调节杂交反应温度，还可以防止低温时非同源性片段的非特异性结合。

【问题思考】

(1) 原位杂交实验中用到的探针的设计应该注意什么问题？
(2) 简要回答在原位杂交实验中应该设计的几个对照实验。
(3) 原位杂交实验相比于定量 PCR 的主要优点是什么？

## 参 考 文 献

1. 萨姆布鲁克 J，拉塞尔 DW 著.分子克隆实验指南.3 版.黄培堂等译.北京：科学出版社，2002，742—750.
2. 朱玉贤，李毅，郑晓峰编著.现代分子生物学.3 版.北京：高等教育出版社，2007，197.
3. 马利加 P 等.植物分子生物学实验指南.北京：科学出版社，2000，73—91.
4. Weigel D, Glazebrook J. 拟南芥实验手册.影印版.北京：化学工业出版社，2004，195—211.

# 实验 26  凝胶滞缓实验

本实验采用体外表达纯化的拟南芥转录因子 AP2/EREBP 家族中的一个蛋白 TINY2（AT5 G11590），与人工合成并用同位素 $^{32}$P 标记的 DNA 元件 DRE 探针进行凝胶滞缓实验，分析该蛋白在体外与 DNA 元件的相互作用。

【实验目的】

通过本实验，了解凝胶滞缓实验的概念和原理，学习掌握凝胶滞缓实验中涉及的探针制取等重要实验方法。

【实验原理】

凝胶滞缓或凝胶迁移率变化实验（electrophoretic mobility shift assay，EMSA）是在体外研究 DNA 与蛋白相互作用的一种特殊电泳技术，可用于定性及定量分析，目前已用于研究 RNA 与蛋白的相互作用。实验中首先标记待检测 DNA 或 RNA 探针，然后将纯化的蛋白、细胞粗提液或者细胞核蛋白抽提液及已标记的探针置于合适环境中温育，最后利用非变性聚丙烯凝胶电泳分离 DNA（RNA）探针-蛋白质复合物。因为经温育后与蛋白结合形成探针-蛋白复合物的探针比非结合的自由探针相对分子质量大，凝胶电泳中它们朝正极移动的速度减慢，因此比自由探针显著滞后。

探针的种类根据实验目的的不同而不同，通常研究转录因子的探针为 DNA 双链，而用于 RNA 结合蛋白研究的探针是 RNA 单链。探针的标记方法也有很多种，如常用的同位素标记，通常采用 T$_4$ PNK（T$_4$ polynucleotide kinase）和[γ-$^{32}$P]ATP 直接磷酸化 DNA 5′端，使之带上 $^{32}$P 标记；或者采用非同位素的方法，如荧光素、生物素或者地高辛等标记方法。以同位素标记法最为敏感。

在凝胶滞缓实验中，通常需要判断蛋白质与 DNA 序列的结合是否具有特异性，竞争实验因此变得非常必要。在 DNA-蛋白质复合物中加入其他不相关 DNA 片段或者寡核苷酸如 poly(dI-dC)，poly(dA-dT)，tRNA，鲑鱼精子 DNA 等，特异性结合的 DNA-蛋白复合物不受非特异性竞争物的影响。而加入过量没有标记的 DNA 片段，凝胶阻滞实验中所检测到的滞后条带就会显著减淡甚至消失，表明是特异性竞争结合。另外，我们还可以通过设计一系列引入不同位置突变碱基的探针，确定该探针 DNA 分子中与蛋白直接发生相互作用的关键碱基。

【器材与试剂】

**1. 实验仪器**

水浴锅，凝胶电泳仪及相关设备，干胶仪，放射自显影及成像设备。

**2. 实验材料**

DRE DNA 片段以及体外表达纯化的 TINY2 蛋白。

### 3. 实验试剂

(1) $T_4$ PNK（5～10 U/μL）及缓冲体系；$[\gamma\text{-}^{32}P]$ATP（3000 Ci/mmol，10 mCi/mL）；20 mmol/L EDTA；poly(dI-dC)（1 μg/μL）。

(2) 5×TBE 缓冲液：445 mmol/L Tris 碱，445 mmol/L 硼酸，10 mmol/L EDTA。

(3) 丙烯酰胺凝胶电泳试剂：丙烯酰胺/甲叉双丙烯酰胺（29/1），10%过硫酸铵（AP），TEMED。

(4) 5×结合缓冲液：125 mmol/L HEPES，用 KOH 调 pH 至 7.9，50%甘油，250 mmol/L KCl，5 mmol/L DTT，5 mmol/L EDTA。

【实验步骤】

### 1. 探针标记

(1) 寡核苷酸链的退火：稀释人工合成的 DRE 寡核苷酸单链至 20 μmol/L，取等量链互补的溶液混匀，于 95℃保温 5 min，然后关掉电源使之在水浴条件下缓慢冷却至室温，完成退火，形成双链（终浓度为 10 μmol/L）DRE 探针，若需长期保存可置于 -20℃备用。

(2) 探针标记：取 10 pmol（1 μL）退火后的探针，加入 10×$T_4$ PNK 缓冲液 1 μL，$[\gamma\text{-}^{32}P]$ATP 1 μL，加无核酸酶的重蒸水至终体积为 9 μL，再加入 $T_4$ PNK 1 μL，混匀后置于 37℃水浴，温育 15 min，加入 20 mmol/L 的 EDTA 0.5 μL（终浓度为 1 mmol/L），并置于冰上终止反应。标记好的探针最好立即使用，保存在 -20℃可适当延长使用时间，但是活性会降低。

### 2. 结合反应

(1) 取已纯化的体外表达蛋白 TINY2 2 μL（100 ng），加入 poly(dI-dC) 1 μg，5×结合缓冲液 4 μL，混匀，加入前面合成的 DRE 探针 1 pmol（1 μL），加入无核酸酶的重蒸水至最终反应体系为 20 μL。

(2) 对照实验中，不加蛋白，但标记的探针和其余成分以及结合反应相同。

(3) 竞争实验中需要加入 50 倍的非标记的 DRE 探针（50 pmol）。

(4) 混匀反应物后，在室温孵育 2 h。

具体反应成分列于下表：

| 组　分 | 体积/μL | | |
|---|---|---|---|
| 5×结合缓冲液 | 4 | 4 | 4 |
| TINY2 | 2 | 0 | 2 |
| DRE（标记） | 1 | 1 | 1 |
| Poly(dI-dC) | 1 | 1 | 1 |
| DRE（非标记） | 0 | 0 | 5 |
| 重蒸水 | 12 | 14 | 7 |
| 备注 | 结合反应 | 空白对照 | 竞争实验 |

### 3. 电泳分离分析

(1) 非变性丙烯酰胺胶的制备：为获得到比较好的分离效果，通常用能灌制较大 EMSA

胶的模具。按照下表给出的配方配制 30 毫升 10% 的聚丙烯酰胺凝胶：

| 组　分 | 体积/mL |
| --- | --- |
| 5×TBE 缓冲液 | 4 |
| 丙烯酰胺-甲叉双丙烯酰胺 | 13.3 |
| 10% AP | 0.3 |
| 重蒸水 | 12.4 |
| TEMED | 0.03 |

按照上述次序加入各溶液，加 TEMED 前先混匀，加入 TEMED 后立即混匀，并马上倒入预先准备好的制胶模具中，避免产生气泡。

(2) 电泳分析：用溴酚蓝做指示剂上样。也可以不用溴酚蓝，因为有时候溴酚蓝会影响 DNA 与蛋白质的结合。用 0.5×TBE 作为电泳液，按照 10 V/cm 电压先预电泳 5 min。如情况正常，继续电泳。电泳时推荐用冷凝装置帮助降低胶温。若胶温显著升高，则需降低电压。当溴酚蓝至胶的下缘 1/4 处时，停止电泳。

(3) 干胶成像：小心将胶取出，掀开一块玻璃板，剪一片与 EMSA 胶大小相近或略大的比较厚实的滤纸从 EMSA 胶的一侧逐渐覆盖，轻轻压紧，待滤纸被胶微微浸湿后，轻轻揭起滤纸，胶会被滤纸一起揭起来，排除两者之间的气泡，用保鲜膜包裹，在干胶仪上干燥 EMSA 胶（80℃，2 h）。干胶后用保鲜膜再次包裹放入磷屏中进行放射自显影。曝光适当时间后，用 Typhoon 或用 X 射线胶片等其他成像方法检测磷屏上的同位素信号。

【结果与讨论】

(1) 实验结果见图 26-1。

(2) 要根据实验的不同用途，设计最佳的探针序列。

通常用于凝胶迁移分析的目的 DNA 长度应小于 300 bp，但最短应在 20 bp 以上，识别序列距离片段末端至少为 4 bp。较长的探针片段可用 PCR 或者限制性酶切等方法获得，用于初步判断是否具有与蛋白相结合的能力，常用于启动子或者增强子的预测分析。较短的探针片段可以人工合成互补单链，然后退火形成双链。对于过短的片段（如 5 bp），可以合成串联重复片段，常用于对已知转录因子的特异性位点做精确分析。

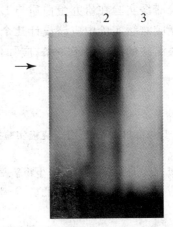

图 26-1　TINY2 蛋白与 $^{32}$P 标记的 DRE 探针的相互作用

从左到右 3 个泳道分别是：1，空白对照：$^{32}$P 标记的 DRE 自由探针；2，结合反应：TINY2 蛋白与 $^{32}$P 标记的 DRE 探针共同孵育，箭头所示条带为探针-蛋白复合物，因为相对分子质量大于自由探针而滞后；3，竞争实验：在结合反应的体系基础上加入 50 倍的非标记探针，第二道被阻滞的条带消失

(3) 凝胶迁移实验原理上很简单，但有很多因素会影响实验的结果，需要进行优化。

推荐的结合缓冲液是 10 mmol/L Tris-HCl（pH 7.5），4% 甘油，1 mmol/L MgCl$_2$，

0.5 mmol/L EDTA,0.5 mmol/L DTT,50 mmol/L NaCl,0.05 mg/mL poly (dI-dC),或 25 mmol/L HEPES (pH 7.9),50 mmol/L KCl,1 mmol/L DTT,1 mmol/L EDTA,10% 甘油,0.05 mg/mL poly (dI-dC)。不同探针对于 pH、盐离子浓度、DTT 浓度等要求不同,有些蛋白的活性也会被不适条件抑制,因此,需要根据具体情况对反应条件进行优化。蛋白酶抑制剂的添加有助于实验的成功进行。

(4) 探针的质量和浓度、蛋白(或者蛋白抽提液)的浓度及探针和蛋白的相对比例都是重要的影响因素,可通过探针或者蛋白浓度的梯度进行分析。蛋白抽提液含有的磷酸酶或者外切核酸酶会降解 DNA 探针末端的放射性标记。通常平末端标记的探针可避免被降解,所以在标记前应该检测寡核苷酸退火是否完全。

(5) 保温时间太短往往影响结合效果,而太长又会引起探针及蛋白的降解。

(6) 在蛋白混合液和 DNA 的结合这类 EMSA 实验中,确定复合物中蛋白的特征往往更加重要,但是也相对更加困难。目前有报道的方法可用于此类分析。首先可进行超迁移实验 (super-shift),这个实验必须对参与结合的蛋白有比较强烈的指向性。制备该蛋白的抗体,加入结合体系,可以形成抗体-蛋白-DNA 复合物,使复合物的迁移进一步滞后,形成超迁移。除超迁移实验外,也可将凝胶转膜,利用目的蛋白的抗体对复合物作 Western 分析,与滞缓 DNA 位置相对比,可得到有价值的信息。若直接将复合物用 UV 交联,随后用 DNA 酶降解未结合的探针,交联的蛋白用变性聚丙烯酰胺凝胶电泳分离,干燥,放射自显影,可通过比对蛋白的相对分子质量或用目标蛋白抗体进行相关蛋白分析。

**【问题分析及思考】**

(1) 凝胶滞缓实验在研究蛋白质与 DNA 相互作用中有什么优点和缺点?

(2) 在凝胶滞缓实验中应该设计几个对照实验?

(3) 如果滞缓的条带多于一条,应如何解释这一现象?如何通过设计进一步的实验验证这种推测。

## 参 考 文 献

1. 萨姆布鲁克 J,拉塞尔 DW 著.分子克隆实验指南.3 版.黄培堂等译.北京:科学出版社,2002,825—827,1332—1336.
2. 朱玉贤,李毅,郑晓峰编著.现代分子生物学.3 版.北京:高等教育出版社,2007,223—225.
3. 梁国栋.最新分子生物学实验技术.北京:科学出版社,2001,4—9.

# 实验 27 蛋白质磷酸化分析

蛋白质激酶活性的体外分析是使用[$\gamma$-$^{32}$P]ATP为磷酸基团的供体，蛋白质或多肽为受体底物，当酶样品中含有激酶活性，标记的磷酸基团就会转移到受体底物上，通过检测$^{32}$P标记蛋白或多肽的累积，即可鉴定蛋白质激酶活性强弱。

## 【实验目的】

学习本实验以钙离子依赖性蛋白激酶（$Ca^{2+}$ dependent protein kinase）活性的测定为例的实验方法，包括体外激酶活性的测定（*in vitro* kinase assay）和在凝胶中进行激酶的分析（in gel kinase assay）。

## 【实验原理】

由蛋白激酶和蛋白磷酸酯酶所催化的蛋白质可逆磷酸化过程（图27-1），是生物体内一种普遍且重要的调节方式，控制着众多的生理生化反应和生物学过程。通常蛋白激酶催化ATP或GTP的$\gamma$磷酸基团转移到底物蛋白的丝氨酸、苏氨酸或酪氨酸残基上，促使底物蛋白发生磷酸化，而蛋白质磷酸酯酶则能催化底物蛋白发生去磷酸化。实验室研究蛋白质磷酸化主要包括底物蛋白磷酸化和蛋白激酶活性检测，底物蛋白磷酸化一般采用双向电泳及质谱分析等方法检测。由于细胞内可能有多达上千个蛋白激酶，体内检测某个蛋白激酶活性非常困难，科学家常用体外激酶活性分析法来检测蛋白激酶活性。这种方法是基于将[$\gamma$-$^{32}$P]ATP的$^{32}$P通过蛋白激酶转移到底物蛋白或多肽上，通过放射性强弱检测$^{32}$P标记蛋白或多肽的累积。

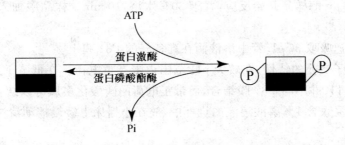

图 27-1 蛋白质的可逆磷酸化示意图

在酶反应中，蛋白激酶的来源可以是全细胞裂解物、免疫沉淀物以及部分或完全纯化的蛋白。在酶的制备过程中，激酶活性必须保持相对稳定，在提取液中除了要加入普通的酶抑制剂外，还应该加入抑制蛋白磷酸酶的抑制剂如氟化钠、β-磷酸甘油、原钒酸钠等。

## 【器材与试剂】

### 1. 实验仪器

仪器同位素操作间，恒温水浴，小摇床，磷屏（phosphor screen），激光扫描成像系统（Phosphorimager），蛋白电泳设备。

**2. 实验材料**

棉花钙离子依赖性蛋白激酶 CDPK1（1 μg/μL），底物 syntide2（序列为 H-Pro-Leu-Ala-Arg-Thr-Leu-Ser-Val-Ala-Gly-Leu-Pro-Gly-Lys-Lys-OH，购于 Sigma-Aldrich 公司），2 cm×2 cm P81 磷酸纤维素薄膜（Whatman）。

**3. 实验试剂**

(1) 10 mCi/mL [γ-$^{32}$P]ATP；100 μmol/L $CaCl_2$；100 μmol/L EGTA；100 μmol/L Syntide2。

(2) 激酶反应缓冲液：40 mmol/L Hepes (pH 7.4)，2 mmol/L DTT，15 mmol/L $MgCl_2$。

(3) SDS 去除液 I：50 mmol/L Tris-HCl (pH 8.0)，20% 异丙醇。

(4) SDS 去除液 II：50 mmol/L Tris-HCl (pH 8.0)，5 mmol/L β-巯基乙醇。

(5) 变性液：50 mmol/L Tris-HCl (pH 8.0)，5 mmol/L β-巯基乙醇，6 mol/L 盐酸胍。

(6) 复性液：50 mmol/L Tris-HCl (pH 8.0)，5 mmol/L β-巯基乙醇，0.04% 吐温 20。

(7) 洗胶液：5% 三氯乙酸，1% 焦磷酸钠。

## 【实验步骤】

**1. 体外激酶活性的测定**

(1) 准备和标记 1.5 mL 微量离心管，按以下比例加入各反应组分：

| | |
|---|---|
| 5×激酶反应缓冲液 | 5 μL |
| 100 μmol/L Syntide2 溶液 | 5 μL |
| [γ-$^{32}$P]ATP 溶液（ATP 终浓度为 5 μmol/L，放射性为 5 μCi/μL） | 5 μL |
| 100 μmol/L $CaCl_2$ 或 5 μL 100 μmol/L EGTA（对照） | 5 μL |

(2) 盖好离心管，混匀，置于 30℃ 水浴，10 min。反应体积为 50 μL。

(3) 注意设立无酶、无底物和无 $CaCl_2$ 以及加抑制剂的对照。

(4) 加入 1~5 μg 酶样品开始反应，置于 30℃ 水浴，10 min。样品中加入酶的量取决于酶活性的大小。

(5) 温浴后迅速吸取 30 μL 管中溶液滴在准备好的 P81 膜上。

P81 膜具有离子交换的特性，在较大 pH 范围内带有负电荷。在低 pH 条件下，激酶反应中过量的[γ-$^{32}$P]ATP 并不与 P81 膜结合，而带正电荷的磷酸化多肽可以结合于膜上。

(6) 将膜迅速浸入含 1% 磷酸溶液的烧杯中，放在小摇床上缓慢摇动清洗 10 min。重复清洗步骤，共洗 5 次。

(7) 再用丙酮洗膜 5 min，弃丙酮，使膜干燥。P81 膜用保鲜膜包好，压入磷屏中，适当时间后取出激光扫描成像系统扫描信号。P81 膜也可放入闪烁瓶中用液闪仪进行计数，从而测定各组酶样品的活性强弱。

**2. 凝胶中激酶的分析**

(1) 配置 10% 的 SDS-PAGE 凝胶，在胶溶液中加入 10 mg/mL 激酶底物 Histone (type III-SS；Sigma)，使其终浓度达到 0.5 mg/mL。

(2) 在样品中加入蛋白电泳上样缓冲液，进行电泳。

(3) 电泳结束后将胶置于 SDS 去除液 I 中，漂洗 20 min，换入新的缓冲液，重复 2 次。

(4) 将胶置于 SDS 去除液 II 中，漂洗 3 次，每次 20 min。

(5) 再将胶置于变形液中,轻摇 2 次,每次 30 min。

(6) 将胶置于复性液中,4℃放置 18 h 以上,中间换液 4~8 次,使蛋白充分复性。

(7) 移去所有残存的复性液,加入尽量少的激酶反应缓冲液,以正好覆盖胶面为宜。

(8) 加入 50 μmol/L ATP 溶液,20 μCi/mL[γ-$^{32}$P]ATP,30℃,温浴 1~3 h。

(9) 反应结束,将胶浸泡在洗胶液中漂洗 15 min,重复操作至少 5 次,尽可能除去放射性物质。

(10) 在滤纸上使胶干燥。然后用保鲜膜包好,压入磷屏中,适当时间后取出,激光扫描成像系统扫描信号。

【结果与讨论】

(1) 凝胶中激酶活性实验结果见图 27-2。

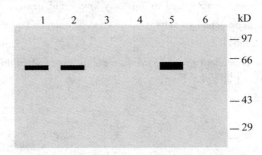

图 27-2　凝胶中激酶活性结果示意图

图中泳道 1、2 和 5 中的蛋白样品具有激酶活性,且样品 5 中的激酶活性比样品 1、2 要强,具有激酶活性的蛋白能使 γ-$^{32}$P 标记的磷酸基团转移到底物蛋白上,因而在有激酶的位置就有放射性,压磷屏后,通过扫描可以看到清晰的条带;而泳道 3、4 和 6 中的蛋白样品不能使底物蛋白磷酸化,因此,也就看不到放射性条带。

(2) 设置正确的对照对体外激酶活性测定实验来说是很重要的。在实验中应设立无底物、无酶及经热变性处理使酶失活的对照。对于需要激活因子或辅酶的激酶,还应该设立无激活因子或辅酶的对照以及加入无关激活因子或辅酶的对照。

(3) 利用预实验测定 pH、盐浓度、$Mg^{2+}$ 等阳离子和温度对实验的影响,优化激酶分析的实验条件。酶样品的加样量也要进行摸索,加样量取决于样品中酶活性的大小,在预实验中所得最大反应值可衡量磷酸转移反应的程度。另外,应在预实验中加入激活因子和抑制因子的最适浓度。

(4) 大多数激酶对 ATP 的 $K_m$ 在 1~100 μmol/L 之间,如果 ATP 的浓度太高将很难检测到磷酸基团的转移。ATP 的最佳浓度应在 50~100 μmol/L 之间,在此浓度下酶活性应在最大值的 50% 以上。受体底物的浓度应足够高,以便酶的反应速度接近其 $V_{max}$。

(5) 凝胶中激酶活性的分析实验是否成功主要依赖于被测样品中激酶的活性,因而蛋白样品的准备要保证激酶活性不受显著影响。如果样品是全细胞或组织的裂解物,裂解缓冲液中需要加入适当的蛋白酶抑制剂和磷酸酶抑制剂。蛋白样品要避免反复冻融,最好能立即用于下一步实验。

(6) 实验中至少需要设立一个负对照,在制胶时不加入底物蛋白,以保证最后看到的结果不是由于激酶自磷酸化所引起的。在胶中加入不同的底物可以检测激酶对底物的特异性。

## 【问题分析及思考】

(1) 蛋白质磷酸化分析的基本原理是什么？蛋白质激酶活性的测定对蛋白分析有何意义？

(2) 蛋白质磷酸化分析实验有哪些操作步骤及注意事项？

## 参 考 文 献

1. [美]奥斯伯 FM,金斯顿 RE 等. 精编分子生物学实验指南. 马学军等译. 4 版. 北京:科学出版社,2005.
2. Peck SC, et al. Analysis of protein phosphorylation: methods and strategies for studying kinase and substrates. The Plant Journal, 2006, 45: 512—522.
3. Wooten MW. In-gel kinase assay as a method to indentify kinase substrates. Sci STKE, 2002, 153: 115.
4. Romeis T, et al. Resistance gene-depedent activation of a calcium-dependent protein kinase in the plant defense response. Plant Cell, 2000, 12: 803—816.
5. Kobayashi M, et al. Calcium-dependent protein kinases regulate the production of reactive arygen species by potato NADPH oxidase. Plant Cell, 2007, 19: 1065—1080.

# 实验 28　酵母双杂交系统研究蛋白质相互作用

酵母双杂交系统是以酵母为基础的遗传检测技术,是建立在真核生物转录激活因子蛋白相互作用基础上的、专门用来筛选文库中与一个已知诱饵蛋白相互作用的新蛋白或用来检测两个蛋白之间的相互作用的技术。本实验以 MATCHMAKER GAL4 Two-Hybrid System 检测棉花 *Fbox* 基因和棉花 *Skp* 基因的相互作用为例,详细介绍酵母双杂交技术的原理和实验操作。

【实验目的】

通过本实验,应了解酵母双杂交的原理及其在分子生物学研究中的意义,掌握酵母双杂交的实验方法和步骤。

【实验原理】

酵母双杂交技术为检测相对较弱和瞬时的蛋白质相互作用提供了一种灵敏的方法,因为该系统可以将体内的蛋白相互作用信号放大。由于蛋白质相互作用在细胞体内发生,蛋白质结构等更接近于自然状态,从而使检测到的相互作用更灵敏精确。该技术主要依赖于真核生物的位点特异转录激活因子,该因子通常具有两个可分割开的结构域,即 DNA 特异结合域(DNA-binding domain,BD)与转录激活域(transcriptional activation domain,AD)。这两个结构域各具功能,互不影响。但一个完整的能激活特定基因表达的激活因子,该因子必须同时含有这两个结构域,否则无法完成激活功能。不同来源激活因子的 BD 与 AD 结合后则特异性激活与 BD 结合的基因表达。据此,将待测蛋白分别与这两个结构域建成融合蛋白,表达于同一个酵母细胞内。如果待测蛋白间能发生相互作用,就会通过待测蛋白的桥梁作用使 AD 与 BD 形成一个完整的转录激活因子并激活相应的报告基因的表达。

酵母双杂交系统由三部分组成(图 28-1):

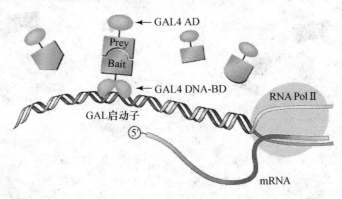

图 28-1　酵母双杂交原理示意图

① 与 BD 融合的蛋白表达载体，被表达的蛋白称诱饵蛋白(bait)。

② 与 AD 融合的蛋白表达载体，被其表达的蛋白称靶蛋白(prey)。

③ 带有一个或多个报告基因的宿主菌株。常用的报告基因有 HIS3、URA3、LacZ 和 ADE2 等，而菌株则具有相应的缺陷型。双杂交质粒上分别带有不同的抗性基因和营养标记基因。这些有利于实验后期杂交质粒的鉴定与分离。根据目前通用的系统中 BD 来源的不同主要分为 GAL4 系统和 LexA 系统。据报道，解离常数在 70 μmol/L 的蛋白质相互作用，都可以被 GAL4 双杂交系统检测到，而 LexA 系统因其 BD 来源于原核生物，在真核生物内缺少同源性，因此能减少假阳性的出现。

酵母双杂交系统可以用来检测两个已知蛋白之间的相互作用，也可以从一个随机基因组或 cDNA 文库中筛选相互作用的蛋白。

(1) LexA 系统：报告质粒 p8op-LacZ。其 GAL4 的 UAS 编码序列被完全去除，在缺乏 LexA 融合激活结构域的情况下，报告基因 LacZ 的转录活性为零。该基因的筛选标记为 URA3。

用于表达 DNA-BD(202 个氨基酸残基组成的 LexA 蛋白)与诱饵蛋白的融合蛋白的是 pLexA 质粒，其筛选标记为 HIS3。该融合蛋白表达受酵母强启动子 ADH1 的调控，能与报告基因启动子中的 LexA×8 结合。

表达 AD 与靶蛋白融合蛋白的是 pB42 AD 质粒，其筛选标记为 TRP1，在其多克隆位点上游有 SV40 核定位(SV40 nuclear localization)、HA(血凝素)及 AD(来自于 E. coli 的 88 个氨基酸残基组成的 B42 蛋白)等几种编码序列，共同组成可以启动报告基因转录表达的激活成分。

宿主菌株：酵母 EGY48，基因型：$MAT\alpha, his3, trp1, ura3, LexAop(x6-LEU2)$；报告基因 LEU2。

(2) GAL4 系统：表达 DNA-BD/诱饵蛋白的是 pGBKT$_7$ 质粒(图 28-2)，其筛选标记为 TRP1，带有 c-Myc 抗原标签，在 GAL4 DNA-BD 编码序列下游有 T$_7$ 启动子，可以用于对带有抗原标签的融合蛋白进行体外转录及 DNA 测序。

表达 AD/靶蛋白(文库蛋白)的是 pGADT$_7$ 质粒(图 28-3)，其筛选标记为 LEU2，带有 HA 抗原标签及 SV40 核定位信号，在 GAL4 AD 编码序列下游带有 T$_7$ 启动子。

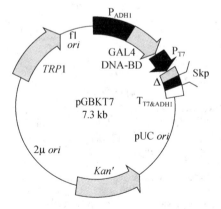

图 28-2　pGBKT$_7$ 质粒图谱

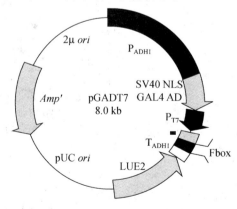

图 28-3　pGADT$_7$ 质粒图谱

## 实验28 酵母双杂交系统研究蛋白质相互作用

宿主菌株：酵母 AH109 菌株，在不同的 GAL4 上游激活序列和 TATA 盒的调控下带有三个报告基因——ADE2，HIS3，MEL1/lacZ，ADE2 报告基因提供营养选择标记，HIS3 报告基因降低了假阳性的发生率，增加了筛选的严格性；MEL1/lacZ 报告基因分别编码 α 半乳糖苷酶和 β 半乳糖苷酶，α 半乳糖苷酶为分泌性酶，其活性可以在 X-α-Gal 平板上通过蓝/白筛选检测。

阳性对照质粒 pCL1：编码全长野生型 GAL4 蛋白，为 α 半乳糖苷酶和 β 半乳糖苷酶反应的阳性对照。pGBKT$_7$-53 和 pGADT$_7$-T 分别编码与 GAL4 DNA-BD、AD 融合的 P53 蛋白和 SV40 大 T 抗原，为两个蛋白质相互作用的正对照。

阴性对照质粒 pGBKT$_7$-Lam：编码与 DNA-BD 融合的人 Lamin C 蛋白，为无关蛋白与 pGADT$_7$-T 或 pGADT$_7$-靶蛋白之间的偶然相互作用提供对照。

## 【器材与试剂】

### 1. 实验仪器

小离心机，恒温水浴，恒温培养箱，摇床，电泳系统，超净工作台，灭菌的 50 mL 离心管，灭菌的 1.5 mL EP 管，冰盒，制冰机，一次性平板，微波炉。

### 2. 实验材料

酵母菌株 AH109，质粒 pGBKT$_7$ 和 pGADT$_7$。

### 3. 实验试剂

（1）酵母转化试剂：10×TE 缓冲液，10 mol/L LiAc，50% PEG，0.2% 硫酸腺嘌呤（过滤除菌备用）。

（2）蛋白电泳试剂：5×Tris-Gly，2×上样缓冲液。

（3）Western 印迹试剂：电转移缓冲液，ECL 发光液，抗 c-Myc 单克隆抗体，抗 HA-tag 单克隆抗体。

（4）X-α-gal 分析试剂：将 X-α-gal 用 DMF（二甲基甲酰胺）配成 20 mg/mL 贮备液，−20℃ 避光保存备用。

## 【实验步骤】

### 1. 质粒构建

分别将 *GhFbox* 基因和 *GhSkp* 基因构建到 pGADT$_7$ 和 pGBKT$_7$ 质粒中。

### 2. 检测蛋白质表达

（1）分别将 pGADT$_7$-Fbox 和 pGBKT$_7$-Skp 质粒转化入 AH109 菌株中。

（2）将菌液分别涂布于 SD/- Ade-Trp 和 SD/-Ade-Leu 平板上，30℃ 培养 2~3 天。

（3）挑取几个直径为 2~3 mm 的克隆，用转化空载体的酵母做对照，将带有目的基因的酵母细胞用 TCA 丙酮沉淀法制备蛋白电泳样品，和预染蛋白 Marker 一起上样进行 SDS-PAGE，用 Westen 印迹法鉴定。

### 3. 检测 pGADT$_7$-Fbox 和 pGBKT$_7$-Skp 对报告基因的激活

（1）分别在 SD/-Ade-Leu 和 SD/- Ade-Trp 平板上挑取单克隆转化子，划线于 SD/-Leu/

X-α-gal 和 SD/-Trp/X-α-gal 平板上。

(2) 将含有正对照质粒 pCL1 的转化子菌株划线于 SD/-Leu/X-α-gal 平板上。

(3) 将含有正对照质粒对 pGBKT$_7$-53 /pGADT$_7$-T、负对照质粒对 pGBKT$_7$-Lam /pGADT$_7$-T 的菌株划线于 SD/-Leu-Trp+X-α-gal 平板上。

(3) 置于 30℃恒温培养箱中培养,观察是否变蓝,不变蓝则表明不能单独激活报告基因,可进行下一步实验。如各个菌株颜色变化情况与表 28-1 所示相符,则可进行下一步实验。

表 28-1 菌株颜色变化情况

| 载体 | 所用缺陷型培养基 | 菌落颜色 |
| --- | --- | --- |
| pGBKT$_7$-Skp | -Trp/X-α-gal | 白 |
| pGADT$_7$-Fbox | -Leu/X-α-gal | 白 |
| pCL1 | -Leu/X-α-gal | 蓝 |
| pGBKT$_7$-53 /pGADT$_7$-T | -Leu-Trp/ X-α-gal | 蓝 |
| pGBKT$_7$-Lam /pGADT$_7$-T | -Leu-Trp/ X-α-gal | 白 |

**4. 检测诱饵蛋白与靶蛋白是否存在相互作用**

(1) 制备感受态细胞:

① 在 YPDA(YPD+0.003%硫酸腺嘌呤)平板上挑取 1 个 2~3 mm 的克隆。

② 转入 1 mLYPDA 液体培养基中。在漩涡振荡器上将菌块打散,将菌液 1 mL 转入 5 mL YPDA 液体培养基中 30℃摇 16~18 h 至平台期($A_{600}$>1.5)。

③ 将菌液转入 50 mL YPDA 培养基中(初始 $A_{600}$ 0.2~0.3),30℃培养 3~4 h,至 $A_{600}$ 0.4~0.6。

④ 将菌液转入灭菌离心管中,1000 g 室温离心 5 min。弃上清液,用 10~20 mL 灭菌重蒸水重悬沉淀,1000 g 室温离心 5 min,弃上清液。用 1 mL 1×TE/LiAc 溶液重悬菌体,制成感受态细胞备用。

(2) 转化:

① 分别取感受态细胞 100 μL,加载体 DNA 入 20 μL,pGBKT$_7$-Skp/pGADT$_7$-Fbox 质粒约 0.1 μg 和载体 DNA 20 μL,pGBKT$_7$-Lam/pGADT$_7$-T 约 0.1 μg 混匀。

② 加入 1×PEG/LiAc/TE 600 μL,用漩涡振荡器混匀。30℃,200 r/min 培养 30 min。

③ 加入 DMSO 70 μL,轻轻混匀,42℃水浴 15 min。冰上放置 1~2 min,室温离心。弃上清液,用 1×TE 重悬细胞 100 μL。

④ 将细胞悬液涂布于 SD/-Leu-Trp 平板上。30℃温箱培养 2~3 天。

**5. 检测含有诱饵蛋白及靶蛋白的转化子菌株对 His 报告基因的激活作用**

(1) 转化菌株在三缺培养基上的生长:用灭菌的扁牙签从 SD/-Leu-Trp 挑取直径约为 1~2 mm 的克隆,划线于 SD/-His-Trp-Leu 平板上,30℃培养 2~3 天。

(2) X-α-gal 实验:

① 制备 X-α-gal 指示平板:将 1 L SD/-His-Trp-Leu 培养基在微波炉中融化,冷却到 55℃左右。加入 X-α-gal 储液 1 mL,混匀后将培养基倒在平板上,每板约 20 mL。室温冷却。

② 将 X-α-gal 涂布于已经铺好的 SD/-His-Trp-Leu 平板上,用二甲基甲酰胺将 X-α-gal 储

液稀释为 2 mg/mL,取 2 mg/mL 的 X-α-gal 100 μL 涂布于 10 cm 的平板上,将平板在室温下干燥 15 min。

(3) X-α-gal 分析:

① 分别用扁牙签从 SD/-His-Leu-Trp 平板上挑取含有 pGBKT$_7$-Skp 和 pGADT$_7$-Fbox 质粒。

② 将菌体以扇形划线于 SD/-His-Leu-Trp+X-α-gal 的平板上,30℃温箱培养 2~3 天,观察菌体是否变蓝。

【结果与讨论】

(1) 如 28-4 图所示:含有 pGBKT$_7$-Skp/pGADT$_7$-Fbox 质粒的酵母及含有正对照 pGBKT$_7$-53/pGADT$_7$-T 的酵母在 SD/-His-Leu-Trp+X-α-gal 的平板上可以生长,并显蓝色;而含负对照 pGBKT$_7$-Lamin/pGADT$_7$-T 的酵母不能生长。说明 Fbox 和 Skp 之间有相互作用。

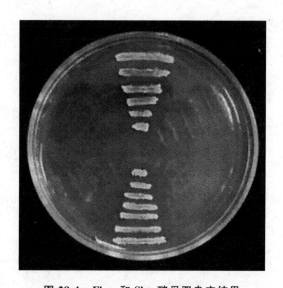

**图 28-4　Fbox 和 Skp 酵母双杂交结果**
上面的蓝色酵母为正对照 SV40 T 和 P53;下面的蓝色酵母为 Fbox 和 Skp;
其他未长出的是负对照 SV40 T 和 Lamin

(2) 当诱饵蛋白中存在转录激活区时,DNA-BD/诱饵蛋白能够单独激活报告基因,此时可以将该蛋白改连入 AD 载体中,或者将该基因的激活区特异性敲除。

(3) 在共转化过程中转化效率低,可以通过将共转化变为连续转化来克服,即先将一个质粒转入宿主菌,再以含该质粒的转化菌株为新的宿主菌转入第二个质粒。

(4) 不能检测到两个蛋白的相互作用,其原因可能是因为待测蛋白在酵母细胞中不能正确折叠,不能稳定表达,或表达后对宿主细胞有毒害作用,或蛋白不能进入细胞核。解决办法可以考虑用表达水平较低的载体系统替代 pGBKT$_7$/pGADT$_7$,或将蛋白改造为能入核的形式。

【问题分析及思考】

(1) 酵母双杂交的原理是什么?

(2) 如何检测两个蛋白之间有相互作用?

## 参 考 文 献

1. Burke D 等. 酵母遗传学实验方法. 北京:清华大学出版社,2002.
2. Yeast Protocols Handbook. Clontech Company. 2001.

# 实验 29 聚丙烯酰胺凝胶双向电泳

聚丙烯酰胺凝胶双向电泳技术(two-dimensional electrophoresis,简称 2-DE),亦称之为二维电泳。首先将待测样品沿着水平方向进行一次电泳分离,然后垂直于水平方向进行第二次电泳分离。

聚丙烯酰胺凝胶双向电泳技术,大多数是以聚丙烯酰胺凝胶等电聚焦电泳为第一向,SDS-聚丙烯酰胺凝胶电泳为第二向。第一向电泳是根据蛋白质的等电点差异进行分离的,第二向电泳是根据蛋白质的相对分子质量的差异进行分离的。通过双向电泳分离的蛋白质可以同时获得等电点和相对分子质量两个参数。所得到的电泳图谱不是电泳条带,而是圆点。这是目前在电泳分离技术中分辨率最高的一种分离方法。

【实验目的】

学习和掌握聚丙烯酰胺凝胶双向电泳分离的基本原理和方法,从双向电泳图谱中初步确定目标蛋白质的等电点和相对分子质量。

【实验原理】

一个蛋白质分子均具有相应的等电点和不同大小的相对分子质量,利用蛋白质分子之间等电点的不同,可以通过聚丙烯酰胺凝胶等电聚焦电泳技术将不同等电点的蛋白质分开;利用蛋白质分子之间相对分子质量存在的差异,可通过 SDS-聚丙烯酰胺凝胶电泳技术将不同分子大小的蛋白质分开。因此,聚丙烯酰胺凝胶双向电泳技术不仅能将不同相对分子质量和等电点的蛋白质分开,而且还能将相对分子质量相同、等电点不同或者等电点相同、相对分子质量不同的蛋白质分开,这就大大提高了聚丙烯酰胺凝胶双向电泳技术的分辨率。一般情况细胞内的蛋白质等电点相同、相对分子质量也相同的概率非常少。所以,双向电泳得到的蛋白质组分绝大部分均为单一组分。

在一支毛细管内注入含有载体两性电解质的丙烯酰胺凝胶溶液,凝胶聚合以后,进行等电聚焦电泳,聚焦分离后的凝胶置于 SDS-聚丙烯酰胺凝胶浓缩胶缓冲液中平衡一段时间,然后转移到 SDS-凝胶板上拼接,用 1% 的离子琼脂"焊接",使胶条包埋在琼脂中,进行第二向电泳。这样待测样品首先在 $X$ 轴横坐标方向以不同等电点的方式进行分离,然后在 $Y$ 轴横坐标方向以不同相对分子质量的方式进行分离,最终得到经聚丙烯酰胺凝胶双向电泳分离的蛋白质组分电泳图谱。

## (一) 等电聚焦毛细管电泳(第一向电泳)

【器材与试剂】

**1. 实验器材**

直流稳压电源(3000 V),毛细管电泳槽、毛细管玻璃、长针头(10~15 cm),10 mL 注射器,

50 μL 微量注射器,培养皿。

**2. 实验试剂**

载体两性电解质(pH 3～10),尿素,甘氨酸,三羟甲基氨基甲烷(Tris),SDS,TEMED,二硫苏糖醇(DTT),NP-40,Chaps,过硫酸铵(AP),丙烯酰胺,甲叉双丙烯酰胺,HCl,10 mmol/L 磷酸溶液。

**3. 溶液配制**

(1) 覆盖溶液(25 mL):8 mol/L 尿素,1%两性电解质(pH 3～9.5),5%($m/V$)、NP-40 (Nonidet P 40 Substitute)和 100 mmol/L DTT。

取 12 g 尿素,0.25 mL 两性电解质(pH 3～9.5),12.5 mL 的 10%的 NP-40 和 0.386 g DTT,用重蒸水溶解后,定容至 25 mL。储存于冰箱中。

(2) 平衡溶液(250 mL):Tris-HCl ( pH 6.8)缓冲液,含 2% SDS,100 mmol/L DTT,10%甘油。

Tris-HCl(pH 6.8) 15 mL,10% SDS 50 mL,DTT 3.86 g,甘油 29 mL,用重蒸水定容到 250 mL,室温存放。

(3) 30%丙烯酰胺(100 mL):含 28.4%($m/V$)丙烯酰胺和 1.6%($m/V$)甲叉双丙烯酰胺。

用重蒸水先将 1.6 g 甲叉双丙烯酰胺溶解后,再加入丙烯酰胺 28.4 g,溶解,用重蒸水定容到 100 mL。如果溶液混浊,需要进行过滤。溶液存放在棕色瓶中,4℃贮藏,3～4 周内使用。

(4) 样品提取液(10% NP-40 溶液):称量 NP-40 2.0 g,用重蒸水定容至 20 mL,室温存放。

(5) 负极电极液(20 mmol/L NaOH 溶液):称 NaOH 0.4 g 用蒸馏水定容至 500 mL。

(6) 正极电极液(10 mmol/L $H_3PO_4$):量取 $H_3PO_4$(85%) 1.35 mL 用蒸馏水定容至 2000 mL。

(7) 固定液:乙醇 35 mL,三氯乙酸 10 g,磺基水杨酸 3.5 g,加蒸馏水定容至 100 mL。

(8) 脱色液:乙醇 25 mL,冰乙酸 10 mL,加蒸馏水定容至 100 mL。

(9) 10%过硫酸铵:称取过硫酸铵 0.1 g 溶于 1 mL 重蒸水中,在 4 ℃冰箱中可保存 3～4 周。

**【实验步骤】**

**1. 样液制备**

称取兔肝 5 g 置于匀浆器内,加入样品提取液 50 mL,匀浆。5000 r/min 离心 15 min,取出上清液,100 000 g 离心 30 min。取出上清液,滤去上浮的油脂,收集滤液,备用。

**2. 配制第一向凝胶溶液(8 mL)**

按表 29-1 配制第一向凝胶溶液。凝胶终浓度为 7.5%。

表 29-1　第一向凝胶溶液配方

| | |
|---|---|
| 尿素 | 3.84 g |
| 重蒸水 | 1.0 mL |
| 兔肝提取液 | 1.0 mL |
| 30% 丙烯酰胺储液 | 1.6 mL |
| 搅拌溶解 | |
| 10% NP-40 | 1.5 mL |
| 两性电解质(pH 3.0～9.5) | 0.50 mL |
| TEMED[a] | 10 μL |
| 10% 过硫酸铵[a] | 15 μL |

a 过硫酸铵和 TEMED 在灌胶前加入。

**3. 灌注毛细管胶**

准备 4 支干净的玻璃毛细管(长度为 18 cm)。取 1 支玻璃毛细管,用手指堵住玻璃管的下端,用长针头注射器取约 0.5 mL 第一向凝胶溶液,从玻璃毛细管的上端将长针头全部插入管内,一边注入凝胶溶液一边将针头向上提起(注意针头不要露出胶面),直至凝胶溶液到达玻璃毛细管上端与管口平齐,撤出针头,若有凝胶液高于管口或溢出,用滤纸擦拭干净,并用封口膜(parafilm)封住上端管口。将玻璃管旋转 180°倒置,再将长针头从玻璃毛细管的另一端插入至管内,以同样方式注入凝胶溶液至距管口 0.5 cm 处停止,取出针头,立即用微量注射器在胶面上加少量重蒸水封胶,然后将玻璃毛细管垂直放置聚胶。

**4. 加覆盖液**

毛细管凝胶完全聚合后,用小滤纸条吸出胶上端的重蒸水,然后加入覆盖溶液至与管口平齐。

**5. 安装电泳槽**

将玻璃毛细管插入第一向电泳槽内,在上槽中玻璃管上端露出 1 cm,剥去玻璃毛细管下端的封口膜。在电泳槽的下槽加 10 mmol/L 磷酸溶液 2000 mL,将毛细管下端浸入到磷酸溶液中,注意玻璃毛细管下端不可有气泡,否则电泳时会造成短路。如果有气泡,可以用注射器取小量的磷酸溶液注入气泡处将气泡排出。上槽加入 20 mmol/L NaOH 溶液 500 mL,盖上电泳槽的盖子,上槽连接负电极,下槽连接正电极,准备电泳,见图 29-1。

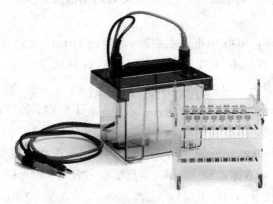

**图 29-1　毛细管电泳槽**(图源于 Bio-Rad)

### 6. 电泳

60 V电泳30 min,100 V电泳1 h,400 V电泳2 h,1000 V电泳约10～15 h。待电流降至零或接近零时,停止电泳。

如果电流降至零或接近零时不能马上进行第二向电泳,可以适当延长电泳时间或关闭电泳,在进行第二向电泳之前重新聚焦电泳1～2 h,以消除扩散对样品的影响。

### 7. 退胶

电泳结束后取出玻璃管,在正极端凝胶内插入约1 cm长的铜丝作为标记,用10 mL注射器和长针头吸入蒸馏水,一边将长针头沿管壁推入,一边注入蒸馏水,使凝胶从毛细管中退出,如果凝胶没有直接退出,可用洗耳球从玻璃管上样端轻轻挤入空气使凝胶退胶。

### 8. 平衡

将退出来的凝胶,挑选一条较好的凝胶条放入盛有10 mL平衡液的小烧杯中,浸泡平衡20 min,然后进行第二向电泳。

### 9. 染色

没有平衡的胶条放入固定液中固定1～2 h,用考马斯亮蓝R250染色1 h,再用脱色液脱色,观察第一向聚焦效果。

## (二) SDS-聚丙烯酰胺凝胶垂直板电泳(第二向电泳)

### 【器材与试剂】

#### 1. 实验器材

直流稳压电源(3000 V),双向电泳槽,长玻璃板,短玻璃板,注射器(10 mL),微量注射器(50 μL),塑料盒。

#### 2. 实验试剂

甘氨酸,Tris,SDS,TEMED,过硫酸铵(AP),丙烯酰胺(Acr),甲叉双丙烯酰胺(Bis),甲醛,乙醇,冰乙酸,$AgNO_3$,$Na_2CO_3$,HCl。

#### 3. 溶液配制

(1) 30%丙烯酰胺:称丙烯酰胺29.1 g和甲叉双丙烯酰胺0.9 g,加重蒸水至100 mL,4℃保存。

(2) 10% SDS:称1.0 g SDS用重蒸水溶解,定容到10 mL,室温存放。

(3) 分离胶缓冲液(1.5 mol/L Tris-HCl缓冲液)(pH 8.9):称Tris 109 g,取1 mol/L HCl 144 mL,用重蒸水定容至300 mL,4℃保存。

(4) 浓缩胶缓冲液(0.5 mol/L Tris-HCl缓冲液)(pH 6.7):称Tris 6 g,取1 mol/L HCl 48 mL,用重蒸水定容至100 mL,4℃保存。

(5) 电极缓冲液:Tris 6 g,甘氨酸29 g,SDS 2.5 g,用蒸馏水定容至2500 mL。

(6) 固定液:乙醇50 mL,冰乙酸10 mL,用蒸馏水定容至100 mL。

(7) 染色液:考马斯亮蓝R-250 0.25 g,乙醇40 mL,冰乙酸10 mL,用水定容至100 mL。

(8) 10%过硫酸铵。

## 【实验步骤】

### 1. 组装夹心式玻璃板

制胶支架底座调水平;取一块长玻璃板和一块带磨边的短玻璃板,将短玻璃板带磨边的一侧置于上端与长玻璃相对,两玻璃板之间的左、右两端各放入一条间隔条,对齐,插入玻璃板固定夹槽内,将上面的固定螺丝拧紧,将此夹心式玻璃板放入制胶支架底座,插入凸轮,向内侧推入并旋转180°,夹心式玻璃板即被固定(图29-2,图29-3)。

图 29-2  长玻璃板和短玻璃板(图源于 Bio-Rad)

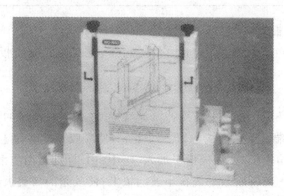

图 29-3  组装好的夹心式玻璃槽(图源于 Bio-Rad)

### 2. 分离胶配制

第二向胶,分离胶按照凝胶浓度为12%,配制方法见表29-2。

表 29-2  第二向分离胶溶液配方

| 试 剂 | 凝胶浓度(12%) |
|---|---|
| 30%丙烯酰胺贮备液 | 14.4 mL |
| 分离胶缓冲液 | 9.0 mL |
| 重蒸水 | 12.0 mL |
| 10% SDS | 0.36 mL |
| TEMED | 60 μL |
| 10% AP | 80 μL |
| 总体积 | 36 mL |

**3. 灌注分离胶**

首先将配制的第一层凝胶溶液用滴管沿着长玻璃板内侧缓缓加入凝胶槽内，小心不产生气泡，然后用少量1/4浓度的分离胶缓冲液封胶面（高度约2 mm），凝胶聚合大约30 min；待凝胶聚合后用滤纸片吸干封胶缓冲液。

**4. 配制和灌注浓缩胶**

用滤纸吸去分离胶上面封的分离胶缓冲液，然后加入浓缩胶溶液，插入样品槽模板，凝胶溶液应到达短玻璃板上沿，聚合约1 h。浓缩胶溶液配制方法，见表29-3。

表29-3 第二向浓缩胶溶液配方

| 试 剂 | 凝胶浓度（5%） |
| --- | --- |
| 30%丙烯酰胺贮备液 | 2.5 mL |
| 浓缩胶缓冲液 | 2.0 mL |
| 重蒸水 | 10.2 mL |
| 10% SDS | 0.15 mL |
| TEMED | 20 μL |
| 10% AP | 25 μL |
| 总体积 | 15 mL |

**5. 安装第二向电泳装置**

在冷却槽上取下红色密封条，安装上白色密封条，将夹心式凝胶板从灌胶支架底座上取下，安装在冷却槽上。

**6. 凝胶拼接**

（1）将平衡好的胶条用少量的电极缓冲液漂洗，摆放在一块干净的玻璃板上，胶条的正极端位于加标准蛋白样一端。胶条两端各切去约2 cm，使凝胶长度略短于加样槽。

（2）轻轻拔出样品槽模板，在加样槽中加入5～10 μL标准蛋白质溶液。

（3）将平衡好的第一向凝胶条平放在小玻璃板上，使胶条的玻璃板靠近短板，将胶条慢慢滑入槽内浓缩胶上，铺平，使胶条与浓缩胶紧密结合，二者之间不能残存气泡。

（4）用滴管将已加热融化的用电极缓冲液配制的1%离子琼脂糖快速加在第一向胶条上，使琼脂糖在浓缩胶上铺开形成一层水平的胶层，将胶条包埋。

**7. 电泳**

将电泳装置放入电泳槽中，在上槽中加入约500 mL电极缓冲液，缓冲液高过短板，其余缓冲液放入下槽，缓冲液应高于凝胶板下沿2 cm。盖上电泳槽盖子，接通冷凝水，接通电源，恒压60 V，电泳30 min，样品进入凝胶后，调节恒压200 V，当溴酚蓝到达距分离胶下沿约0.5 cm时停止电泳。

**8. 染色**

（1）考马斯亮蓝R-250染色：

① 固定：提出电泳槽，卸下凝胶玻璃板，将凝胶放入固定液中，固定过夜。

② 染色：吸去固定液，用考马斯亮蓝R-250染色溶液染色2～4 h。

③ 脱色：用脱色液脱色，直至背景清晰。

④ 相机拍照：脱色后的电泳图谱相机拍照或扫描仪扫描。

(2) 硝酸银染色：

由于双向电泳分离的蛋白质，各组分蛋白含量较低，一般需要较灵敏的显色方法才能观测到。银染是双向电泳蛋白质常用的一种方法，本实验采用的方法如下：

① 固定：电泳后将凝胶转移至塑料盘中用 150 mL 35％乙醇-10％冰乙酸溶液浸泡，固定过夜。

② 稀醇漂洗：在 150 mL 10％乙醇-5％冰乙酸溶液中浸泡，轻轻摇动 25 min。

③ 水漂洗：将凝胶放约 300 mL 重蒸水中轻轻摇动漂洗 30 min。如此重复 4 次。

④ DTT 反应：凝胶于 150 mL 5 μg/mL DTT 溶液中轻轻摇动 30 min。

⑤ $AgNO_3$ 反应：凝胶用重蒸水漂洗 1 次，然后在 150 mL 0.25％ $AgNO_3$ 溶液中轻轻摇动 30 min。

⑥ 水漂洗：凝胶用大量重蒸水漂洗 2 min。

⑦ $Na_2CO_3$ 溶液漂洗：用 3％ $Na_2CO_3$ 溶液 150 mL 浸泡 3 min。

⑧ 显影：用 3％ $Na_2CO_3$ 溶液（100 mL 溶液中含 40 μL 新鲜甲醛）150 mL 显影 2～5 min。

⑨ 停止显影：倾出显色液，用 5％冰乙酸 150 mL 浸泡 10 min 停止显影。

⑩ 拍照：蛋白条带为金黄色，相机拍照。

【实验结果】

考马斯亮蓝 R-250 染色结果，见图 29-4。

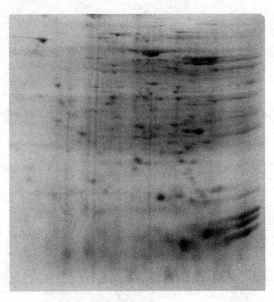

图 29-4　兔肝提取液蛋白组分双向电泳分析图谱

【问题分析及思考】

(1) 解释聚丙烯酰胺凝胶双向电泳分离的基本原理。

(2) 在进行毛细管电泳时为什么要在负极端加覆盖液？其功能是什么？

(3) 蛋白质银染色的基本原理是什么?

## 参 考 文 献

1. 周先碗,胡晓倩.生物化学仪器分析与实验技术.北京:化学工业出版社,2003.
2. 蔡晓丹.一种改良的蛋白质双向电泳银染色法.生物化学与生物物理进展,1986,3:66—68.
3. Switzer RC, et al. A highly sensitive silver stain for detecting proteins and peptides in polyacrylamide gels. Anal Biochem,1979,98:231.

# 实验 30　亲和层析法分离胰蛋白酶

亲和层析是根据流动相的生物分子与固定相表面存在某种特异性配基发生亲和作用,有选择性地吸附某种特定的物质的方法。在自然界生物体中有很多生物分子有发生可逆性结合的配体,如酶和酶抑制剂,抗原和抗体,激素和激素受体等。它们的结合是专一性的,依赖于分子间的氢键、范德华力等结合力的作用。

由于亲和层析是按照分子和配体的特异性结合进行分离的,一般说来,得到的分离物都比较纯,在科研及工业化生产中已广泛使用。

## 【实验目的】

本实验以自提的大豆蛋白酶抑制剂(Kunitz Soybean Trypsin Inhibitor,简称 KSTI)为配基,偶联到经活化的琼脂糖凝胶层析介质——Sepharose 4B 上,合成含有配基 KSTI 的亲和层析介质(简称 KSTI-Sepharose 4B)。将合成的亲和介质 KSTI-Sepharose 4B 装柱,通过亲和层析法从猪胰脏的粗提液中分离胰蛋白酶,以 BAEE 为底物测定其活性。

## 【实验原理】

大豆蛋白酶抑制剂是胰蛋白酶的天然抑制剂,在 pH 8.0 的 Tris-HCl 缓冲溶液中可与胰蛋白酶发生特异性结合,在 0.1 mol/L pH 2.5 的甲酸溶液中胰蛋白酶活性被钝化,二者发生解吸作用。将大豆蛋白酶抑制剂偶联到以琼脂糖凝胶层析介质为载体的基质上,得到含有胰蛋白酶抑制剂的亲和介质;将该介质装柱,在 pH 8.0 的环境中吸附胰蛋白酶分子;利用 0.5 mol/L NaCl-0.1 mol/L 甲酸溶液(pH 2.5)解吸胰蛋白酶分子,最终得到纯度较高胰蛋白酶。活化载体常用的活化剂主要有环氧氯丙烷和溴化氰,在碱性条件下载体与配基偶联。反应的基本原理如下:

环氧氯丙烷活化载体与配基偶联及胰蛋白酶分离过程如图 30-1 所示。

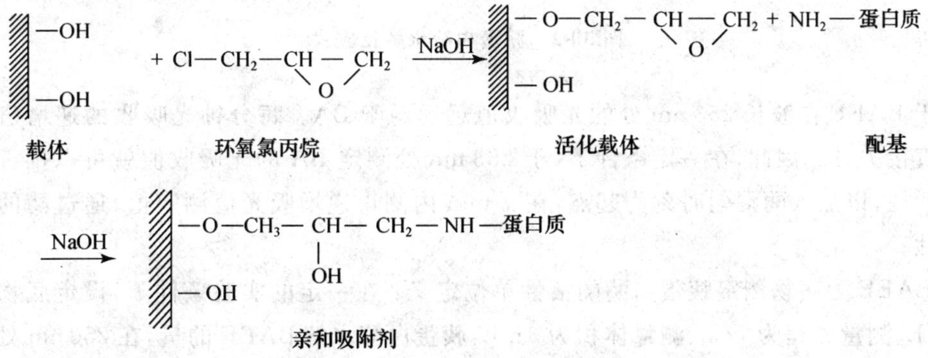

**图 30-1　环氧氯丙烷活化载体与配基偶联及胰蛋白酶分离步骤**

大豆胰蛋白酶抑制剂是大豆中的主要抗营养因子,相对分子质量为7975～21500,氨基酸组成为72～197个,是一类蛋白酶抑制剂。大豆中的胰蛋白酶抑制剂约有7～10种。人们对其中两种,即"库尼兹胰蛋白抑制剂"(Kunitz Soybean Trypsin Inhibitor,简称KSTI)和"鲍曼-贝尔克胰蛋白酶抑制剂"(Bowman-Birk Soybean Trypsin Inhibitor,简称BBI)进行了较详细的研究(Kenny,Fowell,1992)。KSTI的相对分子质量为21384,由181个氨基酸残基组成,含2个二硫键,对具有Arg63-Ile64活性中心的蛋白酶具有较强的抑制作用(Wolf,1977),通常一个KSTI分子能钝化1个胰蛋白酶分子。

KSTI等电点约为4.55,酸性条件下稳定,中性或偏碱性的溶液中带负电荷,通过阴离子交换柱层析可以进行分离。

胰蛋白酶通常是以胰蛋白酶原的形式存在于动物的胰脏或其他组织中。在底物的诱导下或激活剂的作用下,酶原的C端水解除去6肽转变成具有活性的胰蛋白酶。胰蛋白酶原的p$I$为10.8,相对分子质量约为24000;胰蛋白酶的p$I$为8.9,相对分子质量约为23700。

胰蛋白酶是一种蛋白水解酶,它除了能水解碱性氨基酸与其他氨基酸形成的肽键外,还能水解碱性氨基酸所形成的酯键,催化活性具有高度的专一性。因此,胰蛋白酶对人工合成的N-苯甲酰-$L$-精氨酸乙酯(N-benzoyl-$L$-argine ethyl ester,简称BAEE)具有高度的特异性水解作用。因此,可以用人工合成的N-苯甲酰-$L$-精氨酸乙酯为底物测定胰蛋白酶活性。N-苯甲酰-$L$-精氨酸乙酯在碱性条件下,经胰蛋白酶水解失去一个乙醇分子,生成N-苯甲酰-$L$-精氨酸(BA),在253 nm有较强的光吸收。N-苯甲酰-$L$-精氨酸生成的量与光吸收值成正比,光吸收值的变化直接反应出蛋白酶活性变化,所以可以通过测定N-苯甲酰-$L$-精氨酸的量来计算胰蛋白酶的活性。催化反应原理如图30-2所示。

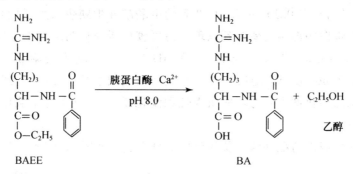

图30-2 胰蛋白酶水解反应式

由于BAEE在波长253 nm处的光吸收值远远弱于BA。每分钟光吸收的递增值与酶的活性有直接关系。因此,在一定条件下,于253 nm处测定BA的光吸收值就可以推算出胰蛋白酶的活性,以加入酶混匀时刻为起点,在$x$ min内测得递增吸光值测定值,通过酶的定义求出酶活性。

以BAEE为底物测定胰蛋白酶的活性单位定义:在一定的实验条件下,设定底物浓度为1 mmol/L、测量光程为1 cm、测量体积为3 mL,胰蛋白酶水解BAEE的量,在253 nm处的吸光值为每分钟递增0.001,定义为1个活性单位。

大豆蛋白酶抑制剂是胰蛋白酶的天然抑制剂,KSTI的相对分子质量是21384,胰蛋白酶相对分子质量为 23 700,通常 1 分子大豆蛋白酶抑制剂能抑制 1 分子胰蛋白酶,抑制比相当于 1.00∶1.12)。在胰蛋白酶液中加入适量的大豆蛋白酶抑制剂,胰蛋白酶活性就会被抑制,酶反应的速度因此而降低,胰蛋白酶递减的活性就是大豆蛋白酶抑制剂的抑制活性。在一定条件下首先测定出标准胰蛋白酶活性(即未加大豆蛋白酶抑制剂的胰蛋白酶活性)$A_1$,然后测出加入大豆蛋白酶抑制剂后胰蛋白酶活性(即被抑制后剩余的胰蛋白酶活性)$A_2$,将 $A_1-A_2$ 就可以得到大豆蛋白酶抑制剂的抑制活性。

## 【器材与试剂】

### 1. 实验仪器

蛋白质核酸紫外检测仪,紫外-可见分光光度计,层析柱,恒温水浴,循环水抽滤泵,电子天平,G-3 玻璃烧结漏斗,离心机。

### 2. 实验试剂

阴离子交换层析介质(DEAE-Sepharose 4B FF),琼脂糖凝胶层析介质(Sepharose 4B),Tris,NaCl,NaOH,环氧氯丙烷,1,4-二氧六环,N-苯甲酰-$L$-精胺酸乙脂(BAEE),标准胰蛋白酶(本实验室提供),大豆。

## 【实验步骤】

### 1. 大豆胰蛋白酶抑制剂分离

(1) 大豆胰蛋白酶抑制剂粗提液的制备:

称取大豆 25 g 用 250 mL 重蒸水浸泡 24 h,匀浆,搅拌提取约 2 h。两层纱布挤滤,收集滤液,用 3 mol/L $H_2SO_4$ 调至 pH 3.0,酸化过夜。4500 r/min 离心 15 min,收集上清液,用 5 mol/L NaOH 调 pH 至 7.2,4℃冰箱放置约 1 h,滤纸过滤,收集滤液,即为大豆胰蛋白酶抑制剂粗提液,备用。

(2) DEAE-Sepharose 4B FF 阴离子交换层析分离:

① 装柱:取一支 10 cm×2.5 cm 的层析柱,取 DEAE-Sepharose 4B FF 20 mL 装柱,自然沉降。

② 再生:用 1 mol/L NaCl-0.01 mol/L NaOH 混合液 200 mL 洗柱,蒸馏水洗至流出液的 pH 约为 8.0,用 0.01 mol/L HCl 200 mL 洗柱,蒸馏水洗至流出液的 pH 约为 6.0。

③ 平衡:用 0.05 mol/L pH 7.2 Tris-HCl 缓冲液平衡,紫外检测仪检测直至绘出稳定基线。

④ 上样:将以上制备的大豆蛋白酶抑制剂粗提液用 0.05 mol/L pH 7.2 Tris-HCl 缓冲液稀释 5 倍上样。

⑤ 平衡:上完样后,用 0.05 mol/L pH 7.2 Tris-HCl 缓冲液平衡,紫外检测仪检测直至绘出稳定基线。

⑥ 洗脱:用 0.05 mol/L Tris-HCl 缓冲液(pH 7.2)250 mL 和含 0.5 mol/L NaCl 溶液的 0.05 mol/L Tris-HCl 缓冲液(pH 7.2)250 mL 进行线性梯度洗脱,收集洗脱峰。洗脱曲线见图 30-3。

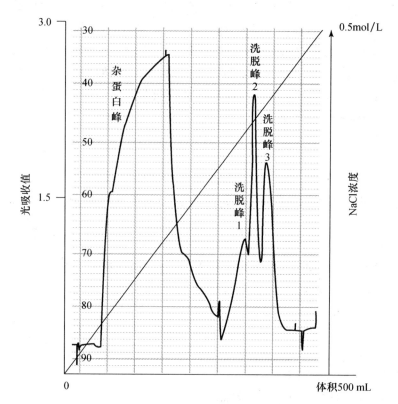

**图 30-3　DEAE-Sepharose 4B FF 离子交换层析分离大豆胰蛋白酶抑制剂层析图**
平衡液：0.05 mol/L Tris-HCl 缓冲液(pH 7.2)
洗脱液：A：0.05 mol/L Tris-HCl 缓冲液(pH 7.2)250 mL
　　　　B：含 0.5 mol/L NaCl 的 0.05 mol/L Tris-HCl 缓冲液(pH 7.2)250 mL

（3）透析：选取活性较高的洗脱组分转入透析袋内，对蒸馏水透析，间隔 2～3 h 更换一次蒸馏水，直到经 $AgNO_3$ 检查无氯离子存在。冰箱保存。

（4）蛋白酶抑制剂的蛋白浓度测定：

① 取 3 个干净的 EP 管在分析天平上称取重量，然后分别向每个管内准确加入透析好的蛋白溶液 1 mL，放入冻干机冰冻干燥。完全干燥后，称取蛋白净重，推算出透析液蛋白质浓度。

② 将透析好的蛋白溶液，用重蒸水稀释 5 倍，在紫外分光光度计波长 280 nm 处测定吸光值 $A_{280}$，通过消光系数计算透析液蛋白浓度。消光系数为 5.5（单位：1 g/100 mL）。

上述两种蛋白浓度测定方法任选一种即可。

**2. 蛋白酶抑制剂对胰蛋白酶抑制活性的测定**

（1）活性测定：

① 标准胰蛋白酶活性的测定：

a）空白：1.5 mL 缓冲液置于比色杯内，加入 1.5 mL 底物混匀。

b）样品：1.5 mL 缓冲液置于比色杯内，加入 1.5 mL 底物，加入胰蛋白酶 10 μL（约 8 μg），立即在紫外分光光度计 253 nm 处测定光吸收值，每 30 s 读取一个数据，共读取约 15 个数据。

具体操作见表 30-1。

**表 30-1　标准胰蛋白酶蛋白活性的测定**

| 试　　剂 | 空　　白 | 样　品($A_1$)[a] |
|---|---|---|
| 0.1 mol/L Tris-HCl 缓冲液(pH 8.0) | 1.5 mL | 1.5 mL |
| 2 mmol/L BAEE 底物 | 1.5 mL | 1.5 mL |
| 1 mmol/L,HCl (pH 3.0) | 10 μL | — |
| 0.8 mg/mL 胰蛋白酶 | — | 10 μL |
| 吸光值 $A_{253}$ | | |

a. $A_1$ 标准胰蛋白酶吸光值 $\Delta A_{253}/\min$。

② 大豆蛋白酶抑制剂抑制活性的测定：

a) 空白：1.5 mL 缓冲液置于比色杯内，加入 1.5 mL 底物混匀。

b) 样品：1.5 mL 缓冲液置于比色杯内，加入胰蛋白酶 10 μL(约 8 μg)，大豆蛋白酶抑制 10 μL(约 6 μg)，放置 2 min 以上，再加入 1.5 mL 底物混匀，立即用紫外分光光度计在 253 nm 处测定光吸收值，每 30 s 读取一个数据，共读取约 30 个数据。具体操作见表 30-2。

**表 30-2　大豆蛋白酶抑制剂抑制活性的测定**

| 试　　剂 | 空　　白 | 样　品($A_2$)[a] |
|---|---|---|
| 0.1 mol/L Tris-HCl 缓冲液(pH 8.0) | 1.5 mL | 1.5 mL |
| 0.6 mg/mL 大豆蛋白酶抑制剂 | — | 10 μL |
| 0.8 mg/mL 胰蛋白酶 | — | 10 μL |
| 1 mmol/L,HCl (pH 3.0) | 20 μL | |
| | | 混匀放置 2 min 以上 |
| 2 mmol/L BAEE 底物 | 1.5 mL | 1.5 mL |
| 吸光值 $A_{253}$($\Delta A/\min$) | | |

a. $A_2$ 加入大豆蛋白酶抑制剂后胰蛋白酶吸光值 $\Delta A_{253}/\min$。

③ 蛋白酶抑制剂的蛋白浓度测定：取待测蛋白溶液 0.6 mL，用重蒸水稀释 5 倍，以重蒸水作空白，测定吸光值 $A_{280}$，通过消光系数计算蛋白浓度。消光系数为 5.5(单位：1 g/100 mL)。

(2) 酶活性计算：

① 标准胰蛋白酶活性：以测定时间为横坐标，光吸收值为纵坐标绘制工作曲线，取直线部分求出每分钟光吸收递增值 $\Delta A_{253}/\min$ 为 $A_1$。

a) 标准胰蛋白酶活性单位：

$$\text{BAEE 单位(U)} = \frac{A_1}{0.001} \times N \text{(稀释倍数)}$$

b) 标准胰蛋白酶比活性：

$$\text{BAEE 单位(U/mg)} = \frac{\text{测得的 BAEE 活性单位(U)}}{\text{胰蛋白酶浓度(mg/mL)} \times \text{加入测定体积(mL)}}$$

② 大豆蛋白酶抑制剂的抑制活性：以测定时间为横坐标，光吸收值为纵坐标绘制工作曲

线,取直线部分求出每分钟光吸收递增值 $\Delta A_{253}/\min$ 为 $A_2$。

a) 大豆蛋白酶抑制剂抑制活性单位:
$$\text{BAEE 单位(U)} = \frac{A_1 - A_2}{0.001} \times N \text{（稀释倍数）}$$

b) 大豆蛋白酶抑制剂的抑制比活性:
$$\text{BAEE 单位(U/mg)} = \frac{\text{测得的 BAEE 活性单位(U)}}{\text{大豆蛋白酶抑制剂浓度(mg/mL)} \times \text{加入测定体积(mL)}}$$

**3. 亲和层析法分离胰蛋白酶**

(1) 亲和层析介质制备:

① 载体的处理:以琼脂糖凝胶层析介质 Sepharose 4B 为载体,称取 8 g Sepharose 4B 置于 G-3 玻璃烧结漏斗内,用 0.5 mol/L NaCl 溶液 100 mL 抽洗(少量多次),蒸馏水 150 mL 抽洗,抽干后转移到一干净的 100 mL 三角瓶中,备用。

② 活化剂配方:向盛有 Sepharose 4B 的三角瓶内加入蒸馏水 7 mL、1,4-二氧六环 8 mL、2 mol/L NaOH 6.5 mL、环氧氯丙烷 1.5 mL,混匀,用塑料薄膜将瓶口封住。

③ 载体活化:将盛有琼脂糖凝胶层析介质和活化剂的三角瓶,放入 45℃ 恒温水浴中,以 160 r/min 转的转速振摇 2 h,停止活化。取出三角瓶,将活化载体转移到 G-3 玻璃烧结漏斗内,抽去活化剂,用 100 mL 蒸馏水洗涤(少量多次),抽干,再将活化好的载体转移到一个干净的 100 mL 三角瓶中,准备偶联。

④ 偶联:取 40～50 mL 经透析的大豆蛋白酶抑制剂,浓度约 2～3 mg/mL 的蛋白溶液置于一个干净的烧杯中,加入固体 $Na_2CO_3$ 和 $NaHCO_3$ 使溶液成为终浓度 0.1 mol/L pH 9.5 的 $Na_2CO_3$ 缓冲液(见附录2)。充分溶解后取 0.5 mL 稀释 6 倍测定 $A_{280}$,计算溶液中大豆蛋白酶抑制剂的浓度,然后将溶液转移至盛有活化载体的三角瓶中,混匀。在 40℃ 恒温水浴中,以 130 r/min 转的转速振摇偶联约 22 h,停止偶联。

⑤ 洗涤:取一个洗净的 500 mL 抽滤瓶,将已经偶联好的亲和介质(KSTI-Sepharose 4B)转移到 G-3 玻璃烧结漏斗内抽滤,收集滤液,测定滤液中大豆蛋白酶抑制剂剩余量。然后用 0.5 mol/L NaCl 溶液 100 mL 和蒸馏水 100 mL 分别顺序淋洗介质,最后用亲和层析洗脱液 20 mL 在 G-3 玻璃烧结漏斗内浸泡几分钟,最后用蒸馏水 100 mL 淋洗,抽干。将亲和介质转移到 50 mL 的小烧杯内,加入亲和层析平衡液 20 mL,浸泡 20 min,装柱。

**4. 胰蛋白酶粗提液制备**

(1) 胰蛋白酶原的提取:

① 匀浆:取约 50 g 猪胰脏,剥去结缔组织和脂肪,取净重约 30 g,剪成碎块。转移到组织捣碎器内,加入预冷的 3.5% 的乙酸酸化水 150 mL,匀浆。

② 提取:将匀浆液转移到 500 mL 烧杯中,用 2 mol/L 硫酸调节 pH 至 3.5～4.0 之间,在 4～10℃ 的条件下搅拌提取 4 h 以上或过夜。

③ 过滤:取一块纱布,折叠成 4 层,用水润湿,放在玻璃漏斗上,将胰蛋白酶原提取液过滤,收集滤液。

④ 酸化:用 2 mol/L 硫酸调节滤液的 pH 至 2.5～3.0 之间,4℃ 冰箱静止沉淀 4 h 以上或过夜。

⑤ 过滤:将一张大小合适的滤纸,折叠成风琴状,润湿过滤,收滤液。滤出的滤液应该是

清澈透明略带淡黄色的溶液,若滤液出现混浊,说明酸化液 pH 不准确或酸化后静置时间不足。

(2) 胰蛋白酶原的激活:

① 调节 pH:将胰蛋白酶原提取液用 5 mol/L NaOH 精确调至 pH 8.0,量取溶液体积。

② 加入激活剂:向胰蛋白酶原提取液加入固体 $CaCl_2$,使溶液的 $Ca^{2+}$ 终浓度达到 0.1 mol/L,再次检查溶液的 pH 是否为 8.0。否则仍需精确调至 pH 8.0,然后加入约 5 mg 结晶胰蛋白酶,混匀,激活。

③ 激活:激活时间视激活时的环境温度而定,若蛋白酶原溶液的 pH 在 pH 8.0 的条件下,一般在 4℃冰箱内可激活 12~16 h,或在 25℃恒温水浴中激活 2~4 h 均可。

(3) 停止激活:

① 活性测定:取蛋白酶原激活上清液 1 mL 分别测定蛋白浓度和活性,活性测定方法,参见胰蛋白酶活性测定实验。

② 停止激活:若被激活的蛋白酶原溶液比活性达到约 1000 U/mg,可停止激活。用 2 mol/L 硫酸调节溶液的 pH 至 pH 3.0,终止酶的反应。

③ 过滤:滤纸过滤,滤去 $CaSO_4$ 沉淀,收集滤液,4℃冰箱保存。

(4) 活性测定:

① 粗提液蛋白酶浓度测定:取待测液 0.1 mL,用重蒸水稀释 100 倍,以重蒸水作空白,测吸光值 $A_{280}$,通过消光系数计算蛋白浓度。消光系数为 13.5(单位:1 g/100 mL)。

② 活性测定:粗提液胰蛋白酶活性测定方法与标准胰蛋白酶活性测定相同,见表 30-3。

表 30-3 胰蛋白酶测定加样顺序

| 试 剂 | 空 白 | 样 品($A_1$) |
|---|---|---|
| 0.1 mol/L Tris-HCl 缓冲液(pH 8.0) | 1.5 mL | 1.5 mL |
| 2 mmol/L BAEE 底物 | 1.5 mL | 1.5 mL |
| 胰蛋白酶粗提液 | — | 5~10 μL |
| 吸光值 $A_{253}$($\Delta A$/min) | | |

③ 酶活性计算:粗提液胰蛋白酶活性计算方法与标准胰蛋白酶活性测定相同。

(5) 亲和层析法分离胰蛋白酶:

① 装柱:取 1 支析柱(10 cm×1 cm),将合成好的亲和层析介质 KSTI-Sepharose 4B 装入柱内,自然沉降至柱床体积稳定。

② 平衡:以 0.1 mol/L Tris-HCl 缓冲液(pH 8.0)(内含 0.5 mol/L KCl,50 mmol/L $CaCl_2$)为平衡液进行平衡,待流出的平衡液经紫外检测仪绘出稳定的基线,即可。

③ 上样:将已激活的胰蛋白酶粗提液,用 5 mol/L NaOH 精确调至 pH 8.0,滤纸过滤,取滤液上样。

④ 平衡:上样后,以 0.1 mol/L Tris-HCl(pH 8.0)缓冲液(内含 0.5 mol/L KCl,50 mmol/L $CaCl_2$)平衡,洗去未被吸附的杂蛋白,直至流出的平衡液经紫外核酸检测仪绘出稳定的基线,即可。

⑤ 洗脱:以 0.1 mol/L 甲酸-0.5 mol/L KCl 溶液为洗脱液进行洗脱,收集洗脱峰。亲和

层析分离胰蛋白酶层析图谱,见图30-4。

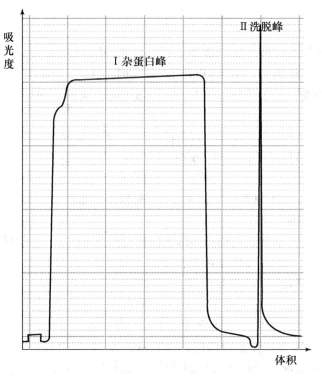

**图 30-4  STI-Sepharose4B FF 亲和层析分离胰蛋白酶层析图谱**
Ⅰ杂蛋白峰,Ⅱ洗脱峰

(6) 纯胰蛋白酶的活性测定:

① 纯胰蛋白酶浓度测定:取亲和层析纯化的胰蛋白酶溶液 0.6 mL,用重蒸水稀释 5 倍,以重蒸水作空白,测 $A_{280}$,通过消光系数计算蛋白浓度。消光系数为 13.5(单位:1 g/100 mL)。

② 活性测定:胰蛋白酶活性测定方法与标准胰蛋白酶活性测定相同,见表30-4。

表 30-4  胰蛋白酶测定加样顺序

| 试 剂 | 空 白 | 样 品($A_1$) |
|---|---|---|
| 0.1 mol/L Tris-HCl 缓冲液(pH 8.0) | 1.5 mL | 1.5 mL |
| 2 mmol/L BAEE 底物 | 1.5 mL | 1.5 mL |
| 亲和层析纯化的胰蛋白酶 | — | 5~10 μL |
| 吸光值 $A_{253}$($\Delta A$/min) | | |

③ 酶活性计算:胰蛋白酶活性计算方法与标准胰蛋白酶活性测定相同。

【实验结果】

(1) 计算亲和介质偶联率(mg/mL 介质)。
(2) 计算纯胰蛋白酶的比活性(BAEE U/mg)。
(3) 计算纯胰蛋白酶的总活性(BAEE U)。

(4) 计算胰蛋白酶活性回收率(纯酶总活性/粗酶总活性)。
(5) 计算亲和介质吸附率(mg/mL,每毫升介质吸附胰蛋白酶的毫克数)。
(6) 计算纯化倍数(纯酶比活/粗酶比活)。
(7) 绘制纯胰蛋白酶活性曲线。
(8) 绘制亲和层析胰蛋白酶分离曲线。

## 【问题分析及思考】

(1) 亲和层析分离胰蛋白酶的基本原理是什么？实验中的主要操作步骤及注意事项是什么？

(2) 如何计算纯胰蛋白酶的比活性(BAEE U/mg)和纯胰蛋白酶的总活性(BAEE U)？

(3) 如何计算胰蛋白酶活性回收率？

## 参 考 文 献

1. 周先碗,胡晓倩.生物化学仪器分析与实验技术.北京：化学工业出版社,2003.
2. 张龙翔,张庭芳,李玲媛.生物化学实验方法和技术.北京：高等教育出版社,1997.
3. 周春晖等.大豆胰蛋白酶抑制剂失活方法研究进展.粮食与饲料工业,2001,4：19—22.
4. Maya J,et al. Complete amino acid sequence of two inhibitors from buckwheat seed. Phytochemistry,1997, 43：327—331.
5. Kenny A,Fowell S. Some alternative coupling chemistries for affinity chromatography: practical protein chromatography. Meth Mol Biol,1992,11：173—196.

# 附 录 篇

# 附录1　实验室常用试剂配制

## 一、培养基的配制方法

1. LB(Luria-Bertni)液体培养基(1000 mL)：胰蛋白胨(Bacto-tryptone)10 g,酵母提取物(Bacto-yeast extract)5 g,NaCl 10 g,用 NaOH 调 pH 至 7.5。一般水质情况下 pH 已至 7.5,无需再调。高压蒸汽灭菌。

2. LB 固体培养基(1000 mL)：胰蛋白胨 10 g,酵母提取物 5 g,NaCl 10 g,琼脂粉 15 g,用 NaOH 调 pH 至 7.5。一般水质情况下 pH 已至 7.5,无需再调。高压蒸汽灭菌。

3. 含抗生素的 LB 平板培养基：将配好的 LB 固体培养基高压灭菌,当培养基温度降至 60℃时,无菌添加氨苄青霉素(Amp),使其在培养基内的终浓度为 50 μg/mL,摇匀后立即倒平板。若抗生素为卡那霉素(Kan),则培养基中抗生素终浓度为 50 μg/mL。

4. SOB 培养基(1000 mL)：2%($m/V$)蛋白胨,0.5%($m/V$)酵母提取物,0.05%($m/V$)NaCl,2.5 mmol/L KCl,10 mmol/L $MgCl_2$。

(1) KCl 溶液(250 mmol/L)：将 KCl 1.86 g 溶解于 90 mL 重蒸水中,定容至 100 mL。

(2) $MgCl_2$ 溶液(2 mol/L)：将 $MgCl_2$ 19 g 溶解于 90 mL 重蒸水中,定容至 100 mL,高压蒸汽灭菌。

(3) 称取蛋白胨 20 g,酵母提取物 5 g,NaCl 0.5 g 置于 1 L 烧杯中,加入重蒸水 800 mL,充分溶解。取 250 mmol/L KCl 溶液 10 mL,加入烧杯中。用 1 mol/L 的 NaOH 调节 pH 至 7.0,用重蒸水定容至 1 L。高压蒸汽灭菌,4℃保存。

(4) 使用前加入灭菌的 2 mol/L $MgCl_2$ 溶液 5 mL。

5. SOC 培养基(100 mL)：2%($m/V$)蛋白胨,0.5%($m/V$)酵母提取物,0.05%($m/V$)NaCl,2.5 mmol/L KCl,10 mmol/L $MgCl_2$,20 mmol/L 葡萄糖。

(1) 葡萄糖溶液(1 mol/L)：将葡萄糖 18 g 溶于 90 mL 重蒸水中,定容至 100 mL,用 0.22 μm 滤膜过滤除菌。

(2) 向 100 mL SOB 培养基中加入除菌的 1 mol/L 葡萄糖溶液 2 mL,混合均匀。

(3) 4℃保存。

6. MS 培养基(mg/L)：

(1) 大量元素：$NH_4NO_3$ 1650,$KNO_3$ 1900,$MgSO_4 \cdot 7H_2O$ 370,$KH_2PO_4$ 170,$CaCl_2 \cdot 2H_2O$ 440,$FeSO_4 \cdot 7H_2O$ 28,$Na_2$-EDTA 37；

(2) 微量元素：$MnSO_4 \cdot H_2O$ 22.3,$ZnSO_4 \cdot 7H_2O$ 8.6,$CoCl_2 \cdot 6H_2O$ 0.025,$CuSO_4 \cdot 5H_2O$ 0.025,$NaMoO_4 \cdot 2H_2O$ 0.25,$H_3BO_3$ 6.2；

(3) 有机成分：烟酸 0.5，盐酸吡哆醇（$VB_6$）0.5，甘氨酸 2，盐酸硫胺素（$VB_1$）0.1，肌醇 100，甘氨酸 2，肌醇 100；

(4) 其他：蔗糖 30 000。

## 二、DNA 提取试剂配制方法

1. 溶液Ⅰ（GET 缓冲液）（pH 8.0）：50 mmol/L 葡萄糖，10 mmol/L EDTA-$Na_2$，25 mmol/L Tris-HCl。使用前加入 4 mg/mL 溶菌酶。

2. 溶液Ⅱ：0.2 mol/L NaOH；1%（$m/V$）SDS。

3. 溶液Ⅲ（乙酸钾溶液）（pH 4.8）：5 mol/L KAc 60 mL，冰乙酸 11.5 mL，$H_2O$ 28.5 mL，该溶液钾离子浓度为 3 mol/L，乙酸根离子浓度为 5 mol/L。

4. 酚-氯仿（1:1，$V/V$）：首先配制氯仿-异戊醇溶液，按氯仿：异戊醇体积比为 24:1 混合并振荡混匀，其次用饱和酚与上述氯仿 1:1 混合即得酚-氯仿溶液。

饱和酚：市售酚中含有醌等氧化物，这些产物可引起磷酸二酯键的断裂，导致 RNA 和 DNA 的交联，因此，使用前应在 160℃用带有冷凝管的重蒸馏装置进行预处理。重蒸酚加入 0.1% 的 8-羟基喹啉（作为抗氧化剂），并用等体积的 0.5 mol/L Tris-HCl（pH 8.0）和 0.1 mol/L Tris-HCl（pH 8.0）缓冲液反复抽提使之饱和，使其 pH 达到 7.6 以上，因为酸性条件下 DNA 会分配于有机相。

5. TE 缓冲液（pH 8.0）：10 mmol/L Tris-HCl，1 mmol/L EDTA，其中含 RNA 酶（RNaseA）20 $\mu$g/mL。

## 三、DNA 琼脂糖电泳缓冲液配制方法

1. 5×TAE（1000 mL）：将 Tris（三羟甲基氨基甲烷）24.2 g，EDTA-$Na_2$·$2H_2O$ 3.72 g 溶于 900 mL 重蒸水中，添加 5.71 mL 冰乙酸，定容至 1000 mL，4℃下保存。

2. 5×TBE（1000 mL）：将 Tris 54 g 和硼酸 27.5 g 溶于重蒸水中，添加 EDTA-$Na_2$ 3.5 g，用重蒸水定容至 1000 mL，4℃下保存。

3. 0.8%琼脂糖凝胶（20 mL，制作八孔胶）：称取 0.16 g 琼脂糖置于可以灭菌的试剂瓶中，加入电泳缓冲液（1×缓冲液）20 mL，置于高压锅或微波炉中充分融化均匀，等温度降至 60～70℃时充分摇匀，倒入电泳用的托盘中，凝胶 20 min，备用。

## 四、蛋白质电泳相关试剂、缓冲液的配制方法

1. SDS-PAGE 电泳相关试剂：

(1) SDS-PAGE 电泳缓冲液（pH 8.3）（1000 mL）：Tris 3.03 g，终浓度为 25 mmol/L；甘氨酸 14.41 g，终浓度为 192 mmol/L；SDS（十二烷基硫酸钠）1 g，终浓度为 0.1%；加入约 800 mL 的重蒸水，充分搅拌溶解，然后定容至 1000 mL，室温保存。

(2) SDS-PAGE 凝胶：30%丙烯酰胺（Acr），Tris-HCl，TEMED（N,N,N',N'-四甲基乙二胺），SDS，10%AP。

(3) SDS-PAGE 梯度胶的配制：

① 按照使用说明搭好制胶架。

② 洗净电泳用玻璃板，晾干，按照仪器说明安装好。

③ 按附表 1-1 所示配制分离胶和浓缩胶：

附表 1-1 配制分离胶和浓缩胶

| | 12%分离胶 | 5%浓缩胶 |
|---|---|---|
| 30%丙烯酰胺 | 1.61 mL | 0.3 mL |
| 1.5 mol/L Tris-HCl (pH 8.8) | 1.15 mL | — |
| 0.5 mol/L Tris-HCl (pH 6.8) | — | 0.4 mL |
| 10% SDS | 40 μL | 15 μL |
| TEMED | 5 μL | 2 μL |
| 重蒸水 | 1.16 mL | 0.8 mL |
| 混匀,使用前再加入10%AP混匀 | | |
| 10% AP | 40 μL | 15 μL |
| 总体积 | 4 mL | 1.5 mL |

④ 灌好分离胶,用重蒸水封好胶面,静置凝胶。待分离胶凝固后,用滤纸小心吸干胶面的水分。

⑤ 小心将浓缩胶灌入分离胶上层,轻轻斜插入梳子,不要产生气泡。

⑥ 待胶凝固后,拔出梳子,加入电泳缓冲液。

(4) 脱色液:7%乙酸和20%乙醇等体积混合。

2. Western 印迹法电泳相关试剂:

(1) 电泳缓冲液:25 mmol/L Tris,192 mmol/L 甘氨酸,10%甲醇,pH 8.3。

(2) TBS 缓冲液:20 mmol/L Tris-HCl,500 mmol/L NaCl,pH 7.5。

(3) TTBS 缓冲液:20 mmol/L Tris-HCl,500 mmol/L NaCl,0.05% Tween-20,pH 7.5。

## 五、其他溶液配制方法

1. 0.5 mol/L EDTA-$Na_2$(pH 8.0):在 800 mL 水中加入 EDTA-$Na_2$·$H_2O$ 186.1 g,在磁力搅拌器上剧烈搅拌,用 NaOH 调节溶液 pH 至 8.0(约需 20 g NaOH 颗粒),然后定容至 1000 mL,分装后高压灭菌备用。(用 NaOH 将溶液的 pH 调至接近 8.0 时,EDTA-$Na_2$ 才能完全溶解)。

2. 10% SDS(10 mL):将 1 g SDS 加水溶解,定容至 10 mL,分装备用。(SDS 的微细晶粒易于扩散,因此称量时要带面罩,称量完毕后要清除残留在称量工作区和天平上 SDS,10% SDS 溶液无需灭菌。)

3. 3 mol/L NaAc:将 NaAc·$3H_2O$ 408.1 g 溶于 800 mL 水中,用冰乙酸调节 pH 至 4.8,加水定容至 1000 mL,分装备用。

4. 6×凝胶电泳加样(100 mL):将溴酚蓝 0.25 g 溶于 50 mL 水中,加入甘油 30 mL,加水定容至 100 mL。

5. 10 mg/mL RNase:将胰 RNA 酶(RNase A)溶于 10 mmol/L 含 15 mmol/NaCl 的 Tris-HCl(pH 7.5)缓冲液中,配成 10 mg/mL(无 DNase)溶液,于 100℃加热 15 min,缓慢冷却至室温,分装成小份保存于-20℃。

6. 2×蛋白质上样缓冲液:将溴酚蓝 0.2 g 溶于 20 mL 水中,加 1 mol/L Tris-HCl(pH 6.8)10 mL、10%的 SDS 40 mL 及甘油 20 mL,加水定容至 100 mL,室温保存。(临用前加入 β-巯基乙醇,使其终浓度为 5%。)

7. STE 缓冲液:50 mmol/L 葡萄糖,25 mmol/L Tris-HCl(pH 8.0),10 mmol/L EDTA

(pH 8.0)。$6.895×10^4$ Pa($101bf/in^2$)高压蒸汽灭菌 15 min,贮存于 4℃。

8. 1 mol/L $CaCl_2$ 在 200 mL 纯水中溶解 54 g $CaCl_2·6H_2O$,用 0.22 μm 滤器过滤除菌,分装成每份 10 mL,贮存于 -20℃。(制备感受态细胞时,取一小份解冻并用纯水稀释至 100 mL,0.45 μm 滤器过滤除菌,然后骤冷至 0℃备用。)

9. 30%丙烯酰胺-甲叉双丙烯酰胺(29:1):将丙烯酰胺(DNA 测序级)29 g 和 N,N'-亚甲基双丙烯酰胺 1 g 溶于总体积为 100 mL 的蒸馏水中,加热至 37℃溶解,补水至总体积为 1000 mL。用 0.45 μm 孔径滤器过滤除菌,调该溶液的 pH 应不大于 7.0,置于棕色瓶中,于室温保存。

**注意**:丙烯酰胺具有很强的神经毒性并可通过皮肤吸收。称量丙烯酰胺和甲叉双丙烯酰胺时应戴手套和面具。胶聚合后可认为聚丙烯酰胺无毒,但也应谨慎操作,因为其中还可能会含有少量未聚合材料。一些价格较低的丙烯酰胺和双丙烯酰胺通常含一些金属离子,在丙烯酰胺贮存液中,加入大约 0.2 倍体积的单床混合树脂(MB-1 Mall-inckrodt),搅拌过夜,然后用 Whatman 1 号滤纸过滤纯化。在贮存期间,丙烯酰胺和甲叉双丙烯酰胺会缓慢转化为丙烯酰和双丙烯酸。

10. 0.1 mol/L 腺苷三磷酸(ATP):将 ATP 60 mg 溶于 0.8 mL 水中,用 0.1 mol/L NaOH 调 pH 至 7.0,用蒸馏水定容至 1 mL,分装成小份,保存于 -70℃。

11. 10 mol/L 乙酸铵:将乙酸铵 770 g 溶于 800 mL 水中,加水定容至 1000 mL,过滤除菌。

12. 10%过硫酸铵:将过硫酸铵 1 g 溶于 10 mL 水中,该溶液可在 4℃保存数周。

13. BCIP:将 5-溴-4-氯-3-吲哚-磷酸二钠盐(BCIP)0.5 g 溶于 10 mL 100%的二甲基甲酰胺中,4℃保存。

14. 2×BES 缓冲盐溶液:将 BES[N,N'-双(二-羟乙基)-2 氨基乙磺酸]1.07 g,NaCl 1.6 g 和 $Na_2HPO_4$ 0.027 g 溶于 90 mL 蒸馏水中,室温下用 HCl 调节 pH 至 6.96,然后蒸馏水定容至 100 mL,用 0.22 μm 滤器除菌,分装成 10 mL 小份,贮存于 -20℃。

15. 1 mol/L 二硫苏糖醇(DTT):将 3.09 g DTT 溶于 20 mL 0.01 mol/L 乙酸钠(pH 5.2)溶液中,过滤除菌后分装成 1 mL 小份,贮存于 -20℃。**注意**:DTT 或含有 DTT 的溶液不能进行高压灭菌处理。

16. 脱氧核苷三磷酸:把每一种 dNTP 配制成浓度约 100 mmol/L 的水溶液,用微量移液器吸取 0.05 mol/L Tris 分别调节每一种 dNTP 溶液 pH 至 7.0(用 pH 试纸检测),把中和后的每种 dNTP 溶液各取一份作适当稀释,在 260 nm 下测出光吸收值,并计算出每种 dNTP 的实际浓度,然后用水稀释成终浓度为 50 mmol/L 的 dNTP,分装后,-20℃贮存。

17. 溴化乙锭(10 mg/mL):将溴化乙锭 1 mg 溶于 100 mL 水中,磁力搅拌数小时以确保其完全溶解,然后用铝箔包裹容器或转移至棕色瓶中,室温保存。**注意**:由于溴化乙锭是强诱变剂,并有中度毒性,使用含有这种染料的溶液时务必戴上手套,称量染料时要戴面具。

18. 2×HEPES:将 HEPES 1.6 g 溶于 90 mL 的蒸馏水中。

19. 2×HEPES 缓冲液:NaCl 1.6 g,KCl 0.074 g,$Na_2HPO_4·2H_2O$ 0.027 g,葡聚糖 0.2 g 和 HEPES 1 g 溶于 90 mL 蒸馏水中,用 0.5 mol/L NaOH 调节 pH 至 7.05,再用蒸馏水定容至 100 mL,0.22 μm 滤器过滤除菌,分装成 5 mL 小份,-20℃保存。

20. IPTG(异丙基-β-D-硫代半乳糖苷):将 IPTG 2 g 溶于 8 mL 蒸馏水中,然后定容至 10 mL,用 0.22 μm 滤器过滤除菌,分装成 5 mL 小份,-20℃保存。

21. 1 mol/L 乙酸镁：将乙酸镁 214.46 g 溶于 800 mL 水中，用蒸馏水定容至 1000 mL，高压灭菌备用。

22. β-巯基乙醇(BME)：一般为 14.4 mol/L 溶液，应放在棕色瓶中于 4℃保存(BME 的溶液高压处理)。

22. NBT(氯化氮蓝四唑)：将 NBT 0.5 g 溶于 10 mL 70% 的二甲酰胺中，保存于 4℃。

23. 10 mmol/L PMSF(甲基磺酰)：用异丙醇将 PMSF 溶解成浓度为 1.74 mg/mL (10 mmol/L)的溶液，分装成小份，贮存于 −20℃，如有必要可配成浓度高达 17.4 mg/mL 的贮存液(100 mmol/L)。

注意：PMSF 严重损害呼吸道黏膜、眼睛及皮肤，吸入、吞进或通过皮肤吸收后有致命危险。一旦眼睛或皮肤接触了 PMSF，应立即用大量水冲洗，凡被 PMSF 污染的衣物应予以丢弃。PMSF 在水溶液中不稳定，应在使用前从贮存液中取出，现加于裂解缓冲液中。PMSF 在水溶液中活性丧失速率随 pH 的升高而加快，且 25℃的失活速度高于 4℃。pH 为 8.0 时，20 $\mu$mol/L 的 PMSF 水溶液的半寿期大约为 85 min。这表明将 PMSF 溶液调节为碱性(pH 7.6)并在室温放置数小时后，可安全地予以丢弃。

24. 磷酸盐缓冲溶液(PBS)：在 800 mL 蒸馏水中溶解 NaCl 8 g，KCl 0.2 g，$KH_2PO_4$ 1.44 g，用 HCl 调节溶液的 pH 至 7.4，加水定容至 1000 mL，高压蒸汽灭菌 20 min，保存于室温。

25. 20×SSC：在 800 mL 水中溶解 NaCl 175.3 g，柠檬酸钠 88.2 g，加入数滴 10 mol/L NaOH 溶液调节 pH 至 7.0，加水定容至 1000 mL，分装后高压蒸汽灭菌。

26. 20×SSPE：在 800 mL 水中溶解 NaCl 17.3 g，$NaH_2PO_4 \cdot H_2O$ 27.6 g 和 EDTA 7.4 g，用 NaOH 溶液调节 pH 至 7.49 g(约需 6.5 mL 10 mol/L NaOH)，加水定容至 1000 mL，分装后高压灭菌。

27. 100%三氯乙酸：在装有 TCA 500 g 的容器中加入水 227 mL，形成的溶液 100% (m/V)TCA。

28. Tris 缓冲盐溶液(TBS 25 mmol/L Tris)：在 800 mL 蒸馏水中溶解 NaCl 8 g、KCl 0.2 g 和 Tris base 3 g，并用 HCl 调 pH 至 7.4，用蒸馏水定容至 1 L，分装后再高压蒸汽灭菌 20 min，于室温保存。

29. X-gal(5-溴-4-氯-3-吲哚-β-D-半乳糖)：用二甲基甲酰胺溶解 X-gal 配制成 20 mg/mL 的贮存液，保存于一玻璃或聚丙烯管中，装有 X-gal 溶液的试管须用铝箔封好，以防因受光照而被破坏，并应贮存于 −20℃。X-gal 溶液无需过滤除菌。

30. 氨苄青霉素溶液：以无菌水配制。储存液浓度为 25 mg/mL。避光，4℃保存。

31. 卡那霉素(Kan)溶液：以无菌水配制。储存液浓度为 100 mg/mL，工作浓度为 100 $\mu$g/mL。避光，4℃保存。

32. 0.1 mol/L $CaCl_2$ 溶液：将 $CaCl_2$(无水，分析纯)1.1 g 用 100 mL 重蒸水配制，高压灭菌。

### 六、杂交试验中用于降低背景的封闭剂

(1) 50×Denhardt 贮存液：聚蔗糖(Ficoll)5 g，聚乙烯吡咯烷酮 5 g，牛血清白蛋白(组分 V)5 g，加水至终体积为 500 mL，过滤后保存于 −20℃。使用时可将贮存液 10 倍稀释于预杂交液中。

(2) 预杂交液:0.5%SDS,100 μg/mL 经变性并被打断的鲑精 DNA 的 6×SSC 或 6×SSPE 溶液。

(3) BLOTTO(牛乳转移技术优化液,bovine lmcto transfer techniquc optmizer):5%脱脂奶粉,0.02%叠氮钠,用重蒸水溶解,4℃保存。使用前用预杂交液稀释 25 倍。注意:BLOTTO 不能与高浓度的 SDS 并用,因为后者会导致牛奶中的蛋白质析出。若杂交背景不符合要求,可在杂交液加入 NP-40 至终浓度为 1%。BLOTTO 不能用作 Northern 杂交的封闭剂,因为其中含有高活性的 RNase。叠氮钠有毒性,取用时需戴手套小心操作,并要在试剂上予以标明。

(4) 封闭液:TTBS 缓冲液(20 mmol/L Tris-HCl,500 mmol/L NaCl,0.05% Tween-20,pH 7.5),1%脱脂奶粉。

(5) 肝素:将肝素(从猪中提取的二级产品或相当等级的产品)用 4×SSPE 或 4×SSC 溶液配制成浓度为 50 mg/mL 的溶液,4℃保存。肝素在含有葡聚糖硫酸酯的杂交液中用作封闭剂的浓度为 500 μg/mL,在不含葡聚糖硫酸酯的杂交液中的浓度为 50 μg/mL。

## 七、相对分子量标准(参照物)

附表 1-2  高范围蛋白质相对分子质量参照物

| 蛋白成分 | 相对分子质量 |
| --- | --- |
| E. coli β-半乳糖苷酶(β-Galactosidase,E. coli) | 116 000 |
| 磷酸化酶(兔肌)(phosphorylase b,rabbit muscle) | 97 400 |
| 牛血清白蛋白(serum albumin,bovine) | 66 000 |
| 延胡索酸酶(猪心)(fumarase,porcine heart) | 48 500 |
| 碳酸酐酶(牛红细胞)(carbonic anhydrase,bovine erythrocytes) | 29 000 |

附表 1-3  中范围蛋白质相对分子质量参照物

| 蛋白成分 | 相对分子质量 |
| --- | --- |
| 磷酸化酶(phosphorylase b) | 97 000 |
| 牛血清白蛋白(serum albumin,bovine) | 66 000 |
| 鸡卵清白蛋白 BSA | 40 000 |
| 碳酸酐酶(carbonic) | 30 000 |
| 胰蛋白酶抑制剂(typsin inhibitor) | 21 500 |
| 溶菌酶(lysozyme) | 14 400 |

附表 1-4  低范围蛋白质相对分子质量参照物

| 蛋白成分 | 相对分子质量 |
| --- | --- |
| 牛血清白蛋白(serum albumin,bovine) | 66 000 |
| 延胡索酸酶(猪心)(fumarase,porcine heart) | 48 500 |
| 碳酸酐酶(牛红细胞)(carbonic anhydrase,bovine erythrocytes) | 29 000 |
| β-乳球蛋白(牛乳)(β-lactoglobulin,bovine milk) | 18 400 |
| α-乳球蛋白(牛乳)(α-lactoglobulin,bovine milk) | 14 200 |

## 八、常用抗生素及其相应抗性基因的作用机制

**附表 1-5　常用抗生素及其相应抗性基因[a,b]**

| 抗生素 | 作用机制 | 相应抗性基因的作用机制 | 储存浓度 | 使用浓度 |
| --- | --- | --- | --- | --- |
| 氨苄青霉素 (ampicillin, Amp) | 与细菌膜上的一些与壁合成有关的酶类结合并抑制其活性 | $amp^r$：抗性基因编码的酶可以分泌进入细菌外周质腔中，并在腔内催化 β-内酰胺环水解，从而解除了氨苄青霉内酰胺环水解，进而解除了氨苄青霉素的毒性 | 50 mg/mL（溶于水） | 50 μg/mL |
| 氯霉素 (chloramphenicol, Cm) | 与核糖体 50S 亚基结合并抑制蛋白质合成 | $cm^r$：cat 编码的蛋白在乙酰辅酶 A 存在的条件下，催化氯霉素羟乙酰氧基衍生物的形成，该产物不能与核糖体结合 | 34 mg/mL（溶于乙醇） | 25 μg/mL |
| 卡那霉素 (kanamycin, Kan) | 与核糖体 70S 亚基结合导致 mRNA 的错读 | $kan^r$：抗性基因编码的酶可对该抗生素进行修饰，阻止其与核糖体的结合。 | 10 mg/mL（溶于水） | 10 μg/mL |
| 链霉素 (streptomycin, Sm) | 与核糖体 30S 亚基结合导致 mRNA 的错读 | $str^r$：编码的酶可对该抗生素进行修饰，阻止其与核糖体的结合。 | 10 mg/mL（溶于乙醇） | 10 μg/mL |
| 四环素 (tetracycline, Tc) | 与核糖体 30S 亚基的一种蛋白质结合从而抑制核糖体的转位 | $tet^r$：编码一个 399 个氨基酸的膜结合蛋白，可阻止四环素进入细胞。 | 5 mg/mL（溶于乙醇） | 10 μg/mL |

a. 抗生素贮存液应通过 0.22 μm 滤器过滤除菌，以乙醇为溶剂的抗生素溶液无需除菌处理。所有抗生素溶液均应放于不透光的容器中保存。

b. 镁离子是四环素的拮抗剂，四环素抗性菌的筛选应使用不含镁盐的培养基(如 LB 培养基)。

## 九、核酸、蛋白质的各种换算

（1）重量换算：

$1\ \mu g = 10^{-6}$ g，$1\ ng = 10^{-9}$ g，$1\ pg = 10^{-12}$ g，$1\ fg = 10^{-15}$ g。

（2）分光光度值与核酸浓度的换算：

1 单位 $A_{260}$ 的 dsDNA 相当于 50 μg/mL；1 单位 $A_{260}$ 的 ssDNA 相当于 33 μg/mL；1 单位 $A_{260}$ 的 ssRNA 相当于 40 μg/mL。

（3）DNA 分子质量与摩尔数的转换：

1 μg 1000 bp DNA 相当于 1.52 pmol；1 μg pBR322 DNA 相当于 0.36 pmol DNA；

1 pmol 1000 bp DNA 相当于 0.66 μg；1 pmol pBR322 DNA 相当于 2.8 μg。

（4）DNA 分子质量微克数与摩尔数的换算公式：

① 对于 dsDNA 分子而言：

将 pmol 数转换为 μg 数：$1\ pmol \times N \times (660\ pg/pmol) \times (1\ \mu g \times 10^6\ pg)$ 相当于 1 μg；

将 μg 数转换为 pmol 数：$1\ \mu g \times (10^6\ pg/1\ \mu g) \times (pmol/660\ pg) \times (1/N)$ 相当于 1 pmol；

其中：$N$ 是核酸碱基对数，660 pg/pmol 是每对碱基的平均相对分子质量($M_r$)。

② 对于 ssDNA 分子而言：

将 pmol 数转换为 μg 数：$1\ pmol \times N \times (330\ pg/pmol) \times (1\ \mu g/10^6\ Pg)$ 相当于 1 μg；

将 $\mu g$ 数转换为 pmol 数:$1\,\mu g \times (10^6\,pg/1\,\mu g) \times (pmol/330\,pg) \times (1/N)$ 相当于 1 pmol;其中:$N$ 是核酸碱基数,330 pg/pmol 是每个碱基的平均相对分子质量($M_r$)。

(5) 蛋白质质量与摩尔数的转换:

100 pmol 的相对分子质量为 100 000 的蛋白分子相当于 10 $\mu g$;100 pmol 的相对分子质量为 50 000 的蛋白分子相当于 5 $\mu g$;

100 pmol 的的相对分子质量为 10 000 的蛋白分子相当于 1 $\mu g$;100 pmol 的相对分子质量为 1000 的蛋白分子相当于 100 ng。

(6) 蛋白质/DNA 之间的转换:

1 kb 的 DNA 可编码 333 个氨基酸,相当于相对分子质量为 37 000 的蛋白分子;

270 bp 的 DNA 相当于相对分子质量为 10 000 的蛋白分子;

810 bp 的 DNA 相当于相对分子质量为 30 000 的蛋白分子;

2.7 kb 的 DNA 相当于相对分子质量为 100 000 的蛋白分子;

一个氨基酸的平均相对分子质量约为 100;

过去常用 Daltons(Da) 作为原子质量单位;相对分子质量为 46 kD 的蛋白质相对于每摩尔 46 000 g 的分子,但现在已弃用。

## 十、分子生物学实验相关资料

附表 1-6　不同浓度琼脂糖凝胶的分离范围

| 凝胶中的琼脂糖含量/(%)($m/V$) | 线性 DNA 分子的有效分离范围/bp |
| --- | --- |
| 0.5 | 1000～30 000 |
| 0.7 | 800～12 000 |
| 1.0 | 500～10 000 |
| 1.2 | 400～7000 |

附表 1-7　核苷酸的物理特性

| 核苷酸 | 相对分子质量 | 最大吸收波长 $\lambda_{max}$/nm (pH 7.0) |
| --- | --- | --- |
| ATP | 507.2 | 259 |
| CTP | 483.2 | 271 |
| GTP | 523.2 | 253 |
| UTP | 484.2 | 262 |
| dATP | 491.2 | 259 |
| dCTP | 467.2 | 271 |
| dGTP | 507.2 | 253 |
| dTTP | 482.2 | 267 |

# 附录2 实验室常用缓冲溶液的配制方法

收入本附录的附表2-1至2-13为实验室常用缓冲溶液的配制方法,附表2-14为常用市售酸碱的浓度。

附表2-1 甘氨酸-盐酸缓冲液(0.05 mol/L)[a,b]

| pH | V(甘氨酸)/mL | V(HCl)/mL | pH | V(甘氨酸)/mL | V(HCl)/mL |
|---|---|---|---|---|---|
| 2.2 | 50 | 44.0 | 3.0 | 50 | 11.4 |
| 2.4 | 50 | 32.4 | 3.2 | 50 | 8.2 |
| 2.6 | 50 | 24.2 | 3.4 | 50 | 6.4 |
| 2.8 | 50 | 16.8 | 3.6 | 50 | 5.0 |

a. 0.2 mol/L V(甘氨酸)+0.2 mol/L V(HCl),再加水稀释至200 mL;
b. $M_r$(甘氨酸)=75.07, 0.2 mol/L 甘氨酸溶液中含量为 15.01 g/L。

附表2-2 甘氨酸-氢氧化钠缓冲液(0.05 mol/L)[a,b]

| pH | V(甘氨酸)/mL | V(NaOH)/mL | pH | V(甘氨酸)/mL | V(NaOH)/mL |
|---|---|---|---|---|---|
| 8.6 | 50 | 4.0 | 9.6 | 50 | 22.4 |
| 8.8 | 50 | 6.0 | 9.8 | 50 | 27.2 |
| 9.0 | 50 | 8.8 | 10.0 | 50 | 32.0 |
| 9.2 | 50 | 12.0 | 10.4 | 50 | 38.6 |
| 9.4 | 50 | 16.8 | 10.6 | 50 | 45.5 |

a. 0.2 mol/L V(甘氨酸)+0.2 mol/L V(NaOH),加水稀释至200 mL;
b. $M_r$(甘氨酸)=75.07, 0.2 mol/L 甘氨酸溶液中含量为 15.01 g/L。

附表2-3 磷酸氢二钠-柠檬酸缓冲液[a,b,c]

| pH | 0.2 mol/L V($Na_2HPO_4$)/mL | 0.1 mol/L V(柠檬酸)/mL | pH | 0.2 mol/L V($Na_2HPO_4$)/mL | 0.1 mol/L V(柠檬酸)/mL |
|---|---|---|---|---|---|
| 2.2 | 0.40 | 19.60 | 5.2 | 10.72 | 9.28 |
| 2.4 | 1.24 | 18.76 | 5.4 | 11.15 | 8.85 |
| 2.6 | 2.18 | 17.82 | 5.6 | 11.60 | 8.40 |
| 2.8 | 3.17 | 16.83 | 5.8 | 12.09 | 7.91 |
| 3.0 | 4.11 | 15.89 | 6.0 | 12.63 | 7.37 |
| 3.2 | 4.94 | 15.06 | 6.2 | 13.22 | 6.78 |
| 3.4 | 5.70 | 14.30 | 6.4 | 13.85 | 6.15 |
| 3.6 | 6.44 | 13.56 | 6.6 | 14.55 | 5.45 |
| 3.8 | 7.10 | 12.90 | 6.8 | 15.45 | 4.55 |
| 4.0 | 7.71 | 12.29 | 7.0 | 16.47 | 3.53 |
| 4.2 | 8.28 | 11.72 | 7.2 | 17.39 | 2.61 |
| 4.4 | 8.82 | 11.18 | 7.4 | 18.17 | 1.83 |
| 4.6 | 9.35 | 10.65 | 7.6 | 18.73 | 1.27 |
| 4.8 | 9.86 | 10.14 | 7.8 | 19.15 | 0.85 |
| 5.0 | 10.30 | 9.70 | 8.0 | 19.45 | 0.55 |

a. $M_r$($Na_2HPO_4$)=141.98, 0.2 mol/L 溶液中其含量为 28.40 g/L;
b. $M_r$($Na_2HPO_4 \cdot 2H_2O$)=178.05, 0.2 mol/L 溶液中其含量为 35.61 g/L;
c. $M_r$($C_6H_8O_7 \cdot H_2O$)=210.14, 0.1 mol/L 溶液中其含量为 21.01 g/L。

附录 2　实验室常用缓冲溶液的配制方法

**附表 2-4　柠檬酸-氢氧化钠-盐酸缓冲液[a]**

| pH | $\dfrac{c(Na^+)}{mol \cdot L^{-1}}$ | $\dfrac{m(柠檬酸)}{g}$ | $\dfrac{m(NaOH, 97\%)}{g}$ | $\dfrac{V(HCl,浓)}{mL}$ | $\dfrac{V(最终)^{[b]}}{L}$ |
|---|---|---|---|---|---|
| 2.2 | 0.20 | 210 | 84 | 160 | 10 |
| 3.1 | 0.20 | 210 | 83 | 116 | 10 |
| 3.3 | 0.20 | 210 | 83 | 106 | 10 |
| 4.3 | 0.20 | 210 | 83 | 45 | 10 |
| 5.3 | 0.35 | 245 | 144 | 68 | 10 |
| 5.8 | 0.45 | 285 | 186 | 105 | 10 |
| 6.5 | 0.38 | 266 | 156 | 126 | 10 |

a. $M_r$(柠檬酸, $C_6H_8O_7 \cdot H_2O$) = 210.14;
b. 使用时可以每升缓冲液中加入 1 g 酚,若最后 pH 有变化,再用少量 50% NaOH 溶液或浓盐酸调节,置冰箱保存。

**附表 2-5　柠檬酸-柠檬酸钠缓冲液 (0.1 mol/L)[a]**

| pH | 0.1 mol/L $V$(柠檬酸)/mL | 0.1 mol/L $V$(柠檬酸钠)/mL | pH | 0.1 mol/L $V$(柠檬酸)/mL | 0.1 mol/L $V$(柠檬酸钠)/mL |
|---|---|---|---|---|---|
| 3.0 | 18.6 | 1.4 | 5.0 | 8.2 | 11.8 |
| 3.2 | 17.2 | 2.8 | 5.2 | 7.3 | 12.7 |
| 3.4 | 16.0 | 4.0 | 5.4 | 6.4 | 13.6 |
| 3.6 | 14.9 | 5.1 | 5.6 | 5.5 | 14.5 |
| 3.8 | 14.0 | 6.0 | 5.8 | 4.7 | 15.3 |
| 4.0 | 13.1 | 6.9 | 6.0 | 3.8 | 16.2 |
| 4.2 | 12.3 | 7.7 | 6.2 | 2.8 | 17.2 |
| 4.4 | 11.4 | 8.6 | 6.4 | 2.0 | 18.0 |
| 4.6 | 10.3 | 9.7 | 6.6 | 1.4 | 18.6 |
| 4.8 | 9.2 | 10.8 | | | |

a. $M_r$(柠檬酸, $C_6H_8O_7 \cdot H_2O$) = 210.14, 0.1 mol/L 溶液中其含量为 21.01 g/L;
b. $M_r$(柠檬酸钠, $Na_3C_6H_5O_7 \cdot 2H_2O$) = 294.12, 0.1 mol/L 溶液中其含量为 29.41 g/L。

**附表 2-6　乙酸-乙酸钠缓冲液 (0.2 mol/L, 18℃)[a]**

| pH | 0.2 mol/L $V$(NaAc)/mL | 0.2 mol/L $V$(HAc)/mL | pH | 0.2 mol/L $V$(NaAc)/mL | 0.2 mol/L $V$(HAc)/mL |
|---|---|---|---|---|---|
| 3.6 | 0.75 | 9.25 | 4.8 | 5.90 | 4.10 |
| 3.8 | 1.20 | 8.80 | 5.0 | 7.00 | 3.00 |
| 4.0 | 1.80 | 8.20 | 5.2 | 7.90 | 2.10 |
| 4.2 | 2.65 | 7.35 | 5.4 | 8.60 | 1.40 |
| 4.4 | 3.70 | 6.30 | 5.6 | 9.10 | 0.90 |
| 4.6 | 4.90 | 5.10 | 5.8 | 9.40 | 0.60 |

a. $M_r$(乙酸钠, $NaAc \cdot 3H_2O$) = 136.09, 0.2 mol/L 溶液中其含量为 27.22 g/L。

### 附表 2-7　磷酸氢二钠-磷酸二氢钠缓冲液(0.2 mol/L)[a,b,c,d]

| pH | 0.2 mol/L $V(Na_2HPO_4)$/mL | 0.2 mol/L $V(NaH_2PO_4)$/mL | pH | 0.2 mol/L $V(Na_2HPO_4)$/mL | 0.2 mol/L $V(NaH_2PO_4)$/mL |
|---|---|---|---|---|---|
| 5.8 | 8.0 | 92.0 | 7.0 | 61.0 | 39.0 |
| 5.9 | 10.0 | 90.0 | 7.1 | 67.0 | 33.0 |
| 6.0 | 12.3 | 87.7 | 7.2 | 72.0 | 28.0 |
| 6.1 | 15.0 | 85.0 | 7.3 | 77.0 | 23.0 |
| 6.2 | 18.5 | 81.5 | 7.4 | 81.0 | 19.0 |
| 6.3 | 22.5 | 77.5 | 7.5 | 84.0 | 16.0 |
| 6.4 | 26.5 | 73.5 | 7.6 | 87.0 | 13.0 |
| 6.5 | 31.5 | 68.5 | 7.7 | 89.5 | 10.5 |
| 6.6 | 37.5 | 62.5 | 7.8 | 91.5 | 8.5 |
| 6.7 | 43.5 | 56.5 | 7.9 | 93.0 | 7.0 |
| 6.8 | 49.0 | 51.0 | 8.0 | 94.7 | 5.3 |
| 6.9 | 55.0 | 45.0 | | | |

a. $M_r(Na_2HPO_4 \cdot 2H_2O) = 178.05$，0.2 mol/L 溶液中其含量为 35.61 g/L；

b. $M_r(Na_2HPO_4 \cdot 12H_2O) = 358.22$，0.2 mol/L 溶液中其含量为 71.64 g/L；

c. $M_r(NaH_2PO_4 \cdot H_2O) = 138.01$，0.2 mol/L 溶液中其含量为 27.6 g/L；

d. $M_r(NaH_2PO_4 \cdot 2H_2O) = 156.03$，0.2 mol/L 溶液中其含量为 31.21 g/L。

### 附表 2-8　磷酸氢二钠-磷酸二氢钾缓冲液 $\left(\frac{1}{15} \text{mol/L}\right)$[a,b]

| pH | $\frac{1}{15}$ mol/L $V(Na_2HPO_4)$/mL | $\frac{1}{15}$ mol/L $V(KH_2PO_4)$/mL | pH | $\frac{1}{15}$ mol/L $V(Na_2HPO_4)$/mL | $\frac{1}{15}$ mol/L $V(KH_2PO_4)$/mL |
|---|---|---|---|---|---|
| 4.92 | 0.10 | 9.90 | 7.17 | 7.00 | 3.00 |
| 5.29 | 0.50 | 9.50 | 7.38 | 8.00 | 2.00 |
| 5.91 | 1.00 | 9.00 | 7.73 | 9.00 | 1.00 |
| 6.24 | 2.00 | 8.00 | 8.04 | 9.50 | 0.50 |
| 6.47 | 3.00 | 7.00 | 8.34 | 9.75 | 0.25 |
| 6.64 | 4.00 | 6.00 | 8.67 | 9.90 | 0.10 |
| 6.81 | 5.00 | 5.00 | 8.18 | 10.00 | 0 |
| 6.98 | 6.00 | 4.00 | | | |

a. $M_r(Na_2HPO_4 \cdot 2H_2O) = 178.05$，$\frac{1}{15}$ mol/L 溶液中其含量为 11.876 g/L；

b. $M_r(KH_2PO_4) = 136.09$，$\frac{1}{15}$ mol/L 溶液中其含量为 9.078 g/L。

### 附表 2-9　磷酸氢二钠-氢氧化钠缓冲液[a,b,c]

| pH | $V(NaOH)$/mL | pH | $V(NaOH)$/mL | pH | $V(NaOH)$/mL |
|---|---|---|---|---|---|
| 10.9 | 3.3 | 11.3 | 7.6 | 11.7 | 16.2 |
| 11.0 | 4.1 | 11.4 | 9.1 | 11.8 | 19.4 |
| 11.1 | 5.1 | 11.5 | 11.1 | 11.9 | 23.0 |
| 11.2 | 6.3 | 11.6 | 13.5 | 12.0 | 26.9 |

a. 0.05 mol/L 磷酸氢二钠 50 mL + 0.1 mol/L $V(NaOH)$，加水稀释至 100 mL；

b. $M_r(Na_2HPO_4 \cdot 2H_2O) = 178.05$，0.05 mol/L 溶液中其含量为 8.90 g/L；

c. $M_r(Na_2HPO_4 \cdot 12H_2O) = 358.22$，0.05 mol/L 溶液中其含量为 17.91 g/L。

## 附录 2 实验室常用缓冲溶液的配制方法

附表 2-10 磷酸二氢钾-氢氧化钠缓冲液(0.05 mol/L,20℃)[a]

| pH | $V(KH_2PO_4)$/mL | $V(NaOH)$/mL | pH | $V(KH_2PO_4)$/mL | $V(NaOH)$/mL |
|---|---|---|---|---|---|
| 5.8 | 5 | 0.372 | 7.0 | 5 | 2.963 |
| 6.0 | 5 | 0.570 | 7.2 | 5 | 3.500 |
| 6.2 | 5 | 0.860 | 7.4 | 5 | 3.950 |
| 6.4 | 5 | 1.260 | 7.6 | 5 | 4.280 |
| 6.6 | 5 | 1.780 | 7.8 | 5 | 4.520 |
| 6.8 | 5 | 2.365 | 8.0 | 5 | 4.680 |

a. 0.2 mol/L $V(KH_2PO_4)$ + 0.2 mol/L $V(NaOH)$,加水稀释至 20 mL。

附表 2-11 Tris-盐酸缓冲液(0.05 mol/L,25℃)[a,b]

| pH | $V(HCl)$/mL | pH | $V(HCl)$/mL |
|---|---|---|---|
| 7.10 | 45.7 | 8.10 | 26.2 |
| 7.20 | 44.7 | 8.20 | 22.9 |
| 7.30 | 43.4 | 8.30 | 19.9 |
| 7.40 | 42.0 | 8.40 | 17.2 |
| 7.50 | 40.3 | 8.50 | 14.7 |
| 7.60 | 38.5 | 8.60 | 12.4 |
| 7.70 | 36.6 | 8.70 | 10.3 |
| 7.80 | 34.5 | 8.80 | 8.5 |
| 7.90 | 32.0 | 8.90 | 7.0 |
| 8.00 | 29.2 | 9.00 | 5.7 |

a. 0.1 mol/L 三羟甲基氨基甲烷(Tris)溶液 50 mL 与 0.1 mol/L $V(HCl)$ 混匀后,加水稀释至 100 mL;
b. $M_r$(三羟甲基氨基甲烷,Tris)=121.14,0.1 mol/L 溶液为 12.114 g/L。Tris 溶液可从空气中吸收二氧化碳,保存时注意密封。

附表 2-12 碳酸钠-碳酸氢钠缓冲液(0.1 mol/L)[a,b,c]

| pH | | 0.1 mol/L $V(Na_2CO_3)$/mL | 0.1 mol/L $V(NaHCO_3)$/mL |
|---|---|---|---|
| 20℃ | 37℃ | | |
| 9.16 | 8.77 | 1 | 9 |
| 9.40 | 9.12 | 2 | 8 |
| 9.51 | 9.40 | 3 | 7 |
| 9.78 | 9.50 | 4 | 6 |
| 9.90 | 9.72 | 5 | 5 |
| 10.14 | 9.90 | 6 | 4 |
| 10.28 | 10.08 | 7 | 3 |
| 10.53 | 10.28 | 8 | 2 |
| 10.83 | 10.57 | 9 | 1 |

a. 注意:$Ca^{2+}$、$Mg^{2+}$ 存在时不得使用;
b. $M_r$(无水碳酸钠)=105.99,0.1 mol/L 碳酸钠溶液为 10.60 g/L;
c. $M_r$(碳酸氢钠)=84.01,0.1 mol/L 碳酸氢钠溶液为 8.40 g/L。

附表 2-13 氯化钾-氢氧化钠缓冲液[a,b]

| pH | $V(NaOH)$/mL | pH | $V(NaOH)$/mL | pH | $V(NaOH)$/mL |
|---|---|---|---|---|---|
| 12.0 | 6.0 | 12.4 | 16.2 | 12.8 | 41.2 |
| 12.1 | 8.0 | 12.5 | 20.4 | 12.9 | 53.0 |
| 12.2 | 10.2 | 12.6 | 25.6 | 13.0 | 66.0 |
| 12.3 | 12.8 | 12.7 | 32.2 | | |

a. 0.2 mol/L KCl 溶液 25 mL＋0.2 mol/L $V(NaOH)$，加水稀释至 100 mL；

b. $M_r(KCl)=74.55$，0.2 mol/L 溶液中其含量为 14.91 g/L。

附表 2-14 常用市售酸碱的浓度

| 溶 质 | 分子式 | $M_r$ | 浓度 $c$ mol/L | 浓度 $c$ g/L | 质量分数 $w$/(%) | 密度 $\rho$ g/mL | 配制 1 mol/L 溶液加入溶质的量/(mL·L$^{-1}$) |
|---|---|---|---|---|---|---|---|
| 冰乙酸 | $CH_3COOH$ | 60.05 | 17.4 | 1045 | 99.5 | 1.05 | 57.5 |
| 乙酸 | $CH_3COOH$ | 60.05 | 6.27 | 376 | 36 | 1.045 | 159.5 |
| 甲酸 | $HCOOH$ | 46.02 | 23.4 | 1080 | 90 | 1.20 | 42.7 |
| 盐酸 | $HCl$ | 36.5 | 11.6 | 424 | 36 | 1.18 | 86.2 |
| | | | 2.9 | 105 | 10 | 1.05 | 344.8 |
| 硝酸 | $HNO_3$ | 63.02 | 15.99 | 1008 | 71 | 1.42 | 62.5 |
| | | | 14.9 | 938 | 67 | 1.40 | 67.1 |
| | | | 13.3 | 837 | 61 | 1.37 | 75.2 |
| 高氯酸 | $HClO_4$ | 100.5 | 11.65 | 1172 | 70 | 1.67 | 85.8 |
| | | | 9.2 | 923 | 60 | 1.54 | 108.7 |
| 磷酸 | $H_3PO_4$ | 80.0 | 14.7 | 1445 | 85 | 1.70 | 68.0 |
| 硫酸 | $H_2SO_4$ | 98.1 | 18.0 | 1766 | 96 | 1.84 | 55.6 |
| 氢氧化铵 | $NH_4OH$ | 35.0 | 14.8 | 251 | 28 | 0.898 | 67.6 |
| 氢氧化钾 | $KOH$ | 56.1 | 13.5 | 757 | 50 | 1.52 | 74.1 |
| | | | 1.94 | 109 | 10 | 1.09 | 515.5 |
| 氢氧化钠 | $NaOH$ | 40.0 | 19.1 | 763 | 50 | 1.53 | 52.4 |
| | | | 2.75 | 111 | 10 | 1.11 | 363.6 |